城市黑臭水体治理与管理

城市黑臭水体整治典型案例

高红杰　袁　鹏　宋永会　主编

科学出版社
北　京

内 容 简 介

本书根据《水污染防治行动计划》对黑臭水体的治理要求，针对典型城市黑臭水体整治案例，系统地介绍黑臭水体的基本概况、整治目标、整治方案、整治措施、关键技术和整治成效。通过实际整治工程案例，可为我国城市黑臭水体整治提供可借鉴的治理思路理念与技术方法路线。

本书具有较强的技术性和可实践性，可供从事河流环境污染控制与修复等工程的技术人员、科技人员与管理人员参考，也可供高等学校环境工程、市政工程及相关专业师生参阅。

图书在版编目(CIP)数据

城市黑臭水体整治典型案例 / 高红杰，袁鹏，宋永会主编. —北京：科学出版社，2020. 11

(城市黑臭水体治理与管理)

ISBN 978-7-03-066781-6

Ⅰ. ①城… Ⅱ. ①高… ②袁… ③宋… Ⅲ. ①城市污水处理-案例-中国 Ⅳ. ①X703

中国版本图书馆 CIP 数据核字（2020）第 219339 号

责任编辑：周 杰 赵丹丹 / 责任校对：樊雅琼

责任印制：吴兆东 / 封面设计：无极书装

科 学 出 版 社 出版

北京东黄城根北街 16 号

邮政编码：100717

http://www.sciencep.com

北京建宏印刷有限公司 印刷

科学出版社发行 各地新华书店经销

*

2020 年 11 月第 一 版 开本：720×1000 1/16

2023 年 4 月第二次印刷 印张：17 1/2

字数：350 000

定价：268.00 元

（如有印装质量问题，我社负责调换）

《城市黑臭水体治理与管理》

丛书编委会

《城市黑臭水体整治典型案例》

编　委　会

主　　编　高红杰　袁　鹏　宋永会

副 主 编　李　斌　廖海清　刘　媛

参编人员　（按姓氏笔画顺序）

于会彬　万成仁　卫毅梅　王　凡

王思宇　韦干杰　可宝玲　白　杨

冯庆标　冯慧娟　吕纯剑　刘　东

刘丹妮　刘振新　刘晓玲　刘瑞霞

许天啸　孙　坦　孙　菲　李晓洁

杨　芳　杨　枫　吴　奇　何　川

何伶俊　张英杰　张秋英　张晓峰

张静慧　赵　琛　柏杨巍　姜福波

秦德全　徐连奎　高书连　常　明

彭　帅　彭文博　傲德姆　靳方园

路金霞　缪成群　潘　钧

前　言

随着城市化进程加快和污染物排放量增大，我国很多城市水体污染、水质恶化甚至出现黑臭，城市黑臭水体成为直接影响群众生产生活的突出水环境问题。2015 年，国务院颁布《水污染防治行动计划》提出城市建成区黑臭水体治理目标。2018 年，住房和城乡建设部与生态环境部联合出台了《城市黑臭水体治理攻坚战实施方案》，深入推进全国各地城市黑臭水体整治工作。近年来，各地区各部门迅速行动，坚持生态优先、绿色发展的指导思想，全面开展了城市黑臭水体整治工作，加快补齐城市环境基础设施短板，成效显著。

2015 年 4 月，国务院印发《水污染防治行动计划》，提出整治城市黑臭水体，采取控源截污、垃圾清理、清淤疏浚、生态修复等措施，加大黑臭水体治理力度。地级及以上城市建成区应于 2015 年底前完成水体排查，公布黑臭水体名称、责任人及达标期限；于 2017 年底前实现河面无大面积漂浮物，河岸无垃圾，无违法排污口；于 2020 年底前完成黑臭水体治理目标。直辖市、省会城市、计划单列市建成区要于 2017 年底前基本消除黑臭水体。

截至 2019 年底，全国 295 个地级及以上城市建成区 2899 个黑臭水体已消除 2513 个（占 86.7%），其中直辖市、省会城市、计划单列市黑臭水体消除比例为 96.2%，其他城市黑臭水体消除比例为 81.2%。截至 2020 年第一季度，全国地级及以上城市建成区黑臭水体消除比例为 88.7%。近 5 年黑臭水体整治直接投资超过 1 万亿元，在显著改善水生态环境质量的同时，大幅提升了水体周边居民的生活品质，有效地拉动了投资，实现了环境、社会和经济效益多赢。为更好地总结各地先进经验，借鉴有益做法，进一步扎实推进城市黑臭水体整治工作，加快改善城市水环境质量，满足人民群众日益增长的美好生活需要，本书收集了 30 个典型城市黑臭水体整治经典案例，案例覆盖华北、东北、华东、华中、华南和西南区域。

本书紧紧围绕《水污染防治行动计划》《城市黑臭水体治理攻坚战实施方案》对黑臭水体的整治要求，结合编著者多年黑臭水体整治经验及多项相关科研成果，并参考有关文献，总结国内黑臭水体治理工程项目案例编著而成。全书共分为 5 章：第 1 章是绪论，分析了城市黑臭水体整治意义与现状，阐述了城市黑臭水体整治中的主要问题，提出了城市黑臭水体整治措施及对策建议；第 2 ~ 5 章依次阐述了华北和东北、华东、华中、华南和西南区域黑臭水体整治经典案例。本书将黑臭水体整治和管理的基础理论与应用实践相结合，在城市黑臭水体整治方面具有一定的参考价值和指导意义，有助于促进我国城市黑臭水体整治和长效运行维护工作的健康发展。

本书由中国环境科学研究院主编，是研究团队集体智慧的结晶。感谢生态环境部水生态环境司、住房和城乡建设部城市建设司的大力支持和指导！感谢江苏省住房和城乡建设厅、江苏省生态环境厅提供了江苏省各地黑臭水体整治项目案例；感谢北京市爱尔斯生态环境工程有限公司提供了国家鸟巢体育场奥林匹克中心区龙形水系修复治理案例；感谢沈阳市城乡建设局提供了辉山明渠黑臭水体整治案例；感谢浙江亿康环保工程有限公司提供了杭州西溪国家湿地公园洪园池塘水质生态净化处理案例；感谢杭州爱立特生态环境科技股份有限公司提供了赵家浜河生态综合治理工程案例；感谢浙江绿凯环保科技股份有限公司提供了温州生态园三垟湿地河道外来污染源生态拦污工程案例；感谢安徽水韵环保股份有限公司提供了芜湖市弋江区漕港水系黑臭水体治理案例；感谢池州市生态环境局提供了池州市红河、南湖黑臭水体整治案例；感谢青岛市水务工程建设和安全服务中心提供了李村河流域黑臭水体整治案例；感谢山东省环科院环境工程有限公司提供了桓台县邢家人工湿地工程案例；感谢德国汉诺威水协提供了长沙市圭塘河井塘段黑臭水体整治案例；感谢常德市住房和城乡建设局提供了常德市穿紫河黑臭水体整治案例；感谢武汉中科水生环境工程股份有限公司提供了常德市滨湖公园水体水质改善与生态修复工程案例；感谢广州市黄埔区水务局提供了广州市双岗涌黑臭水体整治案例；感谢深圳市水务局提供了深圳河流域一级支流黑臭水体治理案例；感谢佛山市玉凰生态环境科技有限公司提供了北滘镇绿道涌水生态修复工程案例；感谢南宁市水环境综合治理工作指挥部提供了南宁市竹排江 e 段黑臭水体整治案例；感谢海口市水务局提供了海口市美舍河、龙华区大同沟黑臭水体整治案例；感谢信开水环境投资有限公司和贵州筑信水务环境产业有限公司提供了贵阳市南明河二期水环境综合治理案例。

限于编著者水平及编著时间，书中难免存在不足之处，敬请读者提出批评和修改建议。

作　者

2020 年 7 月于北京

目　录

第 1 章　绪　　论

1.1　城市黑臭水体整治意义

近年来，随着我国城市化和工业化进程的加快，城市污水产生量和排放量不断增加，随之带来了城市环境基础设施日渐不足、城区污水配套管网建设滞后、雨污合流、转载负荷增加等问题（高红杰，2016；王谦和高红杰，2019）。这导致生活污水收集率低，出现大量污染物未经处理直接排放或溢流入河现象等，加之垃圾入河和底泥污染严重，使得全国相当部分城市河段受到不同程度的污染，城市河道生态系统遭到极大破坏（胡洪营等，2015；徐祖信等，2018），最终致使河流水体呈现令人不悦的颜色和令人不适的气味，即产生黑臭水体（中华人民共和国住房和城乡建设部和中华人民共和国环境保护部，2015，2019）。据统计分析可知，截至 2019 年 12 月，全国 295 个地级及以上城市中共排查上报确认黑臭水体 2899 个，其中，河流 2548 个，占 87.9%；塘 235 个，占 8.1%；湖 116 个，占 4.0%（中华人民共和国住房和城乡建设部和生态环境部，2018；生态环境部，2020）。从地域分布来看，黑臭水体主要分布在广东、安徽、湖南、山东、江苏、湖北、河南和四川，36 个重点城市（直辖市、省会城市、计划单列市）的黑臭水体一半以上分布在广州、深圳、长春、上海和北京（李斌等，2019）。黑臭水体的存在，不仅损害城市人居环境，也严重影响城市形象。因此，整治黑臭水体迫在眉睫，这是解决群众反响强烈的水环境问题，也是践行尊重自然、顺应自然、保护自然的生态文明理念的必然选择，更是建设美丽中国、实现中华民族可持续发展的迫切要求。

鉴于城市黑臭水体整治的重要性和紧迫性，为了加快城市黑臭水体整治进程，提高城市人居环境，党中央、国务院及相关部门高度重视，接连出台了一系列政策和文件，提出了黑臭水体整治工作相关要求、行动计划并启动了 2018 年城市黑臭水体整治环境保护专项行动，国务院及有关部门 2015～2018 年发布的有关黑臭水体整治的文件见表 1-1。2015 年，国务院印发了《水污染防治行动计划》（中国环境报，2015），其中，将“整治城市黑臭水体”作为重要内容，采取控源截污、垃圾清理、清淤疏浚、生态修复等措施，加大黑臭水体治理力度，

表 1-1　国务院及有关部门 2015～2018 年发布的有关黑臭水体整治的文件

机构	发布日期	文件
国务院	2015-04-02	《水污染防治行动计划》
住房和城乡建设部、环境保护部	2015-08-28	《城市黑臭水体整治工作指南》
国务院	2016-11-24	《“十三五”生态环境保护规划》
环境保护部、国务院有关部门	2016-12-06	《水污染防治行动计划实施情况考核规定（试行）》
中共中央办公厅、国务院办公厅	2016-12-11	《关于全面推行河长制的意见》
第十二届全国人民代表大会常务委员会	2017-06-27	《中华人民共和国水污染防治法》（修订后）
生态环境部、住房和城乡建设部	2018-08-14	《关于开展省级 2018 年城市黑臭水体整治环境保护专项行动的通知》
中共中央办公厅、国务院办公厅	2018-06-16	《中共中央 国务院关于全面加强生态环境保护　坚决打好污染防治攻坚战的意见》
住房和城乡建设部、生态环境部	2018-09-30	《城市黑臭水体治理攻坚战实施方案》

每半年向社会公布治理情况。地级及以上城市建成区应于 2015 年底前完成水体排查，公布黑臭水体名称、责任人及达标年限；于 2017 年底前实现河面无大面积漂浮物，河岸无垃圾，无违法排污口；于 2020 年底前完成黑臭水体治理目标。为贯彻落实《水污染防治行动计划》要求，国家接连出台了一系列政策和规定，提出了黑臭水体整治工作的具体规定和措施。在住房和城乡建设部、环境保护部 2015 年联合发布的《城市黑臭水体整治工作指南》中，对城市黑臭水体的排查与识别、整治方案的制订与实施、整治效果评估与考核、长效机制建立与政策保障等提出了具体要求。之后，在相继印发的《水污染防治行动计划实施情况考核规定（试行）》《“十三五”生态环境保护规划》《关于全面推行河长制的意见》以及新修订的《中华人民共和国水污染防治法》《中共中央 国务院关于全面加强生态环境保护 坚决打好污染防治攻坚战的意见》中，均将城市黑臭水体整治作为重要内容，提出了对整治工作进展及整治成效的考核要求。为进一步加快城市黑臭水体整治工作，2018 年，生态环境部联合住房和城乡建设部启动了城市黑臭水体环境保护专项行动；同年，住房和城乡建设部与生态环境部联合发布了

《城市黑臭水体治理攻坚战实施方案》，明确要求：到2019年底，其他地级城市建成区黑臭水体消除比例显著提高，到2020年底达到90%以上。以上一系列政策要求，其目的就是要扎实推进城市黑臭水体整治，加快补齐城市环境基础设施短板，消除黑臭水体产生根源，切实改善城市水环境质量。

1.2 我国城市黑臭水体整治现状

根据生态环境部、住房和城乡建设部联合印发的《关于开展省级2018年城市黑臭水体整治环境保护专项行动的通知》，生态环境部、住房和城乡建设部联合组织，于2018年5～7月按照督查、交办、巡查、约谈、专项督察“五步法”，启动了城市黑臭水体整治环境保护专项行动（简称专项行动）（生态环境部，2018）。截至2018年5月，通过地方上报、公众举报、卫星遥感监测与地方核实相结合等手段，在全国295个地级及以上城市范围内，共排查确认黑臭水体2100个。2018年5～7月，生态环境部、住房和城乡建设部联合对其中30个省（自治区、直辖市）所属70个地级城市开展了专项督查。上述70个地级城市已上报并列入国家清单的黑臭水体共1127个，经现场核查与评估，确认其中的919个黑臭水体已完成整治工作，占清单总数的81.5%。另外，通过督查，上述70个地级城市中又新发现黑臭水体274个（督查前未上报），统算起来消除黑臭水体比例为65.6%（柏杨巍等，2018；生态环境部，2018）。截至2018年5月，全国295个地级及以上城市范围内的36个重点城市（直辖市、省会城市、计划单列市）中，共排查确认黑臭水体676个。在督查中经核查与评估，确认其中已完成整治工作的黑臭水体有629个，占排查确认黑臭水体总数的93.0%。另外，又新发现黑臭水体221个（督查前未上报），统算完成黑臭水体整治比例降到了70%。从治理进展和成效看，黑臭水体治理过程中存在较多问题，治理任务仍十分艰巨。从全国范围的城市黑臭水体整治进展来看，2016年底全国各地级市共上报2059个黑臭水体。截至2017年底，全国各地级市共上报2100个黑臭水体，其中已完成整治工作的黑臭水体有1718个，完成率为81.8%。2018年底生态环境部联合住房和城乡建设部开展城市黑臭水体督查，认定已完成整治工作的黑臭水体有1953个，同时新发现620个黑臭水体，黑臭水体消除比例为71.80%。截至2019年底，排查上报2899个黑臭水体（对比专项行动开展前新增了799个），其中已完成整治工作的黑臭水体有2513个，完成率为86.7%。

1.3 我国城市黑臭水体整治中的主要问题

1.3.1 控源截污不到位

改革开放以来，中国经济迅速发展，但基础设施的建设却远远赶不上经济发展的速度，历史欠账较多。通过本次督查发现控源截污问题有440个，占总问题数的42.6%。控源截污问题主要表现在3个方面：排水管网运维机制不完善；合流制溢流污染问题突出；污水收集及处理能力不足。

1.3.2 内源污染问题未得到有效解决

底泥是河道中污染物的“汇”与“源”，是河道形成黑臭的主要原因之一。因此，底泥修复是解决水体黑臭问题的关键。本次督查发现，黑臭水体内源污染问题主要表现在3个方面：底泥清淤缺乏科学指导；清淤底泥转运过程监管不到位；清淤底泥处理处置不规范。

1.3.3 垃圾收集、转运及处理处置措施未有效落实

随着社会经济的迅速发展和城市人口的高度集中，垃圾的产量正在逐步增加。垃圾污染既是制约区域发展的一大顽疾，也是群众反响强烈的问题之一。垃圾中含有大量的酸性和碱性有机污染物及重金属，如果不能有效收集、转运及处理处置，其中的有害成分随雨水进入水体，垃圾中的重金属溶出会成为水体黑臭的原因之一。专项督查发现，这方面的问题主要表现在3方面：河岸存在随意堆放垃圾现象；河面漂浮物及河底垃圾未清理；建筑垃圾无序堆放。

1.3.4 整治方案缺乏系统性和科学性

城市黑臭水体通常具有成因复杂、影响因素众多等特点（李晓洁，2018），其整治方案应具有综合性和全面性。2018年5~7月督查发现，部分城市黑臭水体整治方案缺少对区域污染源的整体分析和系统化的工程措施论证，方案存在调查不细、底数不清、措施不系统等问题，主要表现在3个方面：水体黑臭成因识别不清；主体工程针对性不强；缺乏跨市跨区统筹整治机制。

1.3.5 污染防治理念不合理

黑臭水体整治应坚持流域统筹、系统治理、标本兼治原则，秉承控源截污、内源削减、生态修复、水质净化、活水增容五位一体的整治思路。通过督查发现，部分城市黑臭水体整治没有从根本上解决问题，主要表现在两个方面：一是未实质开展控源截污；二是大量使用药剂、菌剂，且未评估是否对水环境和水生生态系统产生不利影响。

1.4 城市黑臭水体整治措施

黑臭水体的本质是“问题在水里，根源在岸上，关键在排口，核心在管网”。系统解决水体的黑臭问题，必须找准问题根源所在，根据实际情况，提出相应的治理措施。在黑臭水体整治技术体系中，控源截污和内源治理是黑臭水体整治的基础与前提，只有强化外来污染源控制，有效削减内源污染物，才能彻底解决水体黑臭问题，避免黑臭现象反弹，真正改善水体水质；水质净化生态修复和活水增容是水质长效保障措施，通过岸边带和水体生态修复及河流水动力条件改善，逐步恢复水体生态功能，增强水体自净能力，最终实现水生生态系统健康和水质长效改善（刘晓玲，2019）。

1.4.1 控源截污措施

控源截污从源头对进入水体的污染物进行控制，是最为直接的治理措施，也是现阶段治理效果最明显的技术措施，更是保证其他技术应用效果的基础。针对直接排入水体的居民生活污水、工业污水、规模化畜禽养殖污水等污染点源，通过对污水截流和收集，实现达标排放；对无管网铺设的老旧城区和城中村，加快污水管网建设，统筹规划建设永久截污工程逐步替代临时截污工程，提高污水截留和收集能力，依据区域和污水特点选择最优工程技术，加快污水处理厂能力建设，实现全收集、全处理、污水处理达标排放；针对合流制排水管网溢流污染问题，可通过分流制改造、建设溢流污染调蓄池和增设截流管道提高截流倍数，对雨污分流制改造难的区域，制定合理的溢流频次控制标准，加强溢流污水径流削减、过程调蓄、末端截流等综合治理措施，削减和控制溢流污染。

针对城市和村镇的地表径流，采用收集存蓄、水力旋流、快速过滤等处理技术，并结合绿色屋顶、渗透铺装、植草沟、植被缓冲带、人工湿地及生物滞留池等，对初期暴雨径流进行截流和净化；针对农业种植面源污染，通过测土配方施肥、增施有机肥、秸秆还田等生态农业技术，从源头减少农业径流中的污染物排放量；针对散户畜禽养殖废水，实行循环利用、生态化改造和粪污资源化利用。

1.4.2 内源治理措施

内源治理主要包括垃圾、生物残体及漂浮物清理，污染底泥的原位治理和清淤疏浚。加强河岸生活垃圾及其他固体废弃物收集与管理，防止其进入水体，一旦进入水体，必须及时清理，实现河面漂浮物打捞日常化，保证水面无大面积漂浮物，岸边无垃圾。根据污染底泥的调查和评估，确定底泥污染程度和类型，选择适宜治理技术，优先选择原位治理技术，对污染严重的底泥，通过清淤疏浚将河道底泥中的污染物富集层挖除，以迅速增加水体容量，提高水体自净能力，并根据淤泥的性质开展底泥无害化处理处置和资源化利用。但是，清淤疏浚工程很容易造成剩余底泥的浮动，对水体形成二次污染，同时，清淤后河流原本的生物群落结构会发生变化，底泥中的微生物活性会受到一定程度的影响，因而会打破长期形成的生态平衡，有的甚至需要更长的时间才能够恢复。

1.4.3 生态修复措施

生态修复是在控源截污的基础上，基于生态学原理和手段对河岸线和边坡及水体本身进行生态治理与修复，达到改善水质及恢复水生生态系统健康的效果。由于城市建设基本成型，城市河道的形态已基本固定，河道两侧或周边的用地受限，河道两岸以硬化护岸为主。对已有硬化河岸的城市河流的生态修复，可通过植草沟、生态护岸、透水砖等形式，对原有硬化河岸进行生态化改造，同时结合景观绿化节点布置、河道局部形态改变等措施，恢复岸线及水体的自然净化功能。对有条件区域，根据立地条件，综合考虑水环境保护目标和景观效果，划定河岸缓冲带并进行生态修复，构建近自然的生态缓冲带和健康的生态系统。

水生态修复主要是改善水体的生态环境，降低水体的污染负荷。对污染相对较重的水体，可先采用曝气增氧技术和生物处理手段，对水体进行预处理，改善水质和基底条件。然后，通过种群恢复、种群控制、放流增殖等技术，修复水生动物。采用生态浮岛、水生植物种植和调控等手段，利用土壤–微生物–植物生态系统，有效去除水体中的污染物，逐步实现水体自净。

1.4.4　活水保质措施

活水保质措施主要包括引水调水、再生水补给、活水循环等方式。在充分优化引水量及引水时机和频次的基础上，引入一定量的清洁水，对水体污染物浓度进行稀释，增强水体的流动性与复氧能力，有效提高水体自净能力，从而可快速改善水体水质；也可将城镇污水处理厂尾水经进一步深度处理并达到城市景观应用标准的再生水，以及在海绵城市建设的作用下经滞蓄和净化后的雨洪水，作为河道生态补水；对于水体置换周期较长的缓流区或滞水区，可通过设置提升泵站、水系合理联通等，实现水体流动，改善水动力学条件。

1.4.5　监控与管理措施

城市黑臭水体整治需要跨越多部门行政体系，要达到水体的长制久清，不但要注重治理技术措施，更要注重对黑臭水体治理的监督与管理，配套有效监督管理措施。首先，黑臭水体整治要采用统筹规划、系统治理的方式，实现政府各个管理部门的协同配合，政府各个管理部门要发挥职能作用，加强协调与合作，只有这样才能产生综合效益。其次，严格落实河（湖）长制，明确责任人、职责分工和达标期限，鼓励公众参与，强化信息公开与共享，将治理进展和成效及时公布于众。最后，针对水体监测预警体系，鼓励利用高科技信息技术手段，构建黑臭水体的全方位、智慧化监控及管理技术体系与平台，实现可视化、信息化、数据化、智能化、高效的“智慧监控与管理”。

1.5　城市黑臭水体整治对策建议

1.5.1　做好清污分流，合理规划，补强排水基础设施

一是加强截污管网建设，提升运维管理能力。加快推进城市污水管网建设，统筹污水主干管道、分支管道和入户管道同步建设、运行、维护管理；排查和整改分流制地区市政污水管道与雨水管道混接、漏接和错接点。二是推动雨污分流改造，加强雨季溢流污染控制。加快雨污分流制管网建设，同时加强初期雨水径流污染控制，雨水直排河道前设置缓冲池或缓冲带等截污调蓄设施，减轻初期雨水对河道水质的影响。对于雨污分流制改造难的区域，开展合流制溢流污染的控

制工作，制定合理的溢流频次控制标准，加强溢流污水径流削减、过程调蓄、末端截流等综合治理措施。三是加强污水收集和处理能力建设。加快污水管网建设，强化老旧城区、城中村生活污水截留和收集能力。统筹规划建设永久截污工程逐步替代临时截污工程。加快污水处理厂能力建设，持续开展污水处理厂进水量和进水浓度“双提升”行动，实现污水处理达标排放。

1.5.2 规范底泥治理，安全处置，切实消除内源污染

一是出台底泥污染治理技术规范。制定基于调查评估—方案制订—工程实施的全过程底泥污染治理技术规范，为内源污染控制提供技术支持。二是建立清淤底泥智能管理体系。依托物联网、互联网+、大数据等信息化技术，建立智能管理体系，对底泥的运输处置进行全过程监管。三是规范清淤底泥处理处置。对污染超标的清淤底泥，应依照危险废物鉴别标准和技术规范开展危险废物鉴定工作，对于鉴定结果为危险废物的清淤底泥，应转交有资质的单位处理处置。

1.5.3 加强日常管护，保障经费，完善收集转运体系

一是建立健全垃圾收集转运长效机制。加强河岸垃圾收集、河面漂浮物打捞日常化、规范化管理，配备专职人员定期巡河清理；强化公众参与和社会监督，杜绝乱倒乱扔。二是保障黑臭水体保洁经费。将黑臭水体日常保洁管护资金纳入当地政府财政预算，确保资金及时足额到位。三是强化政府监管考核。结合地方实际，采取形式多样的检查考核办法，合理分解任务，明确评价标准要求和责任人，确保河面无大面积漂浮物、河岸无垃圾，黑臭水体蓝线范围内无非正规垃圾堆放点、无拆迁建筑垃圾。

1.5.4 加强顶层设计，摸清底数，科学完善治理方案

一是加强污染源调查，摸清污染底数。全面调查导致水体黑臭的污染源，核定工业、农业、城镇生活、城市面源、内源等不同类型污染源的贡献率。二是科学编制整治方案，确保工程环境效益。依据源解析结果，明确工程措施对消除黑臭水体的有效性。强化黑臭水体整治技术方案的科学性，确保黑臭水体整治技术方案中的污染底数清晰明确、问题定量、目标科学、技术合理、措施有效。三是加强统筹协调，强化跨区联动治理。对于跨行政区的黑臭水体，要统筹全流域治

理措施管理，加强上下游、左右岸不同行政区域、不同部门协同推进黑臭水体综合整治工作。进一步明确黑臭水体整治工作的主要责任主体，避免责任不清、任务不明。四是加强科技支撑，开展驻点跟踪指导。选择技术需求大、力量薄弱的城市，全面开展黑臭水体整治科技支撑工作，实现方案编制、工程实施和效益评估全过程技术把关与跟踪指导。

1.5.5 转变治理思路，控源截污，有效控制入河污染

一是合理整治城市黑臭水体。城市黑臭水体整治应突出控源截污环境，扎实推进控源截污措施的实施，有效防止污水垃圾直排入河。二是制定生态修复措施标准规范。明确生态修复技术的应用范围，防止生态修复措施的不当应用，如增氧曝气、生态浮岛、岸带修复等生态修复措施仅作为水质改善与提升措施。三是规范药剂、菌剂的使用。建立药剂、菌剂使用风险评估体系，开展药剂、菌剂对水环境水生态的风险评估，以减小投加药剂、菌剂对水环境水生态的不利影响。

1.6 黑臭水体综合整治示范城市的实践

为落实党中央、国务院关于打赢污染防治攻坚战有关要求部署，加快城市黑臭水体整治工作，财政部、住房和城乡建设部、生态环境部分别于2018年、2019年共同组织实施了三批城市黑臭水体治理示范城市申报工作。共计60个城市入选城市黑臭水体治理示范城市，并由中央财政共计下达260亿元分批支持示范城市开展城市黑臭水体治理，确保到2020年底全面达到黑臭水体治理目标要求，并带动其他城市建成区实现黑臭水体消除比例达到90%以上的比例目标。

在全国地级及以上城市范围内，随着黑臭水体整治工作的推进，黑臭水体整治取得显著成效。截至2019年底，在全国295个地级及以上城市建成区2899个黑臭水体中，黑臭水体消除比例为86.7%，其中36个重点城市黑臭水体消除比例为96.2%，其他地级城市黑臭水体消除比例为81.2%。

通过黑臭水体整治试点示范城市的实践，涌现了一批整治样板和典型案例，本书将提供一些城市典型黑臭河段的整治案例，这些案例对于全国其他地区城市黑臭水体和县级城市黑臭水体整治具有重要的借鉴意义。案例涉及覆盖了华北、东北、华东、华中、华南和西南区域。

参 考 文 献

柏杨巍，李斌，路金霞，等 . 2018. 强化督查，倒逼实质性解决水体黑臭 . 环境保护，46（17）：11-13.

高红杰 . 2016. 创新监管平台倒逼城市黑臭水体整治 . 中国建设报，第005版 . ［2016-3-28］.

胡洪营，孙艳，席劲瑛，等 . 2015. 城市黑臭水体治理与水质长效改善保持技术分析 . 环境保护，43（13）：24-26.

李斌，柏杨巍，刘丹妮，等 . 2019. 全国地级及以上城市建成区黑臭水体的分布、存在问题及对策建议 . 环境工程学报，13（3）：511-518.

李晓洁，高红杰，郭冀峰，等 . 2018. 三维荧光与平行因子研究黑臭河流 DOM. 中国环境科学，38（1）：311-319.

刘晓玲，徐瑶瑶，宋晨，等 . 2019. 城市黑臭水体治理技术及措施分析 . 环境工程学报，13（3）：519-529.

生态环境部 . 2018. 生态环境部 2018 年 7 月例行新闻发布会实录 . http://www. sohu. com/a/243845638_782140[2019-1-20].

生态环境部 . 2020. 生态环境部 2020 年 1 月例行新闻发布会实录 . http://www. mee. gov. cn/xxgk2018/xxgk/xxgk15/202001/t20200117_760049. html[2020-1-20].

王谦，高红杰 . 2019. 我国城市黑臭水体治理现状、问题及未来方向 . 环境工程学报，13（3）：507-510.

徐祖信，张辰，李怀正 . 2018. 我国城市河流黑臭问题分类与系统化治理实践 . 给水排水，54（10）：1-5，39.

中华人民共和国住房和城乡建设部，生态环境部 . 2018. “全国城市黑臭水体整治信息发布”监管平台 . http://www. hc-stzz. com[2019-1-20].

中华人民共和国住房和城乡建设部，中华人民共和国环境保护部 . 2015. 住房城乡建设部 环境保护部关于印发城市黑臭水体整治工作指南的通知 . http://www. mohurd. gov. cn/wjfb/201509/t20150911_224828. html[2019-1-20].

第2章　华北和东北

2.1　国家鸟巢体育场奥林匹克中心区龙形水系修复治理

2.1.1　水体基本概况

2.1.1.1　水体名称

奥林匹克中心区龙形水系位于北京朝阳区，南起北四环路，北至科荟路，东临北辰东路，西接北中轴景观大道。整个水系被区域内的道路桥梁划分为9个区，从南至北依次命名为W1至W9区（图2-1）。从图上看，其形状宛若一条巨龙，“龙尾”盘着鸟巢，“龙头”昂首于奥海，龙形水系因此得名。

图2-1　国家鸟巢体育场奥林匹克中心区龙形水系

2.1.1.2 水体所在流域概况

奥林匹克中心区龙形水系所处朝阳区为暖温带半湿润季风大陆性气候，四季分明，降水集中。春季干燥多风，昼夜温差较大；夏季炎热多雨；秋季晴朗少雨，冷暖适宜，光照充足；冬季寒冷干燥，多风少雪。年平均气温为11.6℃，最冷月1月平均气温为4.6℃，最热月7月平均气温为25.9℃，年无霜期为192天；年平均降水量为581mm（1971～2000年），夏季降水量占全年总降水量的75%。

龙形水系以北京清河再生水厂的再生水作为唯一补充水源，补水管的出水口位于W1区（图2-1），水体由W1区随水流梯度逐次向相邻下一区流动，利用水泵将W9区的水提升至W1区，从而实现整个水系的循环。水体每10天循环过滤一次，每天需要循环水量$1.59\times10^4m^3$。按照北京市朝阳区最大月蒸发损失量180mm计算，为$0.10\times10^4m^3/d$。下渗量按10mm/d计算，渗漏面积为$10.0\times10^4m^2$，渗漏损失水量为$0.10\times10^4m^3/d$。设计循环需水量为$2.0\times10^4m^3/d$。

龙形水系中心区设计和建设初期栽培的水生植物有26种（挺水植物18种、浮水植物5种、沉水植物3种），共计100×10^4株。放养水生动物6×10^4尾，底泥处理面积$15.2\times10^4m^2$。

2.1.1.3 水体类型

龙形水系属于新建人工城市景观湖泊，是世界上目前为止规模最大的以再生水为主要水源的人工水景。作为封闭水体，水源主要来自再生水厂的高品质中水及日常降雨与周边绿地汇流、备用水源等。龙形水系由9个区域组成，部分区段为硬质直立驳岸；部分区段为自然缓坡入水。龙形水系全长约2.7km，水面宽度为25～150m，水域总面积达$16.5\times10^4m^2$，水深为0.6～1.1m，水体体积为$15.9\times10^4m^3$。

2.1.1.4 修复前水质特征

作为新建水景，龙形水系生态系统脆弱，自净能力不强，受多方面影响，水质较差。其中，龙形水系中心区水域无法达到设计的地表水Ⅲ类水标准，部分水域甚至劣于地表水Ⅴ类水标准，TN浓度曾达12mg/L以上。以W9区治理前为例，2010年9月20日该区水质检测结果如下：透明度为10cm，溶解氧浓度为1.3mg/L，氧化还原电位为-50mV，NH_3-N浓度为1.6mg/L，TN浓度为15.6mg/L，TP浓度为0.3mg/L，COD为30mg/L。

龙形水系内基本无水生动物，水下植被覆盖率极低，主要为野生沉水植物，生长杂乱，生命周期短，极易死亡腐烂；水质净化设施未良好运行，补水水质差，水体富营养化严重，蓝绿藻暴发，水体发黑、水体表面存在油膜。按照《城市黑臭水体整治工作指南》，该水体属于轻度黑臭水体（图 2-2）。

图 2-2　龙形水系水体治理前状况

2.1.1.5　水体污染源

（1）龙形水系补充水源

作为人工景观湖泊，龙形水系无自然水系的汇入，因此为维持水量平衡，通过北京清河再生水厂定期向水系人工补充再生水。再生水虽然经过深度处理，其污染物浓度相对于污水有了本质上的降低，基本满足《城市污水再生利用景观环境用水水质》（GB/T 18921—2002）的要求，但是相对于天然水体，再生水中污染物含量仍然较高。

经检测，2011 年再生水中 NH_3-N 浓度为 1.5mg/L，TN 浓度为 11.0mg/L，TP 浓度为 0.2mg/L，COD 为 30mg/L。中心区补水量为 $7.25\times10^5 m^3/a$。

（2）初期雨水污染

北京地区的降雨集中在夏季，并且夏季大到暴雨出现概率较高，对龙形水系的水质和水量平衡影响较大。降水水质概化指标如下：NH_3-N 浓度为 2.0mg/L，TN 浓度为 3.0mg/L，TP 浓度为 0.033mg/L，COD 为 2.8mg/L。1999～2010 年龙形水系中心区平均降水量为 474mm/a，合计降水量为 $7.82\times10^4 m^3$。

（3）大气干降尘

大气干降尘为大气中自然降落于地面（或水面）上的固态颗粒物，其粒径多大于 10μm。降尘对湖泊的水面、水体和水底的沉积物均有不同程度的影响。降尘不仅可以漂浮在水面，也可以沉入水中，粒径较大者甚至还能沉积在湖底，进而形成水底沉积物。

龙形水系区域降尘污染物负荷概化指标为 NH_3-N 浓度为 0.1046g/(m^2·a)，TN 浓度为 0.5053g/(m^2·a)，TP 浓度为 0.1335g/(m^2·a)，COD 为 9.891g/(m^2·a)。

(4) 地表径流

地表径流按水流来源可分为降雨径流、融水径流和绿化灌溉径流。龙形水系为人工自然水景，冬季沿岸的积雪由工作人员及时清理，因此融水径流可忽略；龙形水系沿岸的绿化带与水系沿岸有分离设施，绿化灌溉水量有限，并且灌溉水能及时渗入绿化带土壤中，因此绿化灌溉径流也可忽略。综上，龙形水系地表径流主要是降雨径流。

路面径流系数为0.236，路面径流面积为49 689m^2，降水量为474mm/a，则径流量约为5558m^3/a。径流水质概化指标如下：NH_3-N浓度为1.79mg/L，TN浓度为3.23mg/L，TP浓度为0.17mg/L，COD为15.17mg/L。

综上4种污染源的负荷计算得出，进入龙形水系中心区的NH_3-N浓度为0.99t/a，TN浓度为1.80t/a，TP浓度为0.09t/a，COD为8.43t/a。

2.1.2 修复目标及技术路线

2.1.2.1 修复目标

根据项目需求，经过生态修复后W3、W4、W5、W6项目区水体水质清澈、水生生态系统保持稳定，区域水体水质达到地表水Ⅲ类水标准（TN除外）。同时，确保栽植水草及放养水生动物成活率在80%以上。

2.1.2.2 修复技术路线

龙形水系水体黑臭的主要原因在于水体中有机物和氮、磷等营养物质含量较高，且底泥较厚，加上水系水深较浅，阳光易于投射，导致水体中藻类过量繁殖、水体严重缺氧，引发水质恶化，最终形成黑臭水体。这既破坏了龙形水系的观赏性，也违背了龙形水系人与自然相融合的人文理念。

针对龙形水系的上述问题，该方案提出通过底质改良、河道生物强化处理、微生物调控、曝气复氧和运营养护等措施开展水环境水体修复治理（图2-3）。底质改良可以控制内源污染，改善底泥微生物系统；生物强化措施强化系统净化能力，能够有效应对突发高污染负荷事件，避免水体污染负荷剧烈波动对生态系统的损害；微生物调控通过优化水体微生物可为水生生态系统构建初期的不稳定性提供支撑；曝气复氧可有效增加水体溶解氧含量确保水生生物有效需求。通过水生生态系统复建，优化种群，操控食物链、复杂食物网，重构水生生态系统，达到能量流动和物质循环多环闭合，消除过剩营养元素，恢复水体自净能力，结合运营养护等措施，从根本上解决水体黑臭问题，同时打造以沉水植被为主的特色“水下森林”生态景观，成功实现水环境治理与水景观构建的完美融合。

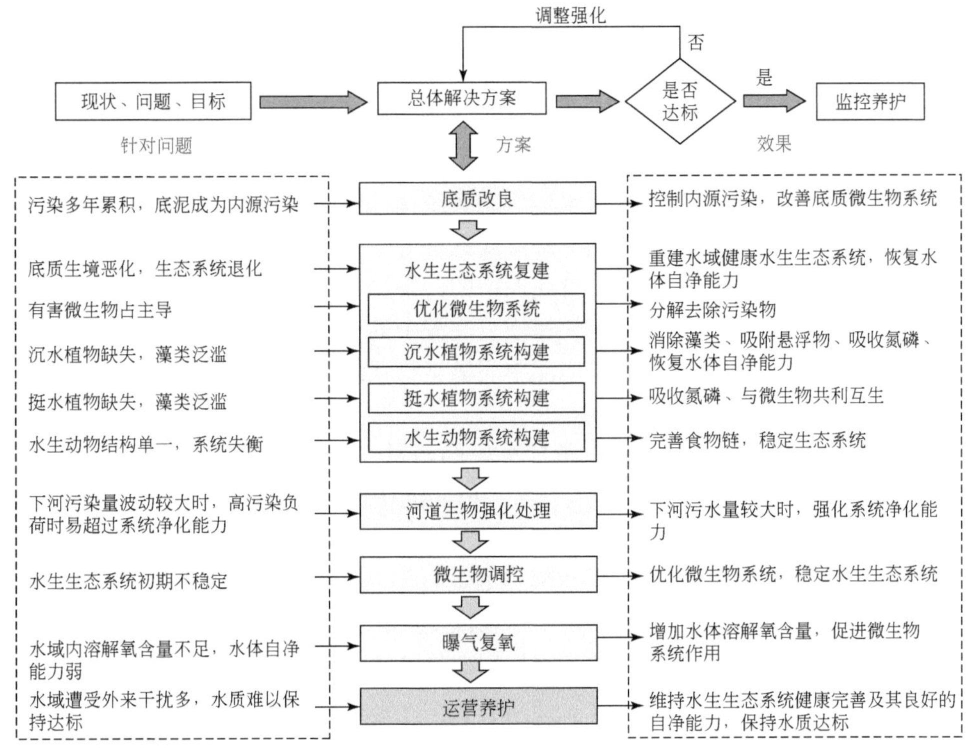

图2-3 技术路线

2.1.3 修复方案及效果

2.1.3.1 控源截污措施

雨水径流有明显的冲刷作用，污染物主要集中在初期的1～4mm雨量中，控制初期降雨成为雨水利用系统的主要功能之一。奥林匹克中心区建有全覆盖、高标准的雨洪利用示范工程。东岸为微地形绿化，西岸为湖边西路。与水系连接的绿地部分，只在水岸边设计下凹式渗滤沟，当雨水较大时，从绿地流下的雨水先经过滤沟过滤后再流入水系，这样保证了收集雨水的清洁度。湖边西路设置透水路面，雨水经渗滤、收集后排入水系，水系为自然水景系统，收集的雨水在自然水景系统中得到进一步的净化，达到地表水Ⅲ类水标准。通过水系信息化调度调蓄雨水、生态护岸涵养、渗滤收集雨水，就近利用，每年可节省 $9\times10^4m^3$ 的补水量。

2.1.3.2 内源控制措施

在进行中心区龙形水系生态修复之前，首先进行垃圾清理、生物残体和漂浮物清理。根据工作需要，配备必要的打捞船及专业保洁队伍。建立打捞船固定停靠点，对打捞回来的水系垃圾、生物残体及漂浮物进行分类回收、运输处理，避免二次污染，为后续底质改良及水生生态系统构建作业奠定良好基础。

采用底质改良型环境修复剂对水系底泥进行原位修复，避免机械清淤对水系底泥环境的扰动。一方面，可分解底泥中的污染物，控制内源污染的释放；另一方面，可改善底泥的环境要素，快速恢复底泥中的有益微生物系统，稳定底泥环境，减少内源污染的释放，促进底泥中底栖生物系统的自我恢复和沉水植物系统的人工恢复。

在初始阶段全水面一次性投撒计算好的药量，10 天内底质改良型环境修复剂的微生物增殖扩散进入底泥层，“吃”掉底泥中的黑臭污染物，分解底泥表层有机物。10 天后微生物扩散进入底泥内部发挥作用，改善底泥的土壤团粒结构、氧化还原电位和溶解氧状况，促使黑臭底泥逐渐变为适宜水生植物存活的底质，有利于恢复水生生态系统，同时水生植物恢复后，其根部的根际效应也会促进底质有益微生物系统对黑臭底质的分解作用（图 2-4）。

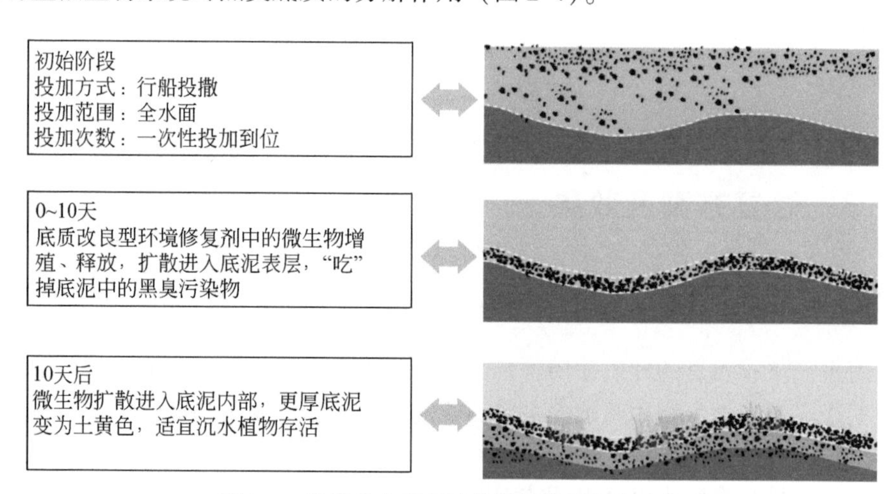

图 2-4 底质改良型环境修复剂作用方式示意

通过实验分析，底质改良型环境修复剂对有机质的净化，8 天后底泥变成黄色，10 天后长出植物。经计算，一个月内表层底泥有机质去除率达到 73.4%，去除效率达到1.5g/(kg·d)(图2-5)。

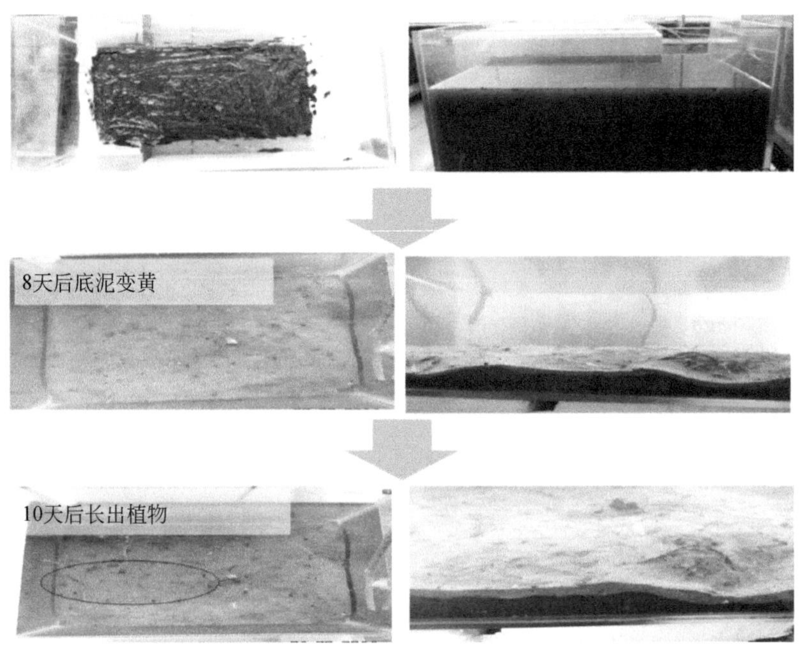

图2-5 底质改良型环境修复剂使用实验(左列为俯视图,右列为平视图)

2.1.3.3 生态修复措施

龙形水系生态修复措施是基于水生生态系统构建的综合技术。通过对水体生态链的调控,实现水下生态系统中生产者、消费者、分解者三者的有机统一,实现水域的自净(图2-6)。其综合治理效果远远优于目前使用的单一技术。水生生态系统构建主要包括微生物系统构建、沉水植物系统构建、挺水与浮水植物系统构建、水生动物系统构建四方面。

(1)微生物系统构建

在水生态中,作为分解者的微生物,能将水中的污染物加以分解、吸收,变成能够为其他生物所利用的物质,创造有利于水生动植物生长的水体环境;此外,还能改良土壤,改善土壤的团粒结构和物理性状,提高水体环境容量,增强水体自净能力,同时也可减少水土流失,抑制植物病原菌的生长。

适时适量投加水质调控型环境修复剂,可以迅速地改善水体内的微生物环境,防治有害微生物滋生,改善水体透明度,提升景观品质,有利于水生生态系统的健康稳定。

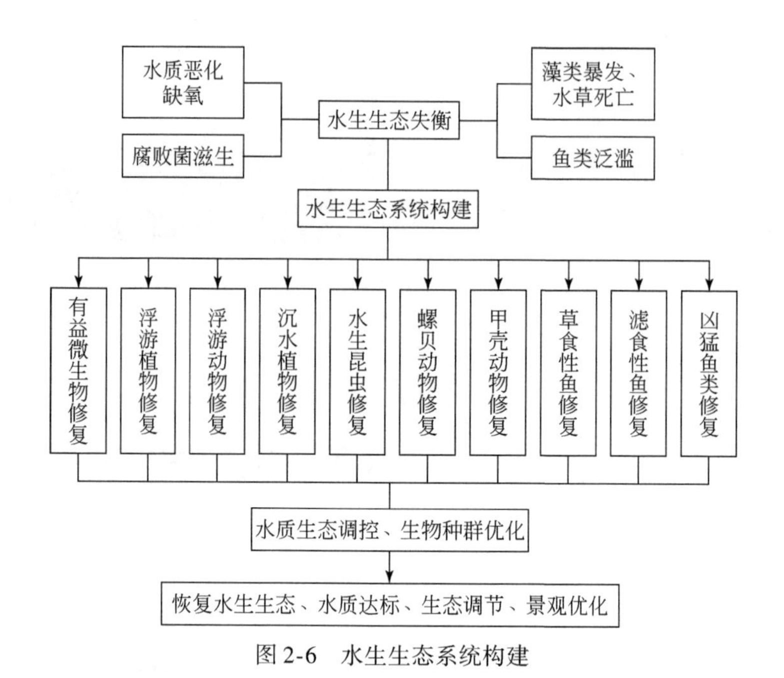

图 2-6　水生生态系统构建

（2）沉水植物系统构建

沉水植物的根系和整个叶面直接吸收底泥与水体中的 N、P 等营养物质，所需碳源直接从水体中吸收，光合作用能够为水体补充活性溶解氧，并能够吸附悬浮物，与微生物互利共生，分泌化感物质抑制蓝绿藻，对整个水体具有巨大的净化作用。同时，作为“水下森林”的主体，冷暖季搭配种植的沉水植物可以形成四季常绿的水下景观。

暖季型沉水植物群落构建：在夏季水温较高、水体水质不稳定、水质容易变坏时，保证水生生态系统的稳定性。

冷季型沉水植物群落构建：是维持冬季水体自净能力的主体，也是促进第二年沉水植物自行修复的必要条件。

（3）挺水与浮水植物系统构建

挺水植物主要靠根系吸收部分淤泥中的营养物质，有利于改善水体底质，对水体有一定的净化作用，可以拦截过滤周边地表径流挟带的污染物，同时也可以提高水体边坡景观的观赏效果。

浮水植物可为螺、鱼等在水系中提供适宜产卵的栖息地，同时具有遮阴作用可抑制藻类的生长繁殖。此外，浮水植物还能增强观赏性，避免开阔水域景观的单调。

(4) 水生动物系统构建

只具备“水下森林”(生产者),微生物群(分解者)无法构建完整的水生生态系统,还需要有一定数量的消费者——水生动物。

水生动物系统构建主要是指向水体中投加滤食性鱼类及贝类等,以完善水生生态系统中的“消费者”链条。根据水体景观要求与鱼类生态学的特点,选用具有可操纵性的滤食性鱼、螺、贝类投放到水体中,不仅可以帮助清扫水草表面的悬浮物,提升景观品质,还可以将水体中的 N、P 等营养物质从水体中转移出去。

水生动物的放养,首先可以实现水生生态系统的平衡,其次可以实现水体中观赏动物与观赏植物在视觉和美学角度上的协调统一,达到更为生动优美的景观效果(图 2-7)。

图 2-7 龙形水系水体治理后状况

2.1.4 修复核心技术

2.1.4.1 底质改良

(1) 技术原理

采用底质改良型环境修复剂可在不破坏水体底泥自然环境条件下,对受污染的底泥进行修复。底质改良型环境修复剂是具有多年工程运行经验的固载化的复合微生物制剂,能够在激活原有底泥环境中土著微生物的同时,引入多种特效微生物及其生长所需要的营养来提高生物活性,因而可在原地快速分解黑臭底泥中的多种污染物,减少底泥内源污染,消除黑臭(图 2-8)。

底质改良型环境修复剂是一种载体化的微生物,投入水中后,沉入水底,并在水底不断释放微生物,分解黑臭底泥,不用清淤,既环保又卫生。

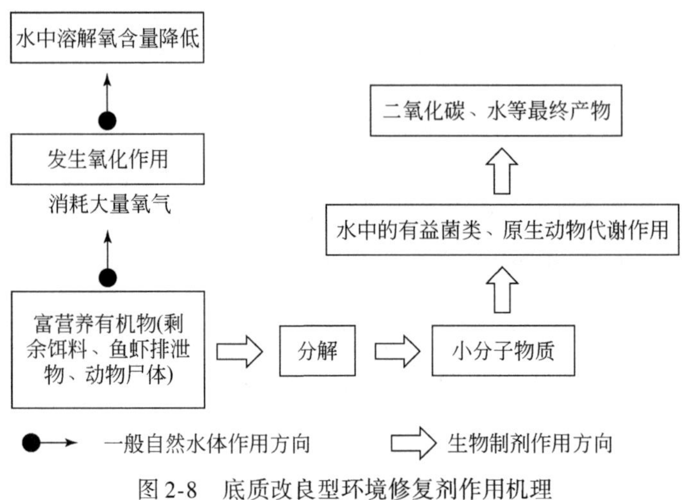

图 2-8　底质改良型环境修复剂作用机理

(2) 技术适用范围

该技术适用于淡水，包括黑臭河道、水库、景观水系、养殖废水场所；海滩、港湾、湖沼；鱼虾养殖场、各类海产品养殖场；黑臭河道、城市景观水体、湖泊；污水净化槽、填埋淤泥池等。

(3) 技术特点及创新点

底质改良型环境修复剂是具有多年工程运行经验的固载化的复合微生物制剂，兼具好氧、厌氧通用的特征。能够在激活原有底泥环境中土著微生物的同时，引入多种特效微生物及其生长所需要的营养来提高生物活性，因而可在原地快速分解黑臭底泥中的多种污染物，减少底泥内源污染。

该技术在基本不破坏水体底泥自然环境条件下，不作搬运或者运输，而在原场所修复底泥。引入有益微生物菌群，并结合水生态增氧措施，使底泥中有机物在好氧条件下逐渐分解，实现底泥无机化，逐渐形成无机矿化层，有效阻隔深层底泥有机物与水体之间的物质交换通道，减少底泥内源的释放。

2.1.4.2　水生生态系统构建技术

(1) 技术原理

该技术通过对水体生态链的调控，实现水下生态系统中生产者、消费者、分解者三者的有机统一，实现水域的自净（图 2-9）。

水生生态系统构建技术是一种低成本、低能耗、高效率的地表水富营养化治理的综合技术，主要通过构建沉水植被系统、挺水与浮叶植被系统、水生动物系统和微生物系统形成完整稳定的生态系统，充分利用生态系统自净的能力优势，从根本上解决水体富营养化问题，打造“水清”“水美”的自然生态水景。

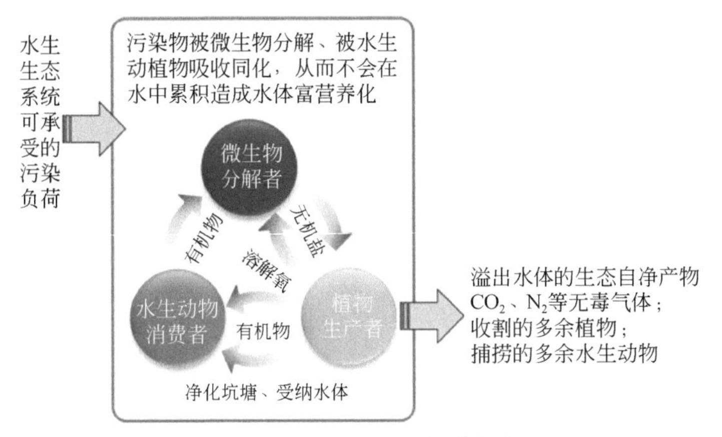

图 2-9　水生生态系统构建技术

（2）技术适用范围

该技术适用于流速 0. 6m/s 以内，属轻程度污染的黑臭水体。

（3）技术特点及创新点

水生生态系统构建技术一方面使水体清澈见底，由此解决了“水清”问题；另一方面通过水生动植物，营造生动美丽的景观，由此解决了“水美”问题，实现水环境、水生态和水景观的完美融合。

与传统治水方式相比，水生生态系统构建技术治水更注重前期治本，破坏藻类暴发的条件，从源头上遏止藻类暴发，在恢复生态功能的同时实现空气调节、生物多样性增加、水资源保护等多项生态功能。水生生态系统构建技术成本为传统水景治理方法的 1/5 ~ 1/3，维护成本为传统水景治理方法的 1/5 ~ 1/2。治理后水景可以保持长期稳定，日常维护成本低廉。

2. 1. 5　运行维护要求（包括日常检测监测和监督）

2. 1. 5. 1　水质监测预警

定期对项目区内的水质、生态等进行监测，以便更好地了解工程区内水质的变化。工程实施后的监测频率为每月一次。同时水质监测项目可在蓝藻水华现象发生前预警，对预防水环境问题发挥了重要作用。水质监测项目主要为 COD_{Cr}、TN、NH_3-N、TP。

2.1.5.2 水生植物的维护与管理

为达到增强净化功能、降低养护成本、提高成活率和观赏价值等目的，由专业人员对项目区内栽植的水生植物及浮岛上的水生植物进行科学的养护管理。

(1) 水生植物的收割

水生植物的过剩生长，可能在更大程度上会加大水体富营养化程度。因此，我们将根据情况及时收割水生植物，去除多余的或者不需要的水生植物，避免水生植物产生腐败分解，控制其可能对环境产生的不利影响。我们对水生植物的收割方式为手工操作或者机械施工，不使用化学灭草剂，以减少对水环境产生的不利影响。

(2) 水生植物的越冬

冬季挺水与浮水植物死亡，其残体易引起二次污染，因此需在其枯死前进行收割处理。冬季能够生长的沉水植物，要确保水位，防止冻伤，对于冻死的沉水植物在来年春季进行必要补植。

(3) 水生植物的病虫害防治

水生植物的病虫害防治工作，应贯彻“预防为主，防重于治”的原则，及时清除杂草和枯枝落叶，避免沉积导致水底形成新的污染，同时培育壮苗提高抗病虫害的能力，保证群落结构的稳定。维护过程中发现病虫害要及时防治，以防蔓延，同时避免引入新的病虫害。水面保洁有专人清理湖面杂质，确保湖面干净清洁，无任何杂物。收集起来的垃圾统一放在相关部门指定的位置。

(4) 意外情况处理

1) 向甲方报告非施工方导致的意外情况并提供处理建议。

2) 当局部水体发生突发性恶化时，通过水体内部循环的方式，将恶化水体的水迅速疏散，补充附近水质较好的水源。

3) 在局部区域投放特效微生物菌种，提高水体透明度，从而达到局部水系稳定的目的。

(5) 项目后期维护与保养

水生生态系统修复作为园林景观的一部分，有其维护的特殊要求，项目质保期满后可以由项目施工单位对建设单位进行培训，由建设单位自己养护，也可以委托施工单位代为养护，养护费用不超过园林绿化养护费用。

2.2 沈阳市辉山明渠黑臭水体整治

2.2.1 水体概况

2.2.1.1 基本情况

辉山明渠北起辉山水库泄洪闸，途经新开河，南至浑河，由北至南贯穿大东区和沈河区。辉山明渠总长 11km，沿线有 1 座排水泵站、2 座污水处理厂，大部分为明渠，明渠总长为 8.58km。

辉山明渠流域为丘陵地带，属温带季风型大陆性气候，受季风影响的温湿和半温湿大陆性气候。主要特点为季风气候特征明显，四季分明，降水集中，日照充足。沈阳市年平均降水量为 650～800mm，降水主要集中在 6～9 月，占全年降水量的 70%～80%。丰水年、枯水年降水量相差 3 倍以上，年平均水面蒸发量为 1100～1600mm。年平均相对湿度为 60%～70%，年平均气温为 6.7～8.4℃，年平均风速为 2.0m/s。

沈阳市位于辽河平原中部，地貌类型以平原为主，地势平坦，平均海拔在 50m 左右。山地丘陵集中在东北、东南部，属辽东丘陵的延伸部分。西部是辽河、浑河冲积平原，地势由东向西缓缓倾斜。东部为辽东丘陵山地，北部为辽北丘陵，地势向西、南逐渐开阔平展，由山前冲洪积平原过渡为大片冲积平原。地形由北东向南西、两侧向中部倾斜。

辉山明渠是沈阳市城市水系的重要组成部分，具有承接城市雨水排放、污水处理厂出水通道、景观水系等多重功能，在沈阳市生态环境建设中起到十分重要的作用。

2.2.1.2 问题分析与评估

辉山明渠产生黑臭的原因有污水直排污染、河道内源污染等。辉山明渠沿线小区、村屯等生活污水未经处理直排入河，治理前共存在污水排口 8 处，其中居民生活污水排口共 7 处，污水泵站排口 1 处。污水除通过排口直排入河外，由于沿线村屯无配套污水管道，还有部分生活污水、畜禽养殖废水无组织排放入河。同时，农民利用河岸滩地种植作物，致使化肥和农药直接进入水体。

此外，长期倾倒垃圾和农作物种植侵占河道大量空间，导致河道断面缩窄，严重阻塞河道行洪、排涝。且由于长期倾倒垃圾与生活污水直排，河道底部淤积了大量底泥，对水质产生负面影响。辉山明渠整治前状况如图 2-10 所示。

图 2-10　辉山明渠整治前状况

2.2.2　整治目标

辉山明渠首位整治目标为消除黑臭现象，力争在运河水系综合整治工程完成之后，水质达到地表水Ⅴ类水标准。

2.2.3　整治措施

2.2.3.1　控源截污

从源头控制污水向辉山明渠水体排放，对沿岸直排入河道的生活污水进行截污纳管，送到城市污水处理厂统一处理达标后进行排放。

（1）截污纳管工程

受周边生活污水排放的影响，辉山明渠水质较差，为保证辉山明渠生态水环境，结合辉山明渠排污情况，完善市政排水管网建设，在辉山明渠沿线铺设截污管道，将点源排放的污水接入新建截污管道，最后集中处理。在收集现有点源排放污水的同时，最大化地满足东部地区污水排放的需求。

东望街沿辉山明渠西北约 600m 处至东望街段：在辉山明渠两侧各修建一排 DN=0.6m 的截污管线，排水方向为由西北向东南，截流污水排至东望街现状 DN=0.7～0.9m 的污水管道，最终进入北部污水处理厂（污水处理规模为40万 t/d）处理。

沈吉铁路至新开河段：在明渠西岸修建一排 DN=0.5～1.2m 的截污管线，排水方向为由南向北，在辉山明渠污水处理厂东侧建一座截污泵站，将辉山明渠沿线截流污水排至辉山明渠污水处理厂进行处理。将保利海棠小区排污管、棚户区排污管接入该截污管道内。在八家子泵站污水出水管位置修建一排 DN=1.0m 的污水预埋管道，将八家子泵站提升的污水接入该工程截污管线。

东贸路以北、辉山明渠东岸段：在明渠东岸修建一排 DN=0.8～1.0m 的截污管线，截流污水汇集后横穿明渠，然后接入 DN=1.2m 的截污干管内。

水晶城东侧水系以东段：在高官台湖北岸及东岸修建一排 DN=0.5～0.6m 的截污管线，排水方向为由南向北，横穿明渠后接入 DN=1.2m 的截污干管内。

东陵路至新立堡路段：在明渠东岸修建一排 DN=0.6m 的截污管道，排水方向为由南向北，横穿明渠后接入 DN=0.8m 的截污干管内。

新立堡路至新开河段：沿新泰街现状道路及保利海上五月花规划路修建一排 DN=0.5～0.6m 的截污管道，排水方向为由南向北，接入 DN=0.8m 的截污干管内，将保利海上五月花直排入渠污水管道接入新建截污管道内。

辉山明渠属于季节性河流，受季节性影响相对较大，原补水来源主要为辉山明渠污水处理厂尾水，影响辉山明渠水质。辉山明渠拓宽改造期间，通过修建两条管道将辉山明渠截流管道污水及八家子泵站提升污水进行有效转输，分别排入东贸路及新泰北街现状污水管道，进而排入南部排水系统，以保证东部地区现状污水系统稳定运行。

其中，辉山明渠截流管道污水通过 DN=1.2m 的管道向南排入东贸路现状污水管道；八家子泵站提升污水通过 DN=1.0m 的管道向西排入新泰北街现状污水管道。新泰北街现状污水向北排入东贸路污水管道内，一并通过东贸路现状污水管道，进入南部排水系统。

（2）小型污水处理站工程

辉山明渠小型污水处理站工程包括3座小型污水处理站及配套污水管道。

1）辽宁省劳动经济学校、榆林苑小区排污口。在辽宁省劳动经济学校及榆林苑小区围墙东侧、辉山明渠西岸修建一排 DN=0.3～0.5m 的污水截流管道，将辽宁省劳动经济学校、榆林苑小区直排入渠管道接入新建截污管道内，由于该点位距现状市政管网距离较远，在榆林苑小区东侧、明渠西侧岸边空地位置建一座处理能力为900m^3/d 的小型污水处理站，截流污水经小型污水处理站处理达到《城镇污水处理厂污染物排放标准》（GB 18918—2002）中一级 A 标准后，排放至辉山明渠内，可作为明渠景观补水。

2）范家坟排污口。在范家坟村内现状主要道路上修建 DN＝0.3m 的配套污水管网，将村内原直排入渠的污水管道接入新建截污管道中，由于该点位距现状市政管网距离较远，在榆林苑小区东侧、明渠西侧岸边空地位置建一座处理能力为 $50m^3/d$ 的小型污水处理站，截流污水经小型污水处理设备处理达到《城镇污水处理厂污染物排放标准》（GB 18918—2002）中一级 A 标准后，排放至辉山明渠内，可作为明渠景观补水。

3）观泉路东望东街排污口。东望东街现状市政污水管道下游观泉路污水管排水不畅，导致东望东街现状污水和一小区污水直接排入辉山明渠，在明渠南岸修建一排 DN＝0.3m 的污水截流管道，将东望东街现状污水直排入渠管道接入新建截污管道内，分流一部分市政污水，在东望东街设置一座处理能力为 $500m^3/d$ 的小型污水处理设备，处理达到《城镇污水处理厂污染物排放标准》（GB 18918—2002）中的一级 A 标准后排入明渠，可作为明渠景观补水；对小区接渠污水管进行封堵，修建一排 DN＝0.3m 的污水管道将小区污水管接入东望东街现状污水管道，最终排入小型污水处理站进行处理。

2.2.3.2 内源治理

通过垃圾综合整治，对农村、河道及护坡周边的垃圾集中收集、运输、排放。

辉山明渠流经大东区、沈河区，垃圾清理工作以区为责任主体，工作重点是对辉山明渠河道、护坡及周边村屯的垃圾、水面漂浮物进行全面清理，严格控制河面垃圾、浮油、动物残体等影响水体观感的漂浮物。对河道区域内及周边垃圾进行拉网式排查，河道管理单位有计划、有重点地对河道区域内积存垃圾进行集中清理，杜绝城市蓝线内正规垃圾堆放点超范围堆放现象，取缔临时垃圾堆放点，巩固河道日常管理，两岸保洁工作要持续监管，配备专门的清扫人员定期对河道进行清理维护并对沿线垃圾堆放点进行检查，对水体水生植物和岸带植物按季节性收割，加强季节性落叶及水面漂浮物的清理整治防止反弹，将责任落实到具体负责人。加大环保宣传力度，引导居民自觉树立环保意识，依法依规排查向河道倾倒垃圾的行为。

辉山明渠河道及周边垃圾由河道保洁员统一清理，并统一定时用保洁车运送至垃圾转运站，再由环卫部门用垃圾压缩车统一运送至城市垃圾卫生填埋场进行无害化处理。

大东区河道日常养护清理的河道垃圾运送到金地檀悦台站，同周边地区生活垃圾运送到沈阳市大辛生活垃圾处理场进行无害化处理；沈河区河道日常养护清理的河道垃圾运送到保利香槟国际站，保利香槟国际站于 2018 年 10 月 10 日拆除，之后垃圾送至检车线中转站，同周边地区生活垃圾运送到沈阳市老虎冲垃圾处理填埋场进行无害化处理。

针对河道内长期淤积的底泥，主要采用干法疏浚方式，分段排干河道进行安全处理后，再进行安全填埋和资源化利用。本次设计采用辉山明渠单双河道并存的形式，合理采用原位处理和异位处理+资源化利用两种形式，对底泥进行固化稳定化处理，在施工期增加天然植物液除臭剂进行除臭，同时增设天然钠基膨润土防水毯对清淤后的河底进行防渗处理。对6.1km河道底泥进行清障、固化、覆盖、利用，其中4.244km河道底泥进行固化异位利用；1.856km河道底泥进行固化并原位覆盖隔离。

2.2.3.3 生态修复

生态修复包括绿化景观工程和河道拓宽工程。通过恢复岸线和水体的自然净化功能，强化水体的污染治理效果，提升河道两岸生态景观效果。

（1）绿化景观工程

辉山明渠绿化坚持城市修补和生态修复理念，结合周边市民活动需求和城市排洪防涝的需要，充分发挥城市水系活化和生态修复城市空间的作用，通过实施沿线绿化、构建生态廊道和城市市民游园，恢复和修复明渠受破坏的水体及沿线自然环境。

景观绿化方面，考量植物的耐水性能，在蓄水区采用马蔺，缓冲区采用鸢尾，边缘区采用千屈菜进行植物配置，对辉山明渠进行稳坡护土和生态恢复，两侧对受破坏的树木进行补植，构建较完整的乔木群落。

城市慢道方面，辉山明渠右岸部分区段修建3m宽的城市滨水自行车路，采用硬质路面，主要用于辉山明渠渠道抢修、维护和市民休闲娱乐。

城市市民游园方面，根据辉山明渠沿线的市民活动需求和场地条件，设置两处城市市民游园，满足辉山明渠生态缓冲功能和市民使用需要；另设置多处街角绿地，增加辉山明渠的生态效益。景观绿化示意图如图2-11所示。

（2）河道拓宽工程

为了改善河道淤积、断面狭小的现状，增强渠道生态属性，加强明渠的泄洪功能，让水真正融入市区、融入生活，使市民可以随时随地赏水、亲水，切实体现人水和谐相处、相亲相融，因此实施辉山明渠河道拓宽工程。河道拓宽工程提高了渠道排涝能力，控制了内源污染，提升了水域自净能力。拓宽工程范围为辉山明渠华晨中华厂区下游明渠至南二环路，改造总长度为6.1km。治理方案因河制宜、因段制宜，按照河道自然走向，宜宽则宽、宜窄则窄，兼顾防洪与景观双重功能，打造沈阳东部独特的生态河道。

图 2-11　景观绿化示意图

结合现场条件，改造渠道方式分为单渠道改造、双渠道改造两种形式，其中4.244km 河道实施单河道拓宽改造，1.856km 河道实施双河道拓宽改造。

断面形式主要包括单侧浆砌石挡墙、双侧浆砌石挡墙、格宾石笼护砌、蜂巢约束系统+浆砌石护砌等形式。浆砌石挡墙主要针对限制地形区段，大部分区段采用兼具生态景观功能的格宾石笼护砌和蜂巢约束系统+浆砌石护砌。

河底防渗采用天然钠基膨润土防水毯，对新开挖和清淤后的砂基础的河底进行防护，埋置深度为0.5m。

2.2.3.4　管理措施

整治工程由沈阳市政府统筹制定整治方案，市建委牵头组织工程实施，成立运河水系综合治理工程指挥部，配置专职干部驻场值守，建立日例会制度，统筹安排、科学调度，大大提高工程时效。相关区政府负责组织征地拆违，市直相关部门密切配合，开辟绿色审批通道，简化审批手续。相关部门相继出台《沈阳市黑臭水体长效治理工作方案》《沈阳市黑臭水体管理规定》保障黑臭水体治理长制久清。

一是严格落实“河长制”。实施“定人、定段、定时”巡河制度，实现水体网格化管理。二是加强水体执法监管。坚决打击偷排偷倒行为。三是引入第三方机构。加强污染源日常监管，定期监测水质变化。四是实施排水口规范管理。对494 个合法排水口建立台账、统一设牌、规范管理。五是强化垃圾清理。建立水体沿线垃圾收集、转运体系，全面规范垃圾设施管理。六是加强公众参与。定期向社会公布整治进展和水质情况，接受公众监督。

2.2.4　创新举措

一是立法保障长制久清。在全国率先启动黑臭水体立法工作，出台了《沈阳市黑臭水体管理规定》，立法保障黑臭水体治理长制久清。

二是开展“爱水，爱沈阳”主题宣传活动。制作黑臭水体治理视频动画，通过社交媒体宣传，强化广大市民爱水、护水意识。

三是“八步工作法”。即明责任、重巡河、拆违建、清杂物、除旱厕、建拦网、禁散养、入户宣，使黑臭水体治理工作取得实效。

四是实施水体网格化管理。将黑臭水体日常监管融入城市综合治理网格化信息平台，实施定格、定责、定人、定频、定线、定质、定量、定论的“八定”工作法。

五是防止春季冰雪消融期水质反弹四大措施。冰封前：对水中植物进行集中收割，避免植物腐败影响水质。冰封期：利用“污水不冻”特点，排查隐藏污染源，逐项整改。融化前：结合河湖“治四乱”，提前对水体及岸线垃圾进行集中清理。融化后：结合灌溉，及时进行生态补水，尽早恢复水体流动性。

2.2.5　整治成效

通过对辉山明渠实施控源截污、内源治理、生态修复及管理措施，从根本上改变了辉山明渠旧貌，改善了辉山明渠的水质及两岸环境，增强了辉山明渠的泄洪能力，使辉山明渠两岸更加适合人们工作、学习和居住（图 2-12）。

一是提高区域排涝能力。拓宽工程使该区域排涝能力达到 30 年重现期的水平，泄洪能力高于国家标准，大幅提升了周边的沈阳支柱型企业——华晨宝马厂区的防涝抗风险能力，同时消除了周边企业的后顾之忧，稳固了区域税收来源。

二是提升区域城市品质。辉山明渠综合治理工程改造区域面积约 22 万 m^2，

图 2-12　辉山明渠整治后状况

不仅消除了水体黑臭现象，也为市民提供了高品质的生活空间，惠及人口约 50 万人，实现了“治理黑臭水体让更多市民享受清水绿岸、鱼翔浅底水生态环境”的目标。

三是激活城市发展空间。辉山明渠地处沈阳市城乡结合部，基础设施建设滞后，区域发展较慢。综合治理工程的实施有力地推动了该区域价值提升，激活了沈阳东部区域发展空间。同时，综合治理取得的经验，也为全面推动沈阳市城乡结合部的治理工作起到了示范作用。

第3章　华　东

3.1　南京市北十里长沟东支黑臭水体整治

3.1.1　水体概况

3.1.1.1　基本情况

北十里长沟东支南起紫金山军民友谊水库，北至长江，全长约9.1km。东支主流主要承接紫金山北部、丁家庄片区、尧化门地区和燕子矶东部的汇水，

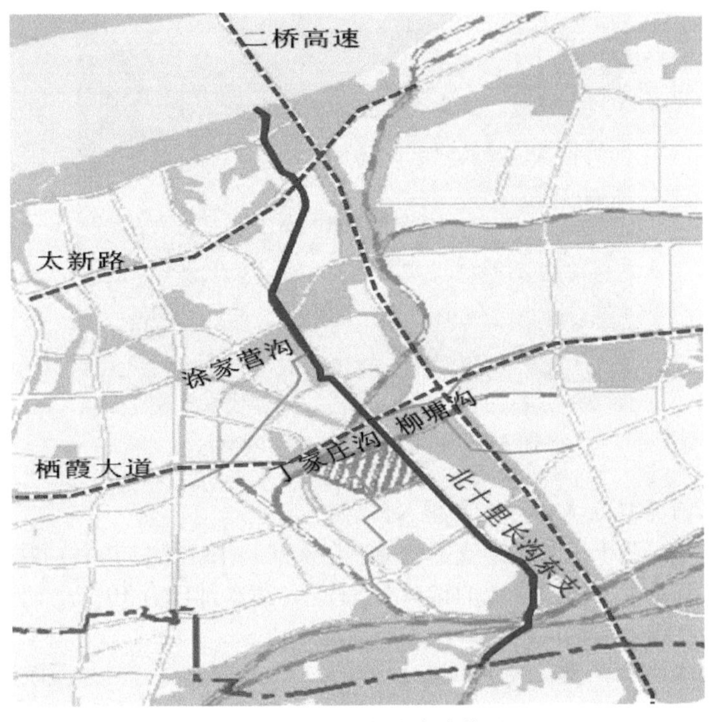

图3-1　北十里长沟东支位置

汇水面积达 33.55km^2。东支栖霞段起点为太龙路涵洞口，终点为入长江口，河道现状上口宽 15～40m，总长约 7219m，沿线主要有丁家庄沟、涂家营沟、柳塘沟等明沟汇入（图 3-1）。北十里长沟东支水质为劣V类，长年水体黑臭，严重影响居民生活质量。本次提升工程整治内容主要包括水环境与水安全两部分。

3.1.1.2 问题分析与评估

北十里长沟东支发源于紫金山北麓，沿线地势南高北低，汇水最高点紫金山北麓高程为405m，下游低点高程约为11.0m。河道汇水范围内地块建设强度高，雨污混流和污水直排问题十分严重（图 3-2），主要表现在以下四方面。

（1）典型的黑臭河道，水质严重黑臭

未实施整治前，河道支流污水直排，河道主流两岸杂草丛生，水体黑臭刺鼻。2018 年初，北十里长沟东支红山桥入江断面 NH_3-N 含量高达 20.2mg/L，TP 含量高达 1.96mg/L，达到重度黑臭，通江河道变成排污通道。

图 3-2 北十里长沟东支治理前状况

（2）沿河排口众多，污水直排入河

通过排查，北十里长沟东支沿线原有各类排口 132 个，其中，雨水排口有 63 个，补水口有 6 个，雨污合流的排口有 53 个，污水排口有 10 个，近一半的排口都存在污水直排入河的问题，严重影响河道水质。

（3）河道淤积严重，行洪不畅

河道沿线涵洞、闸坝、桥梁较多，同时下游河段尚未进行整治，流水不畅，造成河道淤积严重，河床逐步抬高，局部段淤积厚度达到 1m，严重影响河道水质与行洪安全（图3-3）。

图3-3　河道淤积情况

（4）部分河段占用蓝线，多处构筑物束水

下游部分河段尚未进行整治，迈化路侧河道规划25m上口宽，实际过水断面仅为12m，汛期无法正常过水行洪（图3-4）；沿线存在三处束水桥涵，分别为沪宁铁路箱涵、迈化路桥、下游樊甸桥，三处桥涵束水严重，导致汛期期间上游洪水壅高，两侧地块受淹。

图3-4　河段被占用情况

3.1.2 整治目标

近期目标：通过拆违治破、河道拓浚、排口整治、污水截流、活水保质等工程措施，解决污水下河和行洪断面不足的问题，将河道水质提升到地表水Ⅴ类水标准，基本能够稳定达到城市景观水质要求。

远期目标：全流域建成完善的污水收集系统，截留城市陆域的初期雨水。构建整体生态系统、修复河道自然生态、保护生物多样性，打造鱼类、贝类生态栖息地，重建具有自然活力的城市河流。

3.1.3 整治思路

按照“先岸上后水下、先支流后主流、先上游后下游”的整治思路，通过完善岸上雨污分流建设，先期实施柳塘沟、丁家庄沟、涂家营沟3条支流河道治理，开展北十里长沟东支主流水环境提升工程建设，从而全面提升东支全流域水质。

3.1.4 整治措施

3.1.4.1 控源截污

河道黑臭，问题在水里，根源在岸上，本着“水陆同治，标本兼治”的原则，对北十里长沟东支流域96个片区实施雨污分流改造；对建成片区加强“回头看”，利用管道CCTV检测和机器人内窥检测，防止错接、漏接、混接，对破损管网、检查井等设施进行维护修缮；厘清责任，落实管护主体，其中55个片区由企事业单位自管，41个居民片区移交专业公司进行管养。

3.1.4.2 排口智能化改造

北十里长沟东支沿线原有排口132个，排口数量多，种类复杂。对每个排口进行排查梳理、分类编号，竖立公示牌，指定专人负责。调查来水源、排口水质情况及附近污水管网的运行情况，污水排口就近接入污水系统内，合流排口新建截流井，晴天污水截流入污水系统内，保证污水不下河。

同时，传统的无动力浮筒调节装置在使用过程中，存在很多问题，控制情况无法预估，难以保证晴天无污水下河现象。本次全线截污采用智能化控制设备，通过双向闸门、液位计及雨量计，可以精确控制闸门开启情况，并提供远程控制功能，降低日常维护管养的难度，更好地应对截污要求。沿线的截污管道均采用污水专用的球墨铸铁管管材，保证管道的建设质量。

3.1.4.3 内源治理

河道清淤疏浚可提高河道行洪能力，消除污染源以保障河道水质，有利于河道整体服务功能的提升。北十里长沟东支现状基本为自然河床，采取水力冲挖与干挖清淤结合的方式，其中，栖霞大桥上游河道纵坡大、淤积浅，两岸均为建成区，采用水力冲挖进行清淤；栖霞大桥下游河道纵坡小、淤积厚（局部厚度达1m），采用干挖清淤的方式。组合施工成本低，机具简单，输送方便。

3.1.4.4 河道拓宽和构筑物改造

1）结合两侧地块拆迁及市政道路建设，对沿线约1200m河段进行断面拓宽整治，并为后期的景观提升预留空间，近期坡面进行草皮覆盖，提高河道的行洪能力，缓解沿线的积淹水问题。

2）按照建设时序，本次先行拆除阻水构筑物樊甸桥。樊甸桥位于规划神龙路下游侧，两侧地块正在开发，无上位规划与通行要求。

3.1.4.5 生态修复

本着维持和修复河道原生态理念，在实施河道排口、驳岸、河床等整治时，尽可能保留生态较好河段的原生植被，适当区域增补芦苇与常绿阔叶树种，为鸟类生境构建场所；在河道内新建跌水坝4座，设置不同尺度的回水区域，构建河道深潭与局部浅滩，为水生生物创造栖息、繁衍和觅食场所；塑形整修生态绿岛3座，建设亲水平台和沿河步道，配套景观绿化等设施（图3-5）。

(a) 河道生态植被

(b) 河道跌水设施

(c) 河道生态岛

图 3-5　河道生态植被、河道跌水设施、河道生态岛

3.1.4.6　管控措施

1）健全完善排口管控责任体系。建议制定“北十里长沟东支沿河排口整治管控实施方案”，建立排口管控三级责任体系，实行“两定两落实”，即定人定段，落实工作责任、落实整改时限，确保旱天污水不下河、雨天少溢流。

2）实行排水许可证办理全覆盖。北十里长沟东支栖霞段沿线共排查出 358 家企事业单位，除 2 家纳入拆迁计划、4 家停业无须办理外，其余 352 家均需办理排水许可证且已于 2018 年底全部完成。

3.1.4.7　其他措施

1）活水保质（图 3-6）。利用污水处理厂中水回用，铺设引水管道，日补水量达到 4 万～5 万 t，以期常态化实现北十里长沟东支引流活水，增强水体自净能力。

图 3-6　活水保质效果

2）实行专业化管养。对北十里长沟东支所有建成设施进行分类统计，财政安排预算经费，委托城市管理专业化公司（南京博润城市环境工程有限公司）实施常态化管养，每天安排专人巡查养护，打捞漂浮物、捡拾垃圾，长效保持河道水清、岸绿、景美。

3.1.5　关键技术

3.1.5.1　技术名称

该技术装置为闸门智能控制系统。

3.1.5.2　技术原理

闸门智能控制系统是根据雨量、液位等传感信号进行自动化控制运行的成套设备。其控制原理架构如图 3-7 所示。

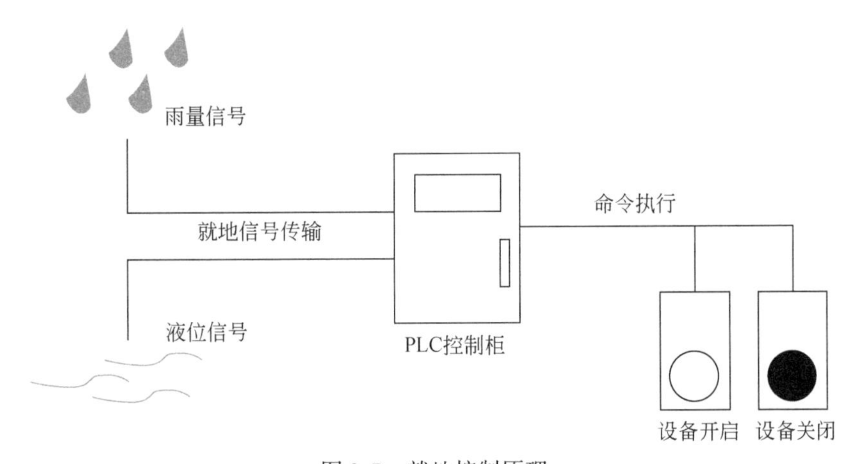

图 3-7　就地控制原理

注释：通过雨量计、液位计信号接入 PLC 控制柜，通过 PLC 程序设置在达到相应数值时就地自动运行，从而对设备开启或关闭进行自动控制操作。

设置优先控制：雨量计优先控制。即主控以雨量信号为主，当降雨时，雨量计采集到雨量信号后传输给 PLC，此时通过 PLC 程序启动设备的运行工作（图 3-8）。

设置警戒控制：液位计作为警戒控制。即当井内液位达到一定的设定值时，由液位信号主控设备的运行工作。

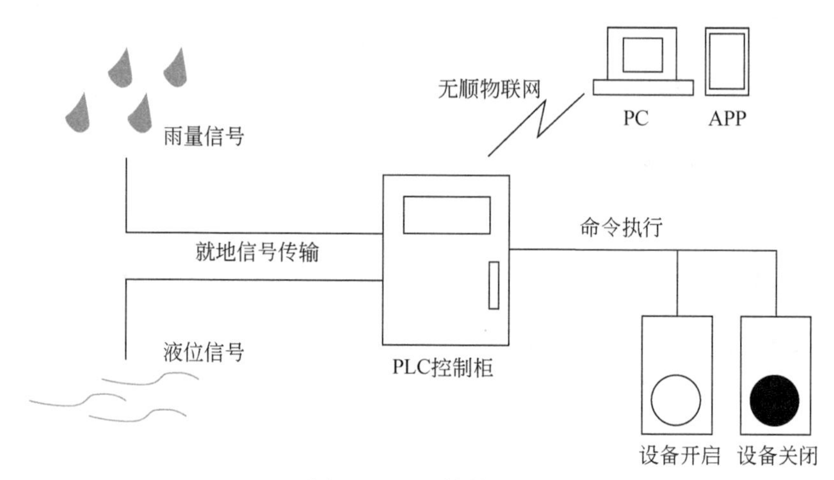

图 3-8　远程控制原理

通过设备物联网模块采集 PLC 控制柜内雨量、液位、设备状态等相关信号，并上传至云端，在 PC 后台及手机 APP 上直观显示各数据源数值状态。采用无线传输形式，通过数据流量实现信号采集及控制传输。采用 MODBUS 协议规则，并采用 HTTP 格式转化，形成在 TCP/IP 模式下的 HTTP 格式应用。远程控制采用固定指令形式，通过点击操作后发送。

3.1.5.3　技术适用范围

该技术适用于排口末端的精确控制、传统截流井的优化改造、小区节点井的截污及初期雨水截污。

3.1.5.4　水体整治效果

通过闸门智能控制系统实现截污的自动精确控制，根据水位控制，调整闸门的开启关闭，在减少汛期淹水风险的同时，也减少了日常的维护成本；可设置信号延时，满足远期对初雨收集的要求；自动控制的同时也预留有人工控制的端口，可手动控制也可远程手机控制。截污设施实施完成后，全线排口无污水下河现象，河道水体水质明显改善。

3.1.6　创新举措

为进一步巩固和提升北十里长沟东支全线水质，修编完成《北十里长沟东支生态修复规划方案》，计划利用 3～5 年时间，在保证行洪安全的基础上，打造陆地雨水绿脉系统，逐步恢复河道生态基流、自然植被，统筹陆上蓝线范围的植物物种搭配、高低灌木、绿地的组合，形成鱼鸟栖息的生态群，打造城市通江生命绿道，展现滨江城市自然和谐理念（图 3-9）。现项目的一期工程已列入南京市 2020 年城建计划，力争在 2020 年底前开工建设（图 3-10）。

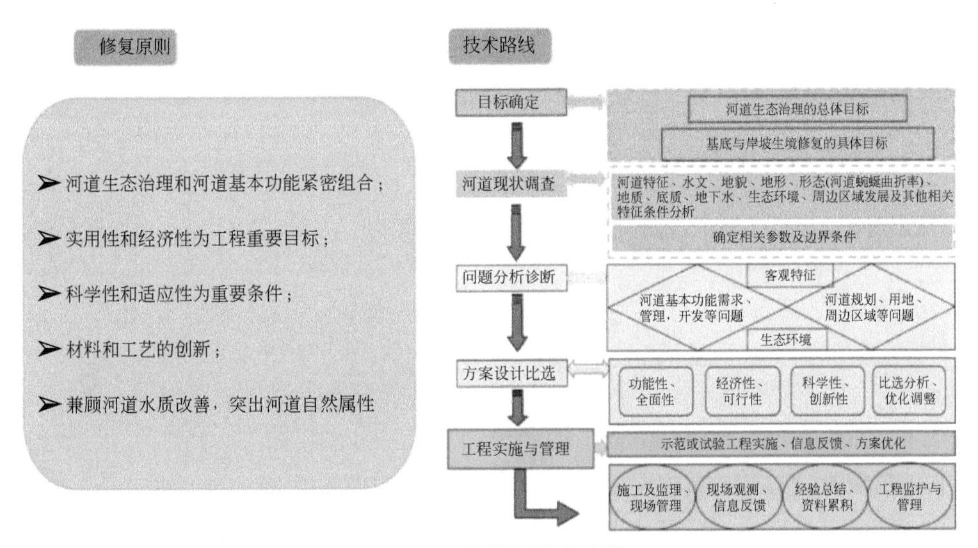

图 3-9　生态修复技术路线

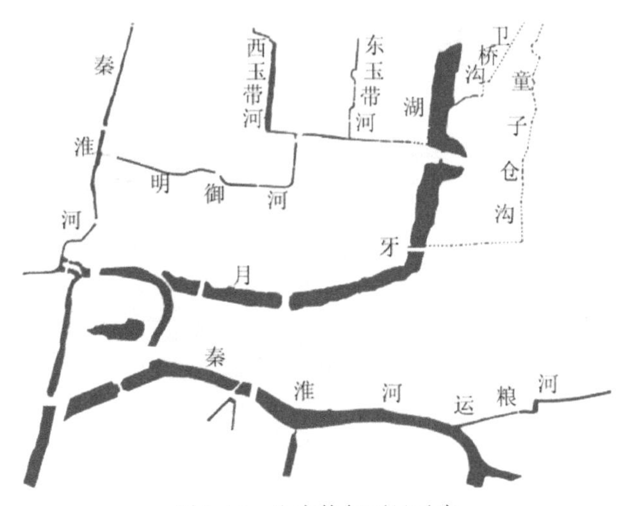

图 3-10　生态修复项目示意

3.1.7 整治成效

雨污分流、排口整治、河道整治、清淤疏浚及控源截污等相关措施，有效缓解了河道沿线的积淹水问题，消除了河道内源污染，沿线排口旱天无污水下河，有效削减进入河道的COD、氨氮、总氮等污染负荷，消除全流域劣V类水体，实现水环境生态系统的良好循环，显著提升河道自净功能和景观效果（图3-11）。

图3-11 整治后的北十里长沟东支

经过长期水质监测发现，整治后北十里长沟水体总体达到地表水V类水标准，与整治前对比，入江口COD降低了80%，氨氮降低了90%，总磷降低了92%，实现了“排口治起来，水位降下来，阳光招进来，水草长出来，鱼儿游起来，生态自然来”的愿景，获得了周围居民的一致好评，取得了显著的环境、经济和社会效益。

北十里长沟为省级重要入江支流，同时也是红山桥断面市控入江断面，自2018年5月至今，基本能够稳定达到地表水Ⅴ类水及以上水体标准，大大减轻入江污染，为推动长江经济带高质量发展打好基础。

3.2　南京市月牙湖黑臭水体整治

3.2.1　水体概况

3.2.1.1　基本情况

月牙湖是古护城河的遗存，包括东南护城河在内水域总面积达43.6万m^2，多年平均常水位为8.0～8.5m，2016年洪水位达10.71m，其汇入支流主要有三条：卫桥沟、童子仓沟和前湖溢洪通道，汇水面积为10.6km^2。月牙湖可由七桥瓮泵站抽引运粮河河水入湖，向西可经铜芯管闸对明御河进行补水，发挥城市水系水量调蓄、防洪排涝、主城区补水、景观观赏等重要功能。

3.2.1.2　问题分析与评估

整治前月牙湖水环境问题突出，水体呈现富营养化状态，污染物指标随季节变化大，主要污染物为氨氮和总磷，水质在Ⅳ类到劣Ⅴ类波动，部分静水区存在水华暴发现象，底泥淤积较严重，夏季高温时段，水体明显发黑发臭，严重影响水体休闲和景观需求（图3-12）。月牙湖主要的水环境问题成因可以总结为以下方面。

1）区域管网设施不完善，外源未得到彻底治理。月牙湖西侧片区污水主次干管管网已经形成，雨污分流工程改造基本完成，但部分雨水管道未进行初期雨水拦截。月牙湖公园东侧小区及企事业单位分布密集，雨污分流工程需进一步完善，同时截流干管难以满足片区排水需求，存在漏损现象。同时，月牙湖及东南护城河区域范围内，局部仍然存在排涝隐患和易涝点，由于地势低洼、月牙湖与护城河连通性不足等因素，水压力较大。

2）补水水源单一，补水水质较差。月牙湖的三条汇水支流——卫桥沟、童子仓沟和前湖溢洪通道，非汛期基本没有来水补给，且卫桥沟和童子仓沟沿线有大量污水汇入，无法作为月牙湖的补水通道。现状主要补水水源为运粮河，补水水质有待提高。

图 3-12　月牙湖整治前各类问题

3）水动力条件差，内源污染较重。月牙湖入湖水量较小、水体流动性差、换水周期长，加之外源与底泥污染未得到彻底治理，使得湖泊局部水质恶化严重，高温季节性水体黑臭问题突出。

4）水生生态系统受损，部分水域岸线被侵占。长期不合理的开发利用活动使得月牙湖自然湿地萎缩、生境破碎、生物多样性受损，生态系统脆弱，生态功能严重退化。月牙湖及东南护城河区域南岸岸坡空间狭小，护岸稳固性差，部分区域房屋、垃圾堆放等侵占现象较为严重。此外，岸线保护范围和管理机制不够明确，管控难度大。

3. 2. 2　整治方案与措施

月牙湖综合整治工程以水质改善、恢复水生生态系统健康为总目标，结合生态工程建设，挖掘区域特有的水文化内涵，营造水活、水清、水畅的河湖生态环境。水质方面，在消除黑臭水体、稳定消除劣Ⅴ类水的同时，实现水体达到地表水Ⅳ类水质要求；水生态方面，构建完整的水生生态系统，提高水体自净能力；管理方面，划定月牙湖保护范围，明确河道分区管理措施及要求。最终实现月牙湖水质提升、水生态环境质量良好、水源调蓄有序、人水和谐目标。

按照黑臭水体治理“控源截污、内源治理、活水保质、生态修复”方针，月牙湖综合整治措施主要包括以下四方面。

3.2.2.1　控源截污

在系统规划的基础上，开展“截、收、清”工程。对流域内沿湖46个排口进行系统排查，重点开展雨污合流口整治，对26个河道排污口实施控源截污；对115处汇水区域实施雨污分流整治，新建街巷污水次干管7条，2017年新建污水次干管投入使用，确保污水不入月牙湖。

3.2.2.2　内源治理

开展月牙湖湖体底泥调查与检测分析，确定底泥污染层与底泥氮磷释放的影响，根据对月牙湖污染底泥的评估结果确定清淤深度，科学实施清淤。一方面削减内源污染负荷，消除底泥污染物向水体释放，另一方面避免清淤造成的河底水生生态破坏，为生态修复保留一定量的底泥。经评估发现，月牙湖及东南护城河累计清淤46万m^3。

3.2.2.3　生态修复

月牙湖作为公园休闲水体，采用“食藻类大型溞引导水生生态系统构建”“水下森林”等技术措施，开展水体生态修复与岸线整治，并兼顾水体景观效果。食藻类大型溞引导水生生态系统修复，通过构建食藻类大型溞–沉水植物–水生动物–微生物群落的共生生态系统，形成底泥微生物、沉水植物、大型蚤、鱼虾螺贝食物链，将水体污染物转化为生物蛋白，同时大范围的沉水植物通过光合作用可以增加水体溶解氧含量，提高水体自净能力，改善水质及景观。食藻类大型溞引导水生生态系统构建的实施流程如图3-13所示。

（1）食藻类大型蚤投放

在开展控源截污、底泥修复的基础上，在局部重点区域安装了水体增氧系统装置，增加水体溶解氧含量，根据水质情况和水体富营养状态评估结果，投放大型枝角类浮游动物作为前导启动因子，摄食水体中藻类，实现短时期内迅速控制水体中藻密度，水体透明度提高，浊度值下降60%，同时为沉水植物

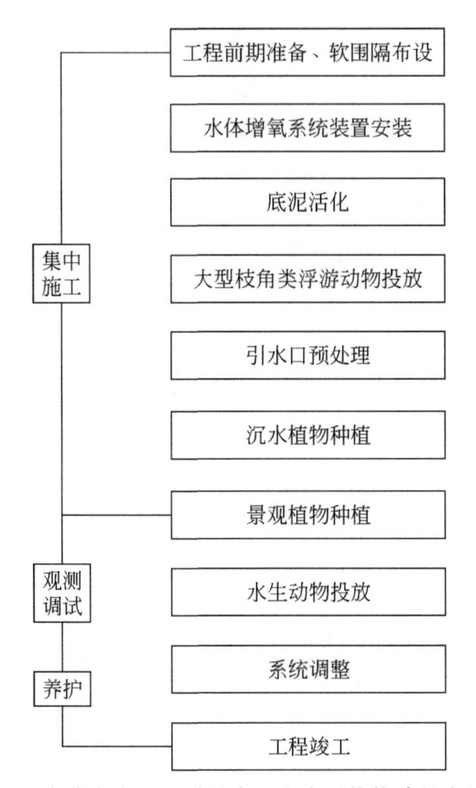

图 3-13　食藻类大型溞引导水生生态系统构建的实施流程

种植创造良好的环境。

(2) 构建“水下森林”

分区域采用挺水、沉水植物群落方式，实施生态修复，打造湖心生态岛。筛选耐寒、耐污染、耐盐、植株低矮、四季常绿植物，构建了面积达 45 万 m^2 的“水下森林”，通过沉水植物恢复，有效吸收水体可溶态氮、磷等物质。研究表明，沉水植物对氮、磷的直接吸收去除贡献率为 1.5% ~13.2%，同时，沉水植物改善了湖体生境条件，为水生动物提供了栖息地，抑制了湖体底泥影响，增加了水体透明度，达到了提高水体自净能力和稳定水质的目的。

(3) 水生动物投放

水生植物种植完成后，根据沉水植物生长情况，投放鱼类、蟹类、贝类、螺类等土著水生动物，控制食藻类大型蚤数量，强化和优化水生生物多样性，构建健全的水生食物链，形成良性循环的水生态自净系统，进一步降低水体氮磷浓度。

(4) 水生生态系统维护

本着安全、有效、生态的原则，从日常维护、季节性维护和应急性维护三方面开展，包括沉水植物、浮水植物、挺水植物和水生动物养护及病虫害防治。

日常维护具体包括：每日观察测试水体透明度和水色；水面保洁，清除岸边垃圾和杂草；及时清运水面和河岸带垃圾；定期进行水质检测；开展鱼类生态监测，及时调控水体内的鱼类结构和数量；及时割除水体内的沉水植物。季节性维护包括：对因季节变化造成的水草泛滥进行清理和必要的补植；对挺水植物进行整修；对水位进行调控，保证水位满足沉水植物生长要求。应急性维护主要对因气候条件和外来污染造成的水质突然恶化进行应急处置。

(5) 河岸带生态修复

以“一河一路”为整治理念，水路联动，实现月牙湖与周边道路的一体化整治，着重增强河与路在景观上、功能上的相辅相成作用。对河道岸线环境实施综合整治，拆除违章搭建，退让河道蓝线，建设人行步道，种植景观植物，打造游园广场和休闲水空间，使河道、道路空间有机衔接，景观风格协调统一。

3.2.2.4　长效管理机制

开展河（湖）长制、南京市蓝线管理办法、定期水质监测、信息公开等制度建设和完善，从精细化管理、信息化监督、强化公众参与等方面创新管理机制，实现月牙湖水体“长治久清”到“长制久清”。

(1) 精细化管理

对综合整治后的月牙湖及东南护城河等核心区域河道，以城市水利风景区的标准提升管理要求。按照河岸区域环卫保洁、停车管理、户外广告、店招标牌、门前三包、行动执法六大管理重点，制定精细化管理方案和具体标准。按部门、街道职责分工落实任务，分片分段包干负责管理。养护方面，进行网格化管理，责任到人，推行河道一体化综合养护，严格排水行为监管，重点查处环湖周边违规排水行为。

(2) 信息化监督

进一步发挥河（湖）长作用，强化对月牙湖的巡查，每日巡河并上报巡查表，发现问题及时整改。构建了市、区、街道、社区、志愿者五级河（湖）长责任体系，秦淮区还在全区河道推行党员河（湖）长，鼓励河道周边党员利用买菜、散步等闲暇时间参与河道管理、监督。同时，在全市所有河道设立河长公示牌、排口标示牌，建立微信群、河道管理手机 APP、微信公众二维码等信息管理途径，主动接受社会各界监督。环湖设置了5个水质监测点，可以快速掌握水质及变化情况，便于采取应对措施。

（3）强化公众参与

始终将民主整治贯穿于月牙湖整治过程中，各建设单位坚持精细化施工管理的原则，广泛听取周边居民意见，组织月牙湖整治居民议事会，开展宣贯与征求意见；施工过程中，积极推广影响小、效率高、质量有保证的“微创式”施工工艺，并充分结合居民出行和生活规律，合理安排作业时间，将施工对居民的影响降至最低。周边居民与建设方积极互动事例得到电视、报纸、网络等媒体报道，体现了环境治理的惠民性。

3.2.3 整治成效

3.2.3.1 环境效益

截污工程的实施，有效减少了入湖污水量；底泥清淤及生态工程建设，增加了湖体水量，改善了湖体水动力特性，提高了水体自净能力。整治后月牙湖水质得到显著改善，水体消除黑臭，基本无蓝藻、绿藻出现，水体透明度显著增加，水体长期保持清澈见底。2018年，月牙湖水体氨氮浓度小于1.5mg/L，总磷浓度小于0.3mg/L，溶解氧含量大于4mg/L，透明度大于1m，主要水质监测指标可达到《地表水环境质量标准》（GB 3838—2002）Ⅳ类水标准。

底泥清淤工程的实施，直接清除淤泥中的N、P及有机质等污染物质，有效降低了底泥营养物质释放对月牙湖水体的影响，同时使月牙湖、东南护城河在保持相同水位条件下，增加了约45万m^3蓄水容量，其中月牙湖北湖调蓄容量增加约12.5万m^3，成为市区范围内容量可观的调蓄水体。水质改善提升后，月牙湖将作为向城市内河补水的中继站。

3.2.3.2 生态效益

通过湖体水生生态系统构建，将月牙湖提升为“草型清水态”水体（图3-14），实现了“排水畅通，水清岸绿，景观和谐，人水相通”的水环境。月牙湖综合整治，对挖掘历史文化遗产、整合区域旅游资源、改善市民生活环境、提升区域综合竞争力具有积极的促进作用。整治后的月牙湖片区，亲水休闲，宜游宜居，文化历史底蕴重现，也可作为生态景观示范区与科普教育基地。

图3-14　月牙湖整治后效果

3.2.3.3　经济效益

月牙湖综合整治能够提升整个城东片区的水环境，间接带来国民经济效益，环境的改善带动周边商业居住土地增值，周边土地市场运营的收入增加，带动区域经济发展。

3.3　常州市双桥浜黑臭水体整治

3.3.1　水体概况

3.3.1.1　基本情况

常州市双桥浜属天宁区，北起三井河，经晋陵北苑、锦绣东苑、润德半岛，南段与北塘河连通，长约1.9km。双桥浜河岸为直壁坡，河道平均宽度为15m，平均水深1.9m，水域面积约为28 800m^2。双桥浜流经区域主要是居民生活区，河床一部分硬化，自净能力较差，周边截流泵站在雨天时有少量溢流，加之受施工影响，河道成为断头浜，导致水质较差。双桥浜位置如图3-15所示。

3.3.1.2　问题分析与评估

双桥浜整治前，由于受外源污染和缺乏流动性，水质较差，主要表现在颜色偏黄，特别是夏季河道水面存在黑色浮泥，有强烈臭味，水体氨氮浓度较高，溶解氧含量低，为劣Ⅴ类水质，为重度黑臭水体。

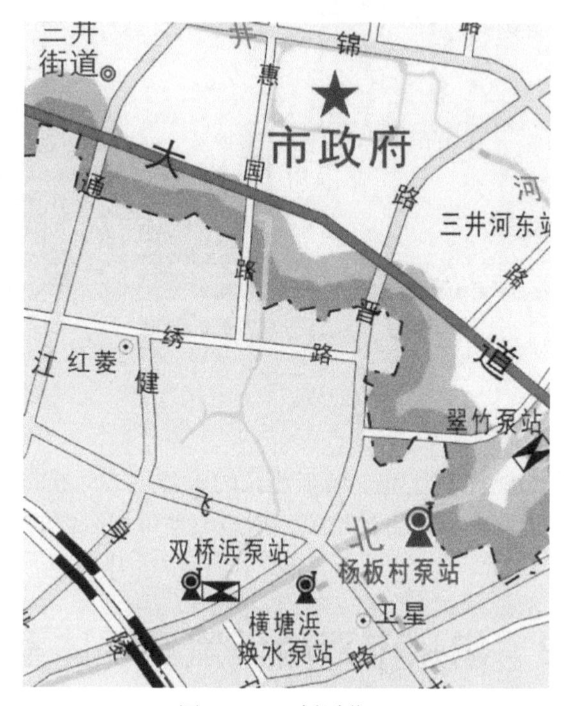

图 3-15　双桥浜位置

(1) 存在直排污水污染

双桥浜周边主要为老小区，存在沿河污水直排、垃圾中转站冲洗污水直排河道等情况，水体污染负荷大。

(2) 存在溢流污染

双桥浜周边截流设施溢流墙高度、截流管径设置不合理，传统截流系统采用常规鸭嘴阀，不能实现合流污水与河水的完全物理隔离，导致河水倒灌和雨天溢流污染。

(3) 雨污管道错接混接

通过排查，区域部分雨水口接入污水管道；双桥浜周边商铺雨污管道错接混接明显，部分污水通过雨水管直排入河道。

(4) 水体流动性较差

龙城大道隧道工程封闭施工，双桥浜成为断头浜，同时双桥浜河床在润德半岛小区范围内为硬质河底，双桥浜整体流动性较差。

3.3.2 整治目标

双桥浜黑臭水体整治目标为全面消除黑臭水体，水质明显提升，总体达到Ⅴ类。

3.3.3 整治措施

3.3.3.1 控源截污

自2016年起，常州市排水管理处围绕双桥浜治理，依照《城市黑臭水体整治——排水口、管道及检查井治理技术指南》（试行），按照“十查清”的原则，即查清排水口位置、管径、管材、标高、驳岸情况、污水来源、水质、水量、附近建筑物状况、河道基本情况。对查出的旱天有污水入河的排水口进行彻底的“地毯式”溯源调查，对淹没在水下的排水口，采取架设临时泵或大功率设备抽水、辅筑围堰等工程措施，彻底查清旱天出水的来源，为分类截污方案决策提供依据，保证截污效果和方案可实施性。

控源截污措施采取多管齐下、多策并举的方法，主要包括以下几方面：

1）红菱桥处有文化广场工地污水未经有效处理直接排入，这是双桥浜出现黑臭现象的最大污染源。针对这一情况，应监督严管乱排现象，同时对尚未接管的部分进行截污纳管。

2）对排查的垃圾中转站跑冒滴漏废水，进行有效接管。接管工程量：DN200球墨铸铁管50m。

3）对于双桥浜泵站在雨天存在溢流污染情况，进行快速处理后排放。

4）对调查过程中发现的雨污混接点进行改造。

5）对新双桥截污泵站和老双桥截污泵站的运行情况进行优化。

通过控源截污的各项措施，实现了对双桥浜周边污染物的全收集和全处理。

3.3.3.2 内源治理

该河道部分河段为混凝土底，2013年按照市水利部门轮浚计划进行了清淤疏浚。河道清淤效果明显，基本无底泥上浮等现象。河道周边主要小区的垃圾由润德半岛转运站负责收集转运，河道周边主要是小区范围内，由小区物业负责保洁等相关工作。

3.3.3.3 生态修复

(1) 水动力改善

在双桥浜的支浜位置设置安装6台潜水式推流曝气机，曝气机的水循环功能满足了水体供氧需求，有效防止封闭性、非流动性的水质发黑发臭，为建立良性的生态系统提供了保障。另外，其在工作过程中产生的水流的推动力，可以起到美观效果。

(2) 水体复氧

采取BioMat人工复氧技术，在河道中心设置曝气软管，曝气方式采取固定站曝气；BioMat曝气软管双根并排布置，分别布置在老双桥浜泵站和新双桥浜泵站的附近。BioMat曝气软管所产生的气泡直径较小，仅为1mm左右，相比之下，其上升过程中运行相对平缓，相互碰撞的概率降低，大大弱化了集束聚并效应，气泡直径变化较小，这不仅延长了气泡在水中的停留时间，而且始终保持着非常大的接触面积。相同曝气量下，BioMat曝气软管产生的气泡群比表面积是传统曝气系统的2~4倍，大大提高了氧气的传质效率和利用率，从而降低了能耗和处理成本。

(3) 水生植物

双桥浜北侧主要采用以沉水植物为主的“水下森林”技术，双桥浜润德半岛小区范围内采用生态浮床技术，加快河道自然生态的恢复，进一步改善河道水质。

通过生态修复综合措施，实现双桥浜水环境生态系统的良好循环，显著提升河道自净功能和景观效果，达到水体重现清澈的景观效果。

3.3.3.4 管理措施

常州市排水管理处依托“厂站网”一体、“建管养”一体的模式，对污水处理厂、泵站、管网进行联合调度、智能控制和低水位运行。

传统截流井的截流方式较难实现合流污水与河水的完全物理隔离，导致河水倒灌和较高频率的雨天溢流污染。常州市排水管理处结合河道控制水位、防汛安全、水位变化等因素创新污水截流形式，通过设置截流井、截流泵站等方式实现了雨水、污水、河水的物理隔离，提高了截流效率，有效减少了溢流污染，保障了截流系统的可控运行。

排水主管部门对直径600mm以下的雨污水管道全面采用了排水专用的球墨铸铁管，保证管道建设质量；建立全覆盖动态养护管理机制，重点抓好管道缺陷调查和管道专项养护，建立健全管养台账；对截流系统实行“三级巡查”制度，将管养养护与管网隐患排查、异常水量分析、设施保护和管网调查相结合，实现高水平养护；采用相关专业设备，科学布置检测点，构建排水管网监控排查体系，重点监控排查混接、错接或直排的重点控制区域，及时发现管网渗漏、错接等问题，保证治理长效。

通过采取各项有效的管理措施，实现 5 ~ 10mm 降雨不溢流、截污量可控、防汛安全可控和河水倒灌可控的管理目标，使双桥浜彻底告别黑臭。

3.3.3.5 其他措施

(1) 生态补水

双桥浜是断头浜，在充分深入调研各种水环境治理技术的基础上，借鉴十字河超磁净化工艺的成功经验，将超磁分离技术与黑臭河道治理相结合。三井河水质基本为Ⅵ类，溶解氧含量约为 4mg/L，浑浊度为 20 ~ 30NTU。充分利用三井河的优质水源，在河道北侧新建生态补水泵站一座（规模 1.5 万 t/d），采用超磁工艺净化三井河水后补充至双桥浜。双桥浜水容积约为 6 万 m^3，因此设置超磁换水规模为 1.5 万 m^3/d，单次换水周期约 4 天。在现状换水泵站的格栅后面设置一根 DN600 取水管接至超磁处理间。换水管采用 DN200 球墨铸铁管和钢管，沿惠国路东侧和润德半岛小区道路铺设，换水管总长约 1000m，分别接至双桥浜最北端和支浜位置。通过一阶段的稳定运行，双桥浜水质明显改善。

(2) 水质强化

设置取在曝气水力循环处，采取 MBBR 接触氧化法，在河道适当位置安装两套 MBBR 配合双根布置的 BioMat 曝气系统。MBBR 的载体始终处于流化状态，生物膜比表面积较大，抗冲击负荷能力强。在大过水量、低基质条件下，MBBR 是合适的工艺选择。本方案根据实际情况，选择有气提驱动的微动力 MBBR 技术。

3.3.4 关键技术

3.3.4.1 技术名称

该技术为 BioMat 人工复氧技术与 MBBR 接触氧化组合工艺。

3.3.4.2 技术原理

BioMat 人工复氧技术集成了曝气充氧与水体微循环技术，是一种新型的低能耗水体流化技术，该技术在大批 1mm 直径气泡群的带动下，形成稳定的上升水流速，上升过程中运行相对平缓，相互碰撞的概率降低，大大弱化了集束聚并效应，不仅延长了气泡在水中的停留时间，而且始终保持着非常大的接触面积，从而使水体形成循环流动状态（图 3-16）。利用 BioMat 人工复氧技术提升水体自净能力。相同曝气量下，BioMat 人工复氧技术产生的气泡群比表面积是传统曝气系统的 2～4 倍，提高了氧气传质效率和利用率，降低了能耗和处理成本。

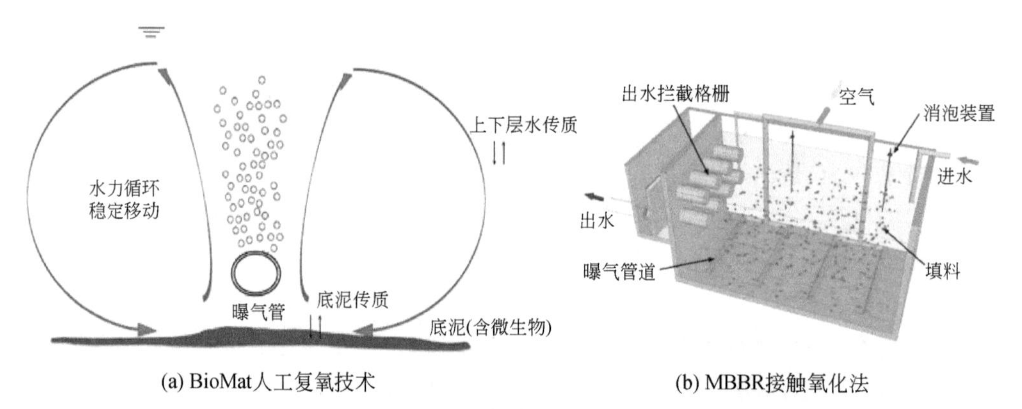

(a) BioMat人工复氧技术　　(b) MBBR接触氧化法

图 3-16　技术原理示意

MBBR 装置采用微动力，在线监测去除水体中的 COD 和氨氮，强化 COD 和氨氮削减效果。对于较低浓度和水量大的地表水来说，活性污泥很难富集，无法保持一定浓度的污泥絮体，可选择生物膜法。MBBR 装置的载体始终处于流化状态，生物膜比表面积较大，抗冲击负荷能力强，不会产生污堵，也不会滋生蚊蝇。

3.3.4.3　技术应用效果

通过采用组合治理工艺，双桥浜的整体水质得到了明显的改善，消除了黑臭水体，DO、总磷和 COD 指标达到了地表水Ⅳ类水标准。其中，DO 含量由 0.85 mg/L 增加到 10.0mg/L，水体透明度由 30cm 增加到 70cm 以上。

3.3.5　整治成效

双桥浜的治理目标是全面消除黑臭水体，实现水质明显提升。实施水体控源截污并进行部分清淤，通过构建生态修复系统，全面消除黑臭水体，不断提高河道净化能力，有效削减进入河道的 COD、氨氮、总氮等营养物质污染负荷，实现水环境生态系统的良好循环，显著提升河道自净功能和景观效果。

通过双桥浜水环境综合整治，双桥浜水体总体达到地表水Ⅴ类水标准，与2016年治理前对比，2019年青洋桥COD降低了20%，氨氮降低了35%，总磷降低了28%。双桥浜重现清澈的生态景观效果，实现了从黑臭水体到水清岸绿、鱼翔浅底的转变。工程实施完成并投运后，双桥浜河道水体清澈，难闻气味消除，获得了周围居民的一致好评。黑臭水体治理后双桥浜区域周边地价上涨约20%，取得了显著的环境、经济和社会效益（图3-17）。

图 3-17 整治后的双桥浜

3.4 苏州市曹家湾黑臭水体整治

3.4.1 水体概况

3.4.1.1 基本情况

曹家湾位于苏州常熟市中心城区虞山街道甸桥村，是省、市黑臭水体整治任务。该河道原状南北向长仅300m，南起大塘河，北侧为断头浜，水体轻度黑臭（图3-18）。整治工程于2017年4月开工，至2017年11月全面完工，总投资700万元。

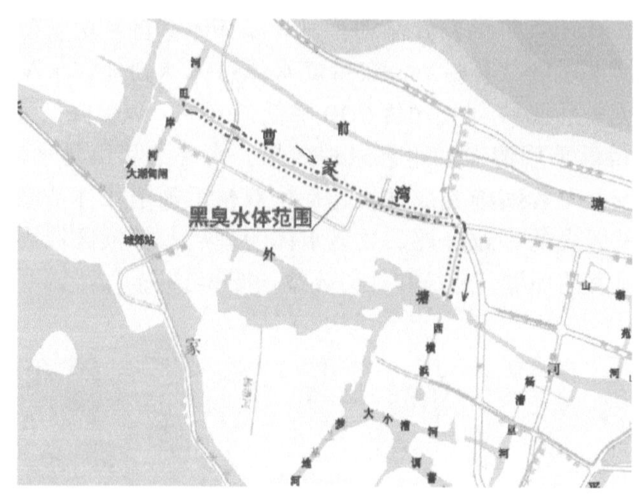

图 3-18　黑臭水体示意

3.4.1.2　问题分析与评估

一是水系连通不畅（图 3-19）。曹家湾为断头浜，另一头仅通过直径 60cm 管涵与外河连通，管涵内淤积严重，影响了河道的引水能力，致使水环境容量小，水体自净能力弱。

图 3-19　水系连通不畅

二是周边截污不彻底。曹家湾河道地处城乡结合部，周边民房密布，基础设施落后，虽然前期已经建设雨污分流设施，但河道两侧居民依然存在零星生活污水混流排放现象，污染水质。

三是河道淤积严重（图3-20）。由于局部河段周边水土流失严重，河道淤积大量泥土，过水能力减弱，河道水流不畅。周边水生植物腐烂，沉积在河道内，形成淤积内源污染源，造成河道水质持续恶化，周边水环境进一步恶化。

图3-20　河道淤积严重

3.4.2　整治目标

曹家湾黑臭水体整治目标如下：通过水系连通、促进水体流动等措施，消除黑臭现象，提高防洪除涝能力，改善水体功能，提升水质，改善人民生活环境。

3.4.3　整治方案

针对河道黑臭成因，常熟市以点源治理、面源治理、内源治理、水生态修复为主要工程手段，以“控源截污优先”为原则，按照国家和江苏省、苏州市黑臭水体整治工作要求，科学制定曹家湾黑臭水体整治实施方案，做到方案科学、措施全面、目标可达。

3.4.4　整治措施

3.4.4.1　控源截污

控源截污，消除污染。整治工程以截污优先、水陆同治为原则，强化源头治理，优先实施城中村污水截流。对沿河两岸未接管的23家居民生活污水彻底纳管收集，确保片区内控源截污治理彻底，从源头上消除污水入河。

3.4.4.2 内源治理

曹家湾河道全长1.545km，本次按照尽量不拆迁、少征地的原则，以恢复曹家湾原有引排能力为主，基本不拓宽以保持现有河面宽度，对河道进行清淤疏浚整治。清淤疏浚工程长1.545km，清除河底所有淤泥，疏浚部分河底断面。

3.4.4.3 生态修复

生态修复，保持水体。工程大力整治河道岸坡，新建1864m生态护坡砌块，种植绿化进行边坡防护，保持水土，解决面源污染，并达到“水清、岸绿”的效果，从而改善人民生活环境。

3.4.4.4 畅流活水

打通河道，顺畅水流。常熟市水务局会同常熟市虞山尚湖旅游度假区管理委员会、相关设计单位到现场反复勘探调研，最终决定扩大整治范围，打通水系：一是将原300m河道整治范围大幅扩展至1545m，其中新开河道550m，疏浚河道900m，通过疏通恢复北侧河道，打通断头浜，沟通外部水系；二是将原来恢复河道段的管涵改为箱涵，畅通河道，提升过流能力。曹家湾能够西引横娄里水，南排大塘河，大大提高了水循环能力，河道水质明显提升，达到了畅流活水的效果（图3-21）。

图3-21 箱涵完成后效果

3.4.5 整治成效

曹家湾整治工程的实施将在防洪除涝、水环境改善和社会综合效益等方面发挥较大效益。

3.4.5.1 水质显著提升，消除河道黑臭

整治后的曹家湾水流畅通，河水清澈，两岸绿树成行，河道水质显著提高：溶解氧含量从3.7mg/L提升到8.72mg/L，氨氮浓度从8.45mg/L降低到0.7mg/L，水体透明度从45cm提升到69cm，氧化还原电位从116.7mV提升到426mV。

3.4.5.2 河道断面面积扩大，提升防洪能力

整治工程恢复了原有过水断面，河道最小过水断面面积保证在24m²以上，有效增强了曹家湾排泄片区洪涝水通道的作用；沿线防洪能力得到提高，大大缓解了片区的洪涝水外排压力。

3.4.5.3 周边环境改善，提高百姓满意度

整治工程改善了片区人居环境，受到了周边居民的广泛好评。工程助力虞山尚湖核心生态圈保护和建设，为虞山街道打造山水城融为一体的全域旅游核心区夯实了生态基础（图3-22）。

图3-22　整治后的曹家湾

3.5 苏州市严家角河黑臭水体整治

3.5.1 水体概况

3.5.1.1 基本情况

苏州昆山市河网密布，水系发达，现有大小河道2815条，全长2820km。严家角河位于昆山市老城区内，位置从合兴路至朝阳二闸，全长378m，平均宽度21m，水深1~2m，面积约8000m^2。整治前河水呈黄色、浑浊，水体透明度差且散发臭味，污染情况很严重，属于重度黑臭，严重影响了沿河周边居民的生活质量。

3.5.1.2 问题分析与评估

严家角河位于老城区，沿河两侧为居民区，因早年规划及地下管线不完善，周边小区生活污水直接排入河道，长年累月下来，导致严家角河水质黑臭（图3-23）。根本原因在于该片区污水收集能力差及老城区雨污混流严重。

图3-23 严家角河原状水质黑臭

3.5.2 整治目标

黑臭河道已经严重影响了城市面貌及居民的生活质量，河道治理迫在眉睫。本次治理目标主要是消除水体黑臭，改善水质，恢复水生生态系统。

3.5.3 整治措施

2016年启动严家角河系统治理工程，围绕“一河一策”原则，多管齐下，分阶段对严家角河进行全面治理。

3.5.3.1 控源截污

第一阶段控污截流工程对严家角河进行干河施工，干河施工后仔细排查了所有沿河的直排出水口，并对每个出水口认真进行追源和分析。在苏州市首次采用截流箱涵技术，即在沿河两岸敷设箱涵，将所有直排入河的污水口和混流口全部接入箱涵，从源头上解决污水入河的问题。待箱涵施工完成后再对河道进行彻底清淤。

3.5.3.2 生态修复

第二阶段生态修复工程在第一阶段彻底控源截污后，对河道底泥进行消毒活化；在河道内安装沉底曝气设备；在河底种植水生植物等。通过“食藻虫”技术来使河道重新恢复其生态系统和自净能力。

3.5.4 关键技术

3.5.4.1 技术名称

该技术为由食藻虫引导的水下生态修复技术。

3.5.4.2 技术原理

由食藻虫引导的水下生态修复技术是一种纯生态的水生态修复技术（图3-24），荣获美国发明专利（US 8，133，391 B2）。食藻虫搭配四季常绿矮型苦草及其他沉水植物，辅以鱼虾螺贝等水生动物，通过虫控藻、鱼食虫等模式打通食物链，构建食藻虫–水下森林–水生动物–微生物共生体系统，恢复草型清水态自净系统，实现水生态多维复育，提高水域生态系统对各类污染物质的自净能力，使水质得到显著改善，生态修复效果长效稳定。

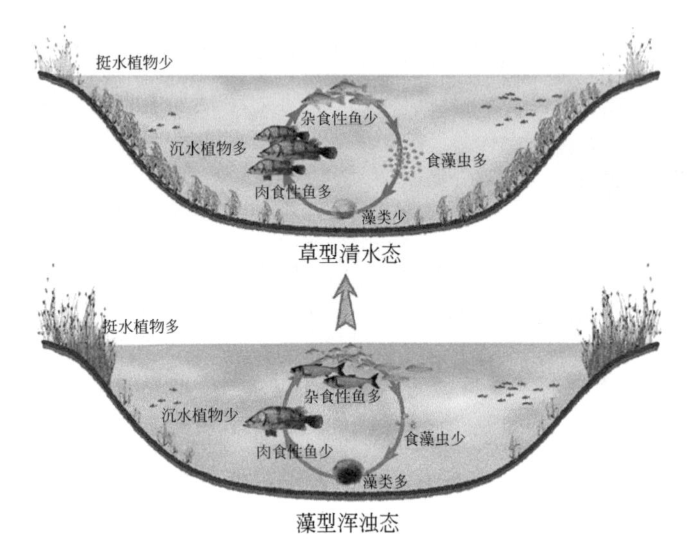

图 3-24　由食藻虫引导的水下生态修复技术原理

3.5.5　创新举措

3.5.5.1　治理技术

主要采用生态治理技术，结合投放水生动物、种植沉水植物及增加曝气增氧等综合方法净化水质、改善水体。

3.5.5.2　截流箱涵

在苏州市首次引用了截流箱涵技术。以控污截流为基础，采用截污箱涵，即先在沿河两侧敷设截流箱涵和截流池，将过去沿河所有入河排污口统一接入截流箱涵中，再通过提升泵站排入市政污水管网，从源头上防止污水入河。在此基础上，加以实施河道清淤、引流补水、生态修复等措施，多管齐下，消除河道黑臭现象，逐步恢复水体的自净功能和生态平衡，还居民一汪碧水。截流箱涵建成后，两岸污水排入市政污水管网为生态修复提供保障，对该条河道进行综合性整治。为了营造优美宜居的环境，在截流箱涵上方进行了景观绿化并建有人工湿地，以期更好地为居民创造一个休闲地（图 3-25）。

图 3-25　“水下森林”

3.5.5.3　特色亮点

严家角河生态修复过程中，针对河南端是断头浜、水流不畅这一情况，沿河安装了一套水流循环系统，可以把南端的水抽到最北端，使水能够在河内实现循环回流，大大提高治理效果。同时也利用循环水布置了一些溢流瀑布等景观造型，结合种植岸上植物，使岸、水、景融为一体，体现了江南水乡特色，极大地提高了周边居民的感观生活质量。

3.5.6　整治成效

3.5.6.1　整治效果

通过截流箱涵及生态修复等综合治理，目前严家角河水质已达到地表水Ⅳ类水标准，水体透明度达 1.5m 以上，水生植物覆盖率达到 80% 并保持常绿，现已进入养护阶段（图 3-26）。原本无人愿意靠近的黑臭河道，如今已经成为居民散步休闲的好去处。严家角河治理工程的效果得到了附近居民一致的认可和赞誉。

图 3-26　严家角河治理成效

3.5.6.2　效益分析

(1) 经济效益

本工程创新使用的截流箱涵技术，与传统的开挖埋管截流技术大不相同，别具一格。在居民区密集的老城区，开挖埋管的经济成本和时间成本都很高，实施难度大，且会对该片区的交通造成很大影响。而截流箱涵可以完美地避开诸多困难，既能用较低的成本完成截流目标，又能将社会影响降到最低。

(2) 生态效益

工程完工以来，严家角河已经从原来无人问津的黑臭河道转变成为周边居民的休闲胜地。如今的严家角河碧波盈动，鱼翔浅底，两岸青草郁郁，“水下森林”随波摇曳，受到广大居民的一致赞誉，取得了良好的社会效益（图 3-27）。

图 3-27　严家角河治理后生态效益现状

3.6 苏州市山湖苑河黑臭水体整治

3.6.1 水体概况

3.6.1.1 基本情况

山湖苑河位于苏州常熟市中心城区虞山街道甸桥村，该河道全长750m，其中环形段河道长约300m，北侧断头，南侧连通外塘河。整治前，山湖苑河为轻度黑臭水体，自身水体污染严重，全河段水体透明度较低且水体基本不流动，蓝藻在河道内多处暴发，不仅严重影响河道水质的感官效果，而且散发出很重的鱼腥味，严重影响沿岸居民的生活和健康。

3.6.1.2 问题分析与评估

山湖苑河河道两岸均采用浆砌片石硬质岸线，垂直硬质驳岸不仅丧失了河道的自然属性，而且破坏了河岸植被赖以生存的基础，导致水生生态系统与陆生态系统隔离，最终结果就是河道生态功能退化，河道水质、水环境恶化。此外，山

图3-28　山湖苑河蓝藻暴发

湖苑河南北向河道种植柳树、香樟等乔木，河岸几乎无灌木生长，地表种植有少量草皮。河道内几乎无浮水植物，挺水植物只有极少量芦苇，沉水植物只出现在个别河段，且仅有极少量伊乐藻和金鱼藻，河内基本鱼虾绝迹，生态系统受损退化严重，未形成健康的生态群落，基本无法发挥水生植物对富营养化水体的净化效果，景观效果不佳。

由于山湖苑河河道自身水体污染严重，全河段水体透明度较低且水体基本不流动，在夏季高温天气，蓝藻在河道内多处暴发，水面漂浮着大量“绿油漆”，不仅严重影响河道水质的感官效果，而且散发出很重的鱼腥味，严重影响沿岸居民的生活和健康（图 3-28）。

3.6.2 整治目标

水质目标：通过实施水生态修复工程，消除黑臭水体，削减山湖苑河大部分外来污染源，清除河道内污染源（污染底泥）和污染物，使河道水质达到消除黑臭水体的四项指标标准，主要水质指标达到地表水Ⅴ类水标准，主要包括：DO≥2.0mg/L、透明度>50cm、氨氮≤2.0mg/L、氧化还原电位>50mV、COD≤40mg/L。

生态景观目标：在满足防洪排涝的根本需求下，提升河道功能，河道水体自净能力显著提高，生物多样性显著增加，水生植物、水生动物的品种数达 20 种以上，水生植物面积占比达 50% 以上。其中，挺水植物、漂浮植物、沉水植物面积分别占河道总面积的 10%、10%、30%。充分考虑人们对景观的需求，结合原有烟雨园的景点，打造生态结构合理的滨水绿化带景观，营造宜居的生态水环境。

3.6.3 整治方案

根据山湖苑河自然环境特征、周边土地利用现状、污染排放特性和河道治理目标，以“因地制宜、综合措施、技术集成、统筹管理、长效运行”为基本原则，将山湖苑河治理工程分为外源污染和水质净化工程、内源控制工程、蓝藻控制工程、河道生态修复工程、活水循环工程、水位控制工程和长效运营七个板块（图 3-29）。

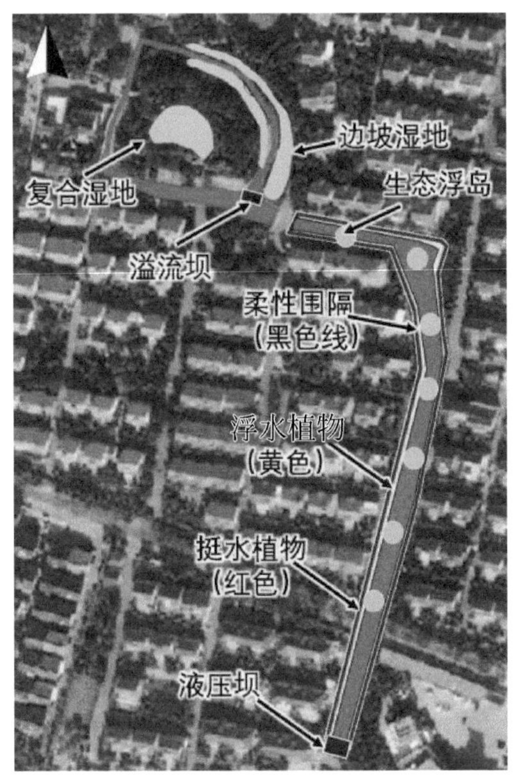

图 3-29 山湖苑河黑臭水体整治工程总体布置

3.6.4 整治措施

3.6.4.1 控源截污

针对生活污水直排入河、只截污不纳管和污水管漏接、错接等问题，进行截污改造，使河道内排污口接入截污干管，完善截污纳管工程；改造雨水管网，在雨水排污口设置管口过滤器，对雨水进行预处理，去除部分悬浮物，减少后续水质净化工程污染负荷量。针对初期雨水和未完全截污的生活污水，通过设置河道原位三相净化系统拦截并处理污水，利用泵站抽取河道原位三相净化系统的出水，接入人工复合梯级湿地经深度净化后排入河道，河道内的沉水植物和生态浮岛可进一步减少水体中的污染物，并通过河道内水力循环作用，输送到河流末端，最后再进入河道原位三相净化系统内进一步处理，循环往复整个处理流程。

3.6.4.2 内源治理

河道底泥表观黑臭。对河道污泥采用底泥原位消减技术，降解原有底泥有机质含量，加入缓释型底泥修复材料后改善底泥环境，维持改善后底泥有机质含量，同时固定沉积物中的磷。通过实施内源污染控制工程，有效控制内源污染并改善底泥环境，为水质净化、水生生物修复、藻类生长创造有利环境。

3.6.4.3 生态修复

结合外源污染和水质净化工程，在河道两侧和中央设置人工生态浮岛，可利用水生植物及人工生态浮岛下面悬挂的填料净化水质，增强河道的景观效果。结合围隔区和水生植物恢复，利用挂壁式植物、人工浮盘种植的挺水植物、漂浮植物，改造河道垂直硬质驳岸，改善河道生态线，完善水环境生态系统。选择耐水淹、净化能力强的湿生景观（挺水植物、浮水植物、沉水植物），按其生态习性有秩序地配植在河道内人工湿地、生态浮岛及河道自身，构成一个合理、健全、稳定而能长期共存的复合的、多层次的植物群落，达到净化水质、改善环境的目的。

3.6.4.4 蓝藻控制

河道水体富营养化严重，蓝藻水华严重，局部河段散发异味。在内源污染控制工程实施的基础上，结合净水工程，改善水质环境；结合深度除磷技术、仿生式蓝藻清除技术、生物操纵技术，种植漂浮植物，投放刮食性底栖动物、滤食性鱼类以控制蓝藻过度生长；通过溢流坝与液压坝的建设，利用泵站实现河道内活水循环，改变河道水动力条件。

3.6.4.5 活水循环

河道内水动力条件差，水质差，蓝藻水华严重。通过在烟雨园内环形河道设置溢流坝，分隔人工复合湿地出水与河水，同时实现环形河道内水体逆时针单向流动；在河流末端设置液压坝，在保持常水位的基础上，结合泵作用，使河道水体呈逆时针流动，实现活水循环，改善河道内水动力条件；利用人工曝气增氧技术，消除水体分层，提高水体复氧能力，实现河道内活水循环，改善河流水质。

3.6.4.6 水位控制

通过河口处设置液压坝，自动调控河道内水量以保持设计常水位，并结合泵站和除藻设备的作用实现枯水期和丰水期水量的季节性调控，维持一定的生态水量，增强水体自净能力。

3.6.4.7　长效运营

根据长久机制需要，对河道建立水体监测预警系统，建设自动化运营管理平台，实时监控数据并实施积极应对数据变化的措施。定期人工检测水体，注重水体表象的变化，关注河道内藻类情况，建立藻类暴发监测的预警系统。同时实施人工湿地管理及河道水生植物管理，加强对人工浮岛、人工复合湿地、边坡湿地及河道内水生植物群落的维护和管理。

3.6.5　关键技术

3.6.5.1　技术名称

该技术为底泥原位消减技术，技术装置采用河道原位三相净化系统。

3.6.5.2　技术原理

1）原理是实现物化作用、微生物降解、植物吸收三者的统一。其基本构造是：全封闭柔性围隔+填料+中空纤维生物膜+先锋耐污型漂浮植物+挺水植物。

2）将去除污泥技术、水质净化技术和恢复污泥活性技术有机结合，并辅以生态修复的辅助手段重新构建河道、湖泊的生态平衡体系，达到稳定泥土结构、净化水体的目的。

3.6.5.3　技术适用范围

当泥深小于0.5m 时，可采用底泥原位消减技术。

3.6.5.4　技术特点及创新点

1）该技术具有的优势：耐污染冲击负荷、高效稳定。“全封闭柔性围隔+填料+中空纤维生物膜+先锋耐污型漂浮植物+挺水植物”的综合处理方法中，中空纤维生物膜可以辅助微生物生长，进而发挥微生物降解污染物的作用。该净化系统处理装置拆除方便，投入和运营成本较低，同时还美化环境，对后期改造为净化河道的生态系统具有帮助作用。

2）采用纳米材料靶向凝聚、吸附、电化学、螯合固定和分离，不但能有效地凝集分离污水中的悬浮物质，也能将污泥（水）中的可溶性物质固化、分离除去，还能有效处理污水中的六价铬、汞、镉、砷等重金属。此外，该技术对难生物降解和高色度的物质去除率极高，即使对污水中的超微颗粒子悬浮物，也容易使其凝集沉降。底泥原位消减技术不残留有机物，避免了二次污染，可以有效去除蓝藻，缓解山湖苑河蓝藻泛滥情况。

3.6.5.5 技术工艺流程

通过全封闭柔性围隔创造独立的雨、污口排放空间，阻断与主河道的水力和物质交换；利用靶向填料快速降低水体污染物浓度，并在填料周边形成高浓度污染物生境；利用中空纤维生物膜对溶解态和颗粒态有机物进行高效快速降解；利用先锋耐污型漂浮植物对分解产生的氮、磷进行进一步深度处理（图 3-30）。

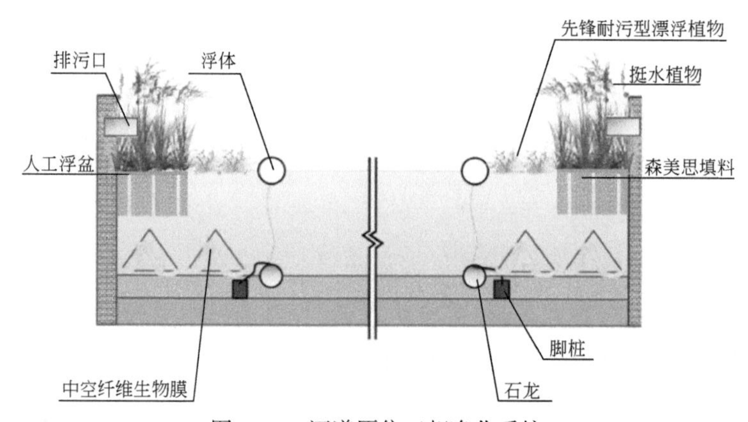

图 3-30 河道原位三相净化系统

3.6.6 创新举措

3.6.6.1 山湖苑河入河排口系统排查

水务局针对山湖苑污水排放对象进行了大排查，主要对污水直排、污水井满溢、垃圾箱渗滤液排放等方面进行了全方位检查。在全面锁定入河排污口的名单及位置的基础上，对沿河排口进行定位、编号、留影，从而形成系统资料。

3.6.6.2 山湖苑河生态湿地

山湖苑河河道治理中引用了生态湿地技术。考虑到整个汇水区用地紧张的实际情况，充分利用烟雨园内的闲置土地资源，在环形河道旁边坡构建人工复合湿地。该湿地总面积约1640m²，污水处理量为1500m³/d，可用以深度净化河道原位三相净化系统出水，从而进一步降低水体污染物浓度，并形成水力循环过程，持续净化水质。此外，该湿地也成为周边居民休闲娱乐的场所，备受青睐。

3.6.7　整治成效

工程建成后，河道两岸实现了雨污分流，水体中COD和NH_3-N的去除率提高，河道黑臭现象得到显著改善，河道周边生态环境得到有效提升。水质黑臭指标变化如下：溶解氧含量从0.9mg/L大幅提升至5.8mg/L，氨氮浓度从4.69mg/L降至0.34mg/L，氧化还原电位从165mV改善至334mV，水体透明度从26cm改善至105cm。按《地表水环境质量标准》（GB 3838—2002），山湖苑河水体已达地表水Ⅱ类水标准。山湖苑河黑臭水体整治工程实现了“水清、畅流、岸绿、景美”的目标（图3-31）。

图3-31　山湖苑河整治后现状

3.7　南通市新开苑河黑臭水体整治

3.7.1　水体概况

3.7.1.1　基本情况

新开苑河位于江苏省南通经济技术开发区。南通经济技术开发区位于南通南部，南临长江，与张家港、常熟隔江相望，已建成的世界上最大跨径的斜拉桥——苏通长江大桥就位于该开发区内。

南通经济技术开发区地处江海平原，除狼山地区露出不足1m的基岩外，其余全为第四纪沉积层和水域覆盖。区内地势平坦，平均高程在2.5m左右，土层深厚，土壤肥沃，植被覆盖率超过35%。该开发区属亚热带湿润季风气候区，气候温和，四季分明，年平均气温为14.9℃，平均地表温度为17.6℃，年平均降水量为1066.8mm，年平均蒸发量为1341.9mm，年平均气压为101.6kPa，年平均日照时数为2144h。与同纬度的季风气候区相比，这里光照充足，光、热、温、水协调，空气清新，气候宜人。该开发区工程持力层在20m以下浅范围内，地基容许承载力一般在8～13t/m^2，深层岩基（55m以下）稳定，属工程地质良好区域。

南通经济技术开发区新开苑河的河道呈东西走向，向东接新开港河，新开苑河与新开港河呈“T”形交叉，河水自西向东流入新开港河。新开苑河的河道长约433m，汇水面积为370 000m^2，西部河口宽6m，长304m，东部河口宽2.5m，长129m，河道主要接纳区域内集居点储存的雨水及周边道路雨水，区域内集居点有新开东苑、新开中苑、新开南苑、新开北苑、紫金花园、明珠花苑和舒凯花园，其中新开北苑雨水直接排入东侧新开港河，新开中苑和新开东苑部分雨水排入东侧新开港河，其余区域雨水排入新开苑河（图3-32）。

图3-32　新开苑河流域范围

新开苑河的河道水体黑臭刺鼻，水面漂浮污染物，河道内无水体生物，水体生态环境遭到严重破坏（图3-33）。

图 3-33　新开苑河整治前的状况

新开苑河道西部河口宽 6m，东部河口宽仅 2.5m，河道狭窄进入新开港河，河道基本无水流动力。新开苑河道正常水位为 1.8m，警戒水位为 2.2m。河道底泥较厚，呈黑色，普遍分布。底泥厚 15～30cm，河道淤积严重，急需清理。

新开苑河道临河绿化为草皮、乔木、灌木等，临河绿化宽 5～23m，绿化基本与护岸压顶同高，河道岸坡为浆砌块石岸坡，雨水径流冲刷地表后少量流入河道。

3.7.1.2　问题分析与评估

整治前水体状况：河道水体黑臭刺鼻，水面漂浮污染物，河道内无水体生物，水体生态环境遭到严重破坏，水体透明度低，河道内存在淤泥现象。

新开苑河道西起区间道路，东至新开港河，全长约 433m，西部河口宽 6m，东部河口宽仅 2.5m，河道狭窄进入新开港河，河道基本无水流动力。临河居民集居点雨污水混流污染纳入新开苑河的污水量较大，对本段河道影响最大，是内源水体黑臭的重要原因。河道底泥较厚，呈黑色，普遍分布，底泥厚 15～30cm，河道淤积严重，急需清理。河道水体黑臭刺鼻，水面漂流污染物，河道内无水体生物，水体生态环境遭到严重破坏。

河道两侧集居点较多，虽然集居点内实施雨污分流制，但局部基础设施不完全配套、污水接纳不到位、雨污水混流现象普遍存在，后期管理不善，部分居民自我改造排水系统，阳台水、车库水等就近接入雨水管道的频率较大，系外源污染的主要因素，也是造成河道黑臭的重要外污染源。

由于污水长期排放，河底沉积了高污染底泥，有机污染物浓度高，平均厚度达到 20cm 以上。污染底泥在厌氧条件下发酵，释放出有机气体和有机酸，使水体黑臭，成为高强度污染源。餐饮店、熟菜加工点、摊位等无截流措施的废、污水排入雨水管道，甚至直接排入河道，造成受纳河道水体污染。雨水及地表径流直接入河，造成受纳河道淤泥加厚、水质恶化。地表径流冲刷岸坡，泥沙及草皮、落叶等污染物随雨水冲刷入河，造成河道淤积、水体质量变差（图3-34）。

图3-34　新开苑河整治前河道状况

3.7.2 整治目标

3.7.2.1 短期整治目标

短期整治目标为：达到《江苏省城市黑臭水体整治行动方案》要求，恢复河道生态环境，通过黑臭水体整治验收。

3.7.2.2 长期整治目标

长期整治目标为：在满足城市防洪排涝的前提下，对河道进行综合治理，实现污水全收集全处理，实现“岸绿、水清、鱼游、宜居”的目标。

3.7.3 整治方案

新开苑河黑臭水体治理的根源在岸上，截污纳管改造是主要任务。本河道排口共计 14 个，其中分流制雨污混接雨水直排口有 10 个，合流制雨水直排口有 4 个，均需整治。

本工程依据《城市黑臭水体整治工作指南》，按照“控源截污、内源治理；活水循环、清水补给；水质净化、生态修复”的基本技术路线具体实施，其中控源截污和内源治理是选择其他技术类型的基础与前提（图 3-35）。

3.7.4 整治措施

3.7.4.1 控源截污

（1）完善地面雨污水基础设施

增设污水管道，达到雨污水完全分流的目标；改造雨污水混接节点，截断接入雨水管道的污水管道，把污水管道接入现状污水管网；更换雨污水井盖及井座，便于后期管养。

（2）对楼盘雨污水混接现象进行改造

改造内容主要包括楼盘前屋面落水管混接改造；楼盘前阳台落水管；楼盘后屋面落水管；楼盘后阳台落水管；空调落水管。

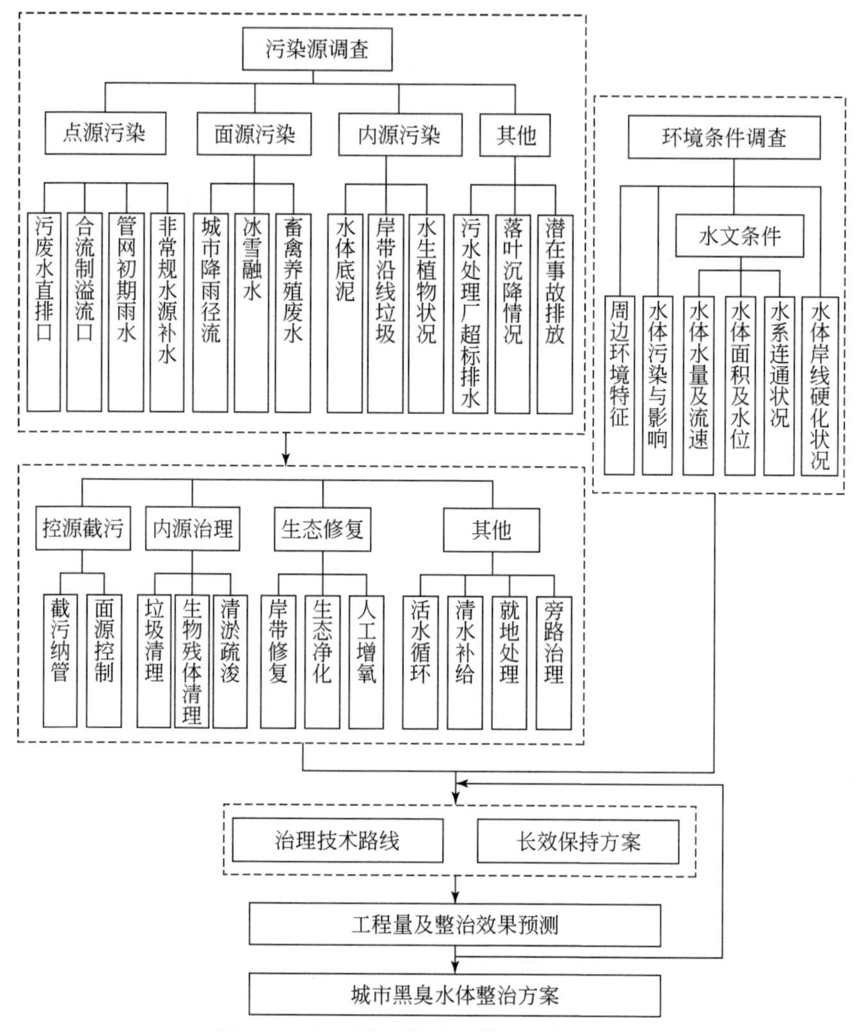

图 3-35　新开苑河黑臭水体整治技术路线

（3）分流制雨污混接管道改造

除对楼盘本身进行雨污水分流改造外，沿排口向上游追溯，对污水支管错接雨水管道现象进行深度普查，并进行改造，将错接雨水管道的污水支管重新就近接入污水管网，杜绝污水支管接入雨水管道现象。

（4）商铺

商铺和楼盘一样，一般在商铺后各设置一道雨污水管道，商铺前仅设置一道雨水管道。一定数量的店面污水直接接入雨水管道，有些污水直接倾入雨水口，造成雨污混流。针对此类现象，原则上在商铺前后均应设置一道雨污水管道，几个商铺合用一个隔油池并加设滤网。随着时间和重视程度的变化，需要加强巡查、宣传、管理。

3.7.4.2　内源治理

（1）生物残体及漂浮物清理

及时清理水面漂浮物，并对地表垃圾进行清运、隔离。

（2）清淤疏浚

河道由于多年来的长期污染，河床底部沉积了大量的垃圾、淤泥等污染物，这些污染物将长期影响河道水质，对河道进行内源治理，是确保后期水体修复达到预期目标的关键。一般而言适用于所有黑臭水体，尤其是重度黑臭水体底泥污染物的清理，快速降低黑臭水体的内源污染负荷，避免其他治理措施实施后，底泥污染物向水体释放。

3.7.4.3　生态修复

（1）构建水生植物群落

构建水生植物群落，利用植物本身的吸收以及植物根系带来的有利条件，提升水体的净化能力。新开苑河的河道水位较高，需要通过人工浮床或浮动湿地来创造水生植物生长的环境条件。

（2）构建立体微生物群落

1）微生物制剂：针对新开苑河的河道特点，前期主要采取投放 NH_3-N 降解微生物菌种（由高浓度的非致病性自养有益菌和多种酶制剂混合而成）方式。等到水质达到一定指标稳定后，采取投加复合微生物制剂（光合细菌群、乳酸菌群、酵母菌群、芽孢菌群、发酵丝状菌群等）的方式持续性对水体进行净化。

2）微生物附着基：考虑到河道水流受潮汐影响，与外界存在一定的交换，投加微生物后需要大量的载体附着。微生物附着基由特殊的织物材料制成，独特的编织技术和表面处理，可以使其具有巨大的生物接触表面积、精细的三维表面结构和合适的表面来吸附电荷。其独特的结构设计，布设悬浮在水中，能发展出生物量巨大、物种丰富、活性极高的微生物群落，在微生物群落的共同作用下可以高效降解废水中的污染物，并且其在恶劣自然条件下依然可以保持结构完好。

通过生态治理措施将退化或被损坏的水生生态系统逐步恢复，改善水生生态系统的结构与功能，恢复生物多样性水平；增强水体自净能力，逐步减轻水体污染；提升水体的环境容量，稳定维持水质净化效果；改善景观和人居环境；使生态系统逐步恢复或使生态系统向良性循环方向发展，实现人与环境、生物与环境、社会经济发展与资源环境的协调统一。

3.7.4.4 管理措施

在水生植物维护方面，针对不同植物种类的生长特性，对于生长和生殖较为旺盛的植物进行收割。在水生植物枯死季节对植物枯枝烂叶进行清理，清理植物残体宜在早春进行。例如，腐烂的植物残体不及时进行清理，势必引起二次污染和沉积，对水质影响很大。对残梗败叶及时清捞，可以避免沉积水底形成新的污染。水生植物的维护内容包括杂草清除、修剪、清理和补种。

3.7.4.5 其他措施

(1) 活水工程，改善水动力条件

水动力条件良好的水体，一方面可以通过水体的流动完成对污染物质的输移、迁移，另一方面水面的波动会加强水体与空气的氧气交换，达到充氧的效果，有利于水体保持较高的氧化还原电位，所形成的氧化环境能加快降解污染物质。

本河段水力条件极差，水体基本处于封闭状态。通过提升泵及压力管将外河道新鲜水输送至本河道上游端，实现水体流动（图 3-36）。

图 3-36 活水工程的效果

(2) 上游来水拦截过滤

新开苑河最西侧的排口常有污水排出，此为明珠花苑和紫荆花苑部分阁楼排水及地表初期雨水的污染。要想解决此河的黑臭问题，必须对此排口进行整改。通过在此排口处增设一个末端截流设施，将污水及地表初期雨水分流至污水管网，后期雨水可通过打开阀门排入河道中，以实现雨污末端分流的目的。

(3) 智慧云端监控技术

将水质监测、动力推流、末端截流等治理设备通过智慧云端监控技术有机地结合起来，彻底地解决了黑臭河道治理后期的管理人力和设施电费的经济合理性问题，更好地消解了水体中的各种有害物质，确保了河道水质的长治久清。

3.7.5 关键技术

3.7.5.1 技术名称

该技术的核心为活水工程。

3.7.5.2 技术原理

将新开苑河下游的水，即新开港河的水补充到新开苑河上游，推动河水流动，补充溶解氧，实现水系内部活动，改善水体的生态环境，增强河流自净能力。

3.7.5.3 技术适用范围

适应于河道、湖泊等水环境整治，现状水体为黑臭或非黑臭均适用，需在截污工程完成后实施，保证水体各排口无大量污水进入。

3.7.5.4 技术特点

将河道、湖泊等水体下游水质较好的水提升到待治理的断头河上游，推动河水流动，补充溶解氧含量，增强水体自净能力，提升河道纳污能力。

3.7.5.5 该技术实现的水体整治效果

水体保持流动状态，改变了新开苑河死水的现状，溶解氧含量显著提高，为实现内源整治工程、生态修复工程等治理效果创造了前提条件。

3.7.5.6 运行及控制参数

新开苑河活水工程的运行及控制参数如下：运行时间为6h/d，活水量为1200m^3/d。

3.7.5.7 关键设备及设备参数

新开苑河活水工程采用的主要设备及相关参数见表3-1。

表 3-1 新开苑河活水工程的主要设备及相关参数

序号	项目	规格/型号	单位	数量	备注
1	离心泵	SLW200-200（I）A	台	2	$Q=200m^3/h$，$H=12.5m$，$W=15kW$；一用一备；含真空循环系统、阀门、空调等配套设施
2	离心泵控制系统		套		材质为 304 不锈钢，含相应的配件
3	成品小房子	2800mm×2800mm×2500mm			具体尺寸大小待离心泵确定后再确定
4	木质中栏		m	16	用于离心泵房的围护
5	自接电系统		套	1	含电缆、线杆等
6	DN200 PE 管		m	548	440m 管网通过开挖铺设（管道埋深 1m）、108m 管网通过支架固定于护岸过桥
7	DN110 PE 管		m	50	42m 管网通过开挖施工（管道埋深 1m）、8m 管网通过支架固定于护岸过河
8	异径三通 200×110		个	2	用于输水管 DN200 与跌水池 1 和 2 连接
9	异径三通 200×110		个	1	用于输水管 DN200 与跌水池 3 和输水管 DN110 连接
10	管道固定架		套	22	—
11	法兰		套	15	管网与泵站连接处、过桥处和下河处连接使用
12	闸阀井		个	4	可用于跌水池流量的控制
13	钢管套管	DN150	m	2	
14	不锈钢栏杆	高 725	mm	42	用于跌水池周围护栏

3.7.6 活水工程举措

将河道、湖泊等水体下游的水提升到上游，推动河水流动，补充溶解氧，实现水系内部活动，改善水体的生态环境，增强河道自净能力，提升河道纳污能力。

3.7.7 整治成效

3.7.7.1 整治效果

项目的实施、黑臭水体的消除、沿河环境的治理，能提高水环境质量，实现“河道清洁、河水清澈、河岸美丽”的目标，造福百姓，提高居民的幸福指数、健康指数和生活质量等。

项目的实施消除了环境污染，恢复了自然生态环境，改善了生活环境，对区域投资环境、区域竞争能力具有极大的促进作用，大幅提升了区域声誉，其区域社会效益显著。

3.7.7.2 效益分析

（1）经济效益

本项目未产生直接的经济效益，产生的间接经济效益较多。黑臭水体整治对提升城市宜居品质、提高人民生活质量有主要的引领带动作用。区域环境的改善，对周边土地、楼盘有增值效应。

（2）生态效益

项目实施完成后，提高了水环境质量，明显改善了市容市貌，形成了“排水畅通、水清岸绿、景观和谐、人水相亲”的城市水环境，营造了清新怡人的生活环境，有利于增进市民身体健康，提高人民的生活质量。

（3）环境效益

项目实施完成后，可以大大地削减区域内排入河道的COD_{Cr}、BOD_5、SS、NH_3-N、TP总量，有助于消除城市河道黑臭问题（图3-37）。

图3-37　新开苑河整治后的效果

3.8 连云港市玉带河黑臭水体整治

3.8.1 水体概况

3.8.1.1 基本情况

连云港市地处沂沭泗水系的最下游，玉带河位于连云港市海州区，玉带河作为进入市区的上游源水，流经海州老化工区，其水质情况对下游水体的影响至关重要（图3-38）。玉带河西起电厂闸，东至海宁路桥，全长8.2km，平均河宽25~40m，日常补水从蔷薇河引入，玉带河主要环境功能为引水、灌溉、通航。

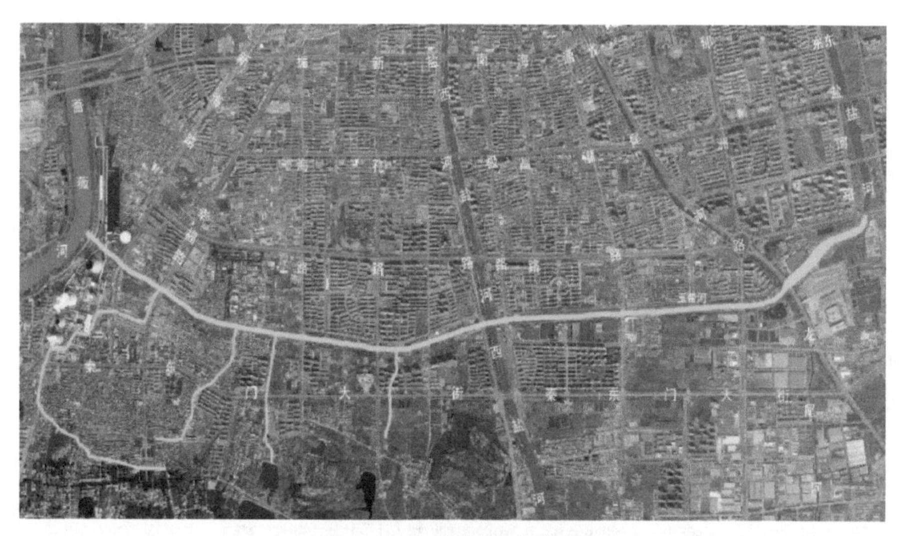

图3-38 玉带河地理位置

3.8.1.2 问题分析与评估

玉带河产生黑臭水体的原因主要有居民生活污水直排、支流涧沟污染、工业企业排水、河道内源污染等。经排查，玉带河两岸存在生活污水排放口32个，沿线设有6家化工企业，存在企业排放口2个，河道沿线部分片区存在生活垃圾、建筑垃圾无序堆放情况。整治前玉带河水质经检测为重度黑臭水体（图3-39）。

图 3-39　玉带河整治前情况

3.8.2　整治目标

消除河道黑臭现象，控制断面水质达到《地表水环境质量标准》（GB 3838—2002）中V类水标准。

3.8.3　整治措施

3.8.3.1　控源截污

通过截污纳管、老旧小区雨污分流改造等措施对合流制排口进行整治，完成河道沿线 32 个生活污水排放口的截污工作，建成污水截流井 27 座，铺设污水管道 5.8km。此外，对汇入玉带河的青龙涧沟、西门涧沟、甲子河 3 条支流涧沟开展整治工作，在这 3 条支流涧沟边铺设污水管道 2.9km，建成污水截流井 93 座。

治理过程中，沿线拆除了 8 处私搭乱建、违规占地的建筑物；清理 19 处无序堆放的生活垃圾和建筑垃圾堆；清除魏跳桥下游一座 4000m^{2}的养猪场；完成 5 处向玉带河倾倒垃圾、排污的城中村和棚户区改造；完成沿岸 6 家化工企业关、停、转工作；对沿线海舒中转站码头、八一河德邦码头等 4 座码头进行综合整治，建设油污水收集处理池、生活污水收集池等设施。

3.8.3.2　内源治理

对玉带河闸至魏跳桥段河道开展清淤工作，清淤工作涉及河段长 2.9km，共清除淤泥 20 万 m^3。同时对汇入玉带河的 4 条支流涧沟开展清淤工作，共清除淤泥 1.3 万 m^3。

3.8.3.3 生态修复

玉带河闸前安装了自动化打捞设备，实施“玉带河水草清理工程”。创新拦截漂浮物的方式，在市区段河道的重点地段设置拦污网 15 道，制作河道拦污浮球 500 多个，完成河道挡墙、护栏和岸坡整治 3600m。

3.8.3.4 管理措施

河长责任落实方面：建立长效管理制度，由市委常委任玉带河市级总河长，海州区主要领导任区级河长，相应街道负责人任街道级河长，层层落实河长工作职责，开展常态化巡河。区级、街道级河长和社会监督员定期巡查。岸边保洁人员做到基本常态化，同时加强河道保洁，每天保洁人员不少于 3 人，每天保洁人员在岗时间不低于 10 小时。同时，安排专人每天沿线检查，每月总结考核，确保卫生整洁。西门涧沟、甲子河等 4 条支流涧沟分别涉及海州街道、朐阳街道、幸福路街道、洪门街道，由各街道社区统一管理，每 2 天安排清理打捞一次，清除两岸杂草、漂浮物、垃圾、树枝、淤泥等。

排污许可方面：根据《城市排水许可管理办法》的要求，宣传城镇排水许可条例与办理流程，向排水户下发宣传资料，对现有城镇排水户信息进行梳理，重点开展沿街商业城镇排水户的普查工作，按照排水户行业完成分类统计，发放排水许可证。同时加强排水行为备案、污水接管、排水许可现场核查与日常巡视检查，对于发现存在问题及违规违法的排水户，现场责令要求整改，对于现场责令整改不到位的排水户进行跟踪督促整改，下达问题整改通知单。

3.8.3.5 其他措施

科学制定调水方案，通过优化六闸联动水情调度方案，保证市区河道小流量不间断补充新鲜活水，让每条河水都流动起来。

3.8.4 关键技术

3.8.4.1 技术名称

该技术的核心在于控源截污。

3.8.4.2 技术原理

通过在河道一侧建设污水截流管道和截流井，将河道两侧污水排口接入污水管道中，排入下游污水泵站，截断污水直排入河，从根源上控制污水入河，保证河水无污染。

3.8.4.3　技术特点

通过对玉带河 4 条支流涧沟两岸排口及其上游追溯调查，确定排口性质，将其分类为雨水排口、污水排口和混流排口。通过在河道一侧建设污水截流管道，将污水排口和混流排口的污水接入污水截流管道中，混流排口若污水量较大，则设截流井一座，以防止下游污水泵站运行超负荷。

3.8.4.4　技术工艺流程

1）清淤疏浚。对河道及两岸垃圾进行清理，并对河道底泥进行开挖冲洗清理。

2）截污纳管。通过在河道一侧建设污水截流干管，将河道两侧污水接入污水截流干管中，确保无污水入河。

3）驳岸整治。对河道两侧岸坡进行生态修复，布设绿化带，确保河道沿线美观、整洁。

3.8.4.5　该技术实现的水体整治效果

通过对河道实施清淤疏浚、截污纳管、驳岸整治等措施，河道水质得到明显有效改善，提升了周边居民的生活环境。通过对玉带河支流涧沟的治理，间接地改善了污水直排入玉带河主体河道的现状，这是玉带河主体河道整治工作中重要的一环。

3.8.5　整治成效

3.8.5.1　整治效果

完成玉带河 4 条支流涧沟的综合整治工作，这 4 条支流涧沟不但是雨季泄洪的通道，也是近 10 万人的生活污水和本地企业污水的排放通道。生活污水和本地企业污水已成为玉带河的主要污染源。通过采取污水截流、垃圾清理和淤泥清除等措施，确保整治后支流涧沟的黑水变清，也为玉带河的综合整治奠定基础。

通过对玉带河黑臭水体进行整治，彻底对沿河化工企业进行关、停、转整改，坚决杜绝化工污水进入河道，确保玉带河流经的化工区无化工污水污染水体，保证市区上游河道消除黑臭水体，提升沿岸水环境质量。

3.8.5.2　效益分析

（1）经济效益

玉带河黑臭水体治理后，周边新增金宝农贸菜市场、超市、妇幼保健医院、商业街。新建的海州区体育馆，位于海州区孔望山新城片区，坐落于孔望山景区脚下，东临孔望山路，北临秦东门大街，占地170亩①，该馆一期工程占地68亩，包含了表演广场、室外篮球场、网球场、足球场、游步道等设施场地。其中，足球场按照市级标准建设。

周边住宅用地价格有大幅提升，2016年二手房成交价格为6000～7000元/m^2，2017年下半年至今，同片区相同小区高层二手房成交价格普遍为10 000～12 000元/m^2。

（2）生态效益

新增3座公园，即朐园、春晖游园和瀛州公园。

朐园，位于连云港市国家4A级风景区孔望山北侧山麓之处，西临连云港市全民健身中心。全园占地面积约为8hm^2，其中水面面积约为1.8hm^2。

春晖游园，位于山水人家东侧、玉带河北岸，绿化面积为4500m^2，旨在为周边居民提供良好的休闲健身公共空间。

瀛洲公园，位于海州区瀛洲路以西、秦东门大街以北，规划用地面积为6.13hm^2，地处城市南出入口区域，是城市重要的窗口地段，公园建成后将为周边居民提供良好的休闲健身公共空间，有利于提升区域环境形象，提高市民生活幸福指数。公园建设采用“山水隐都市，瀛洲寄田园”理念，运用田园野趣、农耕文化等元素，打造都市田园型公园。目前栽植果树380株，其他乔灌木805株。

（3）环境效益

玉带河及玉带河支流西门涧沟实现河面无漂浮物、河岸无垃圾、无违法排污口、水体无异味，水质有效提升，城市河滨空间绿化美化，河道断面达到《地表水环境质量标准》（GB 3838—2002）三类—四类水标准（图3-40）。

图3-40　玉带河整治后现状

① 1亩≈666.67m^2。

3.9 宿迁市马陵河黑臭水体整治

3.9.1 水体概况

3.9.1.1 基本情况

马陵河是宿迁市老城区的一条重要排涝河道，1974年由人工开挖而成，全长5.2km，汇水面积为11.6km^2，区域内居住人口为13.85万人。马陵河治理前水质长期处于劣V类，旱季时水体为生活污水，雨季时水体为混流水。马陵河河底为硬质混凝土底板，岸带均为直立式浆砌块石挡土墙，大部分河道宽6～8m，局部宽15m，最窄处仅3m。河道周边为宿迁老城区的正中心，棚户区、老旧小区居多，且学校、医院、商场林立。

3.9.1.2 问题分析与评估

前期对马陵河周边28条市政道路、68.6km雨污水管网、42个住宅小区、37个单位庭院、1687个沿街商铺开展排查，确认马陵河黑臭水体成因。最终发现主要原因包括4方面：一是污水收集能力缺失。马陵河由北向南自成一个污水收集系统，但污水收集管道不仅标准偏低、破裂较多，而且埋设在河道中，长期与河水贯通，丧失污水收集能力。二是老城区雨污混流直排河道。马陵河沿线共有144个排水口，其中9个排水口一直有污水直排河道。老城区范围内多数小区、单位庭院及大片棚户区，都未实行雨污分流，加之处于雨天混流、晴天排污状态（图3-41）。三是马陵河非自然河道。马陵河是由人工开挖而成的排涝河，上无源头活水、下无自然出路，处于城市中心地带，开挖之初便成为排污河道。四是市民卫生习惯较差。周边居民长期习惯于把各种垃圾直接倾倒河中，沿街饭店也常把泔水等餐饮垃圾直接倒入雨水管道，这都成为河道重要污染源。

图 3-41　马陵河原污水管埋设情况及棚户区雨水混流满溢情况

3.9.2　整治目标

马陵河黑臭水体整治力争达到“截污、水清、岸绿、路通”的目标。

3.9.3　整治方案

宿迁市于整治前期对全流域的地下管网开展排查，形成了地形、道路、管网一张图，为后期分析提供了准确而翔实的资料。推进整治中，分别编制了马陵河控制性详细规划、水质保障规划方案、片区（老旧小区、菜市场、公厕等）治理工作方案等专项方案，坚持通过城市改造和管理，强化污染源头管控。在实施时序上，坚持先地下后地上、先管网后河道、先治污后活水的治理顺序。在管网水系统方案上，坚持雨污共治、洪涝兼顾，强化竖向系统研究，通过三维模型开展专项评估，对截流、溢流系统进行精细化设计。在河道水系统方案上，在强化控源截污主导措施的基础上，根据河段不同位置进行源头生态湿地、活水跌水、生态浮岛等河道生态修复措施的科学布局。

3.9.4　整治措施

3.9.4.1　控源截污

对整个片区排水系统进行全面排查并制订方案，着力完善管网配套，提升污水收集能力，累计铺设污水主干管8.6km，补建和改造雨污水支管13.3km，新建3座初期雨水调蓄池（共计1.45万t）。结合城市发展，推进两岸棚户区改造，退地还河、退地还绿，实现雨污分流，累计改造小区28个，新建雨污水管网超过28km，棚户区征迁3.66万m^2。

3.9.4.2　内源治理

加强河道内源治理，清除淤泥，拓宽河岸，增加水域面积，设置堰坝，保持生态基流，累计清淤10万m^3，扩挖河道面积4万m^2。大力推进餐余垃圾治理，开展专项行动，增设垃圾桶，增加餐余垃圾车收运频率，同时在老旧小区和市政道路上广泛设置垃圾桶，开展“厕所革命”。

3.9.4.3　生态修复

连通马陵河与中运河，配套建设源头活水生态湿地，通过自然净化，为马陵河提供清水补给，日补给水量达2万t。栽植生态修复能力强的水生植物，布设增氧设施，采用生态挡墙，全面提升水体自净能力和生态修复能力。

3.9.4.4　管理措施

把创新监管机制作为水体治理的重要抓手，创新工程建设、工作推进和导则运用等机制，全面提升工作成效。创新工作推进机制，围绕消除河道管理各自为政局面，整合市区范围内河道、管网建设管理等职能，建立供水、排水、污水处理、水环境整治等一体化管理机制，推动涉水事务统一管理，变“多龙治水”为“一龙治水”。专门成立市级马陵河管理处，定人定岗定责定管理，保证工程效益长期稳定发挥。创新工程建设机制，改变过去工程建设领域勘察、设计、采购、施工等环节之间互相分割与脱节的模式，推行设计施工一体化，实现设计和施工环节的无缝链接，保证工程设计效果和建设效果相统一。强化新技术、新工艺应用，充分运用绿色建筑技术、雨污水收集系统优化技术，探索出一条成功的水环境整治技术路线。创新导则运用机制，着眼整治中的每一处细节，通过制定污水处理设施、雨污分流、河道保洁等标准导则，明确具体标准参数，实现建设标准化、管理精细化。

3.9.4.5　其他措施

通过源头引水、层层控水、全程清水等一系列措施，打通河道水体循环，让马陵河的水更好地流动起来。围绕保障“水源”，连通马陵河与中运河，通过水源厂及源头生态湿地进行水源净化，为马陵河持续补充清流，有效解决马陵河

“上无源头活水、下无自然出路”的问题。围绕实现“活水”，结合河道走向和地势变化，科学建设拦水堰坝，形成7级景观水位，既有效保证了河道水位，也更好地调节了水流。围绕让群众更好地享受绿色生态滨水空间，结合黑臭水体整治，同步规划城市道路交通建设，新建桥涵7座，新建、拓宽沿河道路6.2km，形成了绿色的亲水通道。

3.9.5 创新举措

3.9.5.1 绿色建筑技术应用——预制双面叠合混凝土板生产技术

1）资源节约。装配式建筑有着显著的成本优势，预制装配式构件在生产环节和现场安装环节中节约了工程资源，显著节省了人力成本。

2）工程质量提升。根据本工程现有装配式成品检测，成品实测各项指标均优于验收指标，无气泡、麻面、蜂窝等现象。工程质量等级远优于质量评定标准，且质量稳定。

3）缩短工期。预制装配式构件施工在钢筋绑扎、砼养护、立模板作业等方面均缩短了工序周期，工程产业自动化生产出货快，工程工期大大缩短。

4）保护环境。工厂预制、现场装配化施工降低了噪声，减少了现场木质模板的使用浪费，缩小了施工用地面积，减少了对城市居民生活的影响，保护了工程周边环境。

3.9.5.2 调蓄池冲洗

1）冲洗效果好：与传统调蓄池冲洗技术相比，本技术为恒定流固定水位冲洗，冲洗流速高且可无限次反复冲洗，冲洗效果较好。

2）节能经济：充分利用河道水位和调蓄池冲洗水位之差，依靠重力势能冲洗调蓄池，冲洗控制设施仅为快开冲洗阀（功率远低于传统冲洗）和配套冲洗管道，能耗低，投资少。

3）维护管理安全简便：由于只存在电动快开蝶阀一种设备，且与调蓄池分建，无需进行调蓄池维护，操作安全简便。

3.9.6 整治成效

3.9.6.1 整治效果

随着马陵河综合整治的不断推进，河道水质日益改善。从感官上看，黑臭水体变清澈，鱼虾成群，孩童戏水，老者垂钓，一片人水和谐景象（图3-42）；从水质参数上看，河流全线水质从治理前的劣Ⅴ类逐渐变成Ⅴ类、Ⅳ类、Ⅲ类并趋于稳定。自马陵河整治完成以来，其先后获得江苏省十大环保典型范例、江苏省优质工程扬子杯等20余项荣誉，且接待国内外领导、专家调研174批次，获得一致好评。

图3-42　马陵河整治后现状

3.9.6.2　效益分析

（1）经济效益

黑臭水体治理前，周边2km范围内住宅用地和商业用地价格约5000元/m^2，整治后价格上涨到约15 800元/m^2。黑臭水体治理前周边2km范围内二手房价格约6000元/m^2，整治后价格上涨到约13 000元/m^2。

（2）生态效益

黑臭水体治理前后，周边2km范围内公园个数增加4个，面积增加约14万m^2。

（3）环境效益

京杭大运河宿迁段是南水北调中线的重要通道，在马陵河末端与京杭大运河连通处有一个国家水质考核断面，监测中运河该位置水质数据，马陵河整治前国家水质考核断面达标率较低，马陵河整治后，特别是自 2015 年 4 月污水收集系统初步完善后，国家水质考核断面水质一直处于达标状态，自 2017 年 10 月马陵河综合整治全面完成后，马陵河末端入中运河水质有效控制在Ⅳ类水及以上标准。

3.10 宿迁市世纪河黑臭水体整治

3.10.1 水体概况

3.10.1.1 基本情况

世纪河位于宿迁市宿豫区东部，属六塘河主要排涝支流，分为东、西两段河道。西段河道起于牡丹江河，止于总六塘河，横贯宿迁电子商务产业园、顺河镇，是宿豫主城区、东部新城、张家港工业园区及电子商务产业园的排涝河道，全长 5.5km，流域面积为 16.25km^2，河道断面底宽为 7 ~ 12m，底高程为 15.85 ~ 13.2m。东段河道起于一分干排涝沟，止于总六塘河，在原朱瓦支沟基础上扩挖而成，河道贯穿宿豫生态农园、杉荷园、曹集乡、新庄镇，全长 4.56km，流域面积为 10.81km^2。经多年运行，河道淤积较严重，河道被填埋，水土流失较严重；河床淤浅并严重变形；工业废水与生活污水流入，污染河道，造成水体黑臭严重。

3.10.1.2 问题分析与评估

世纪河（西段）多年未治理，淤积严重，多处断流，部分河道因城市建设被填埋阻断，剩余河道阻塞不通，无活水来源，沿线居民生产、生活污水直接排入河道，水体黑不见底，几乎无动植物生存，成为典型的黑臭水体。原水体呈黑黄色，水体透明度低，仅 15cm 左右，水体自净能力差，工业废水与生活污水直接排入河内，由于长期未清淤，底泥污染严重，水生生态系统遭到破坏（图 3-43）。

3.10.2 整治目标

世纪河河道整治近期目标为消除黑臭水体，力争达到《地面水环境质量标准》（GB 3838—2002）中地表水Ⅲ类水标准。

图3-43　世纪河整治前

3.10.3　整治方案

按照“控源截污、内源治理；活水循环、清水补给；水质净化、生态修复”的基本技术路线具体实施，遵循轻重缓急、分批实施、突出重点、民生优先的原则。针对世纪河的现状，本次优先实施控源截污（河道疏浚工程）和内源治理工程，管网工程根据市政道路建设规划分年实施，然后实施滨水景观、水质保持和生态修复工程。

3.10.4　整治措施

3.10.4.1　控源截污

一是利用点源治理工程，主要包括沿河截污管道工程、市政道路新建污水管网工程、经一河整治工程（另案）。为减少入河污水量，河道沿线全线撤销排污口，阻断废水排入，纳入市政排污管道排入污水处理厂，本次共新建污水管道10.9km。二是通过面源治理工程减少世纪河面源污染，规范农业种植，对河边种菜现象进行集中整治；对世纪河河岸垃圾进行清理，对河面垃圾、漂浮杂草进行打捞清理，实现岸线保洁常态化；对畜禽养殖污染进行整治；强化农业节水，推进生态节水工程建设，减少农药化肥的使用，实现化肥、农药零增长，实现种植业废物综合利用。

3.10.4.2 内源治理

世纪河经多年运行，全线河底淤积较厚，对世纪河采用全线疏浚清淤、拆建阻水建筑物的方式完成内源治理。在施工区的上、下游筑围堰，排除地面水，深挖垄沟，干法施工，河道疏浚采用挖掘机、自卸汽车配合的方式挖运。本次世纪河总疏浚及清淤土方量约为30.6万m^3，建设配套建筑物15座。

3.10.4.3 生态修复

世纪河西段河道表层土质为砂性土，河道边坡易冲刷，堤顶雨淋沟发达，水土流失比较严重，为防止水土流失，对两岸河坡进行护砌。采用直立式岸墙和砼预制块组合护砌，该护砌形式亲水性强，护岸上可设置多类型景观。对世纪河东段河坡采用斜坡式预制砼空心植草砖护砌方案。蓄水位为16.5m，河道护砌顶高程按正常蓄水位加1.0m超高确定为17.5m，河道护砌顶高程以上至堤顶段采用植草皮生态护坡。挡土墙顶设砼仿木栏杆，墙后填土顶面设置亲水平台，台宽为2.5m，平台与堤顶道路之间采用自由漫坡连接，采用六角形格栅生态护坡，坡面植花木。

3.10.4.4 管理措施

（1）河长制

宿豫区根据省市要求全面推行河长制，构建责任明确、协调有序、监管严格、保护有力的河道管理保护机制。

1）取缔非法岸线占用，按照《宿迁市河道蓝线管理办法》，对非法堆放垃圾、滩面种植的行为进行积极治理。目前河滩内植物、建筑垃圾、违建绝大部分已清理干净。少量建筑垃圾、违建需要清理，少量河底沉物需打捞上岸。

2）打击涉河违法行为。实行河道警长负责制，依法加强对河道违法行为的查处，严厉打击涉河刑事犯罪及暴力阻碍行政执法犯罪活动，建立案件通报制度，推进行政执法与刑事司法衔接。

3）推进长效管护，推进确权划界，建立长效管护机制，强化空间管控。全面落实各级河长管护责任，切实加强各项管护制度建设，明确管护单位及其职责、绩效评估机制和养护经费来源，落实“四位一体”管护模式。

（2）工程运行维护

1）河道工程及景观工程可以有效地保证河道的正常进行，在对世纪河进行综合整治的同时，由宿迁市市区河道管理中心具体负责河道及沿线建筑物运行调度等事务管理工作，防止出现多头管理、职责交叉、界限不清的管理状况。为更好地对河道进行长效保洁，成立“宿豫区瑞东河道管理有限公司”，由该公司协同地方针对河道存在垃圾现象，双管齐下，共同治理，负责河道及沿河景观工程的日常保洁。保洁人员对区域内河道、沟渠、水塘等水体岸边全面保洁，做到“八无”。通过对全区河道保洁的长效管理，实行周期性打捞水草，有利于完善水利服务系统的管理机制，从而更好地为河长制工作保驾护航，为水环境建设夯实基础，更好地体现水文化内容。

2）雨污水管网工程的日常运行维护由宿迁市水务工程管理处负责。每两年通过公开招投标确定养护队伍，对雨污水管网进行维修运行维护。

3.10.4.5　其他措施

为了显著增加世纪河蓄水容量，做到定期生态补水，水体清澈，通畅自如，改善水质。西段主要从牡丹江河引水，末端设蓄水闸 1 座，保持河道水位和更新水体。

3.10.5　创新举措

3.10.5.1　引水活水创新点

突出水系连通，活水循环、清水补给河道黑臭水体治理技术。

3.10.5.2　多方面水系沟通

为了显著增加世纪河蓄水容量，做到定期换水，水体清澈，通畅自如，改善水质。西段主要从牡丹江河引水，末端设蓄水闸 1 座，保持河道水位和更新水体；东段分两节，第一节由六塘河补水站抽取六塘河水源进行补水，末端设置曹集排涝闸，以保持河道水位和调节排涝；第二节由引水闸从二干一分干中取水，设新庄蓄水闸 1 座，以保持河道水位和更新水体。

3.10.6　整治成效

3.10.6.1　整治效果

宿豫区世纪河黑臭水体整治工程完成后，该区域的排水条件得到大大改善，由原来的不足五年一遇提高到十年一遇。另外对沿河两岸堤身和滩面景观进行绿化，改善河道生态环境，改善人居环境和提升城市品位，形成与城市经济社会发展相协调的水系布局（图3-44）。其经济效益和社会效益都非常显著，为宿豫发展增添了一个新的增长点。

图3-44　世纪河整治后

3.10.6.2　效益分析

（1）经济效益

经过黑臭水体整治，水体周边2km范围内的地价发生变化。住宅用地和商业用地的价格由治理前的3800元/m^2上涨到治理后的7000元/m^2。二手房价格由治理前的5000元/m^2上涨到7500元/m^2。

（2）生态效益

黑臭水体治理后，水体周边2km范围内新增公园1个，周边公园总面积由治理前的66.7万m^2增加至200.1万m^2。

3.11　杭州西溪国家湿地公园洪园洪府池塘水质生态净化处理

3.11.1　水体基本概况

3.11.1.1　水体名称

杭州西溪国家湿地公园洪园洪府池塘平均水深约1m，最深处约2m，修复区域面积为26 000m^3。

3.11.1.2　水体所在流域概况

修复水体地属西溪湿地，西溪湿地位于杭州市区西部，古称河渚，“曲水弯环，群山四绕，名园古刹，前后踵接，又多芦汀沙溆”，被称为“杭州之肺”。水是西溪的灵魂，园区约70%的面积为河港、池塘、湖漾、沼泽等水域，正所谓“一曲溪流一曲烟”，形成了西溪独特的湿地景致。西溪集生态湿地、城市湿地、文化湿地于一身，以其独特的风光和生态，形成了极富吸引力的一种湿地景观旅游资源。总面积约14.2km^2，距西湖不到5km，属于运河水的运西片，处于低山丘陵与平原的过渡地带。上承山区型河流沿山河西段、上游闲林港的部分山水和上埠河、东穆坞溪及北高峰、龙门山北麓之水；下泄主要经余杭塘河、沿山河汇入京杭运河。区域内南北向的河道有五常港、蒋村港、紫金港等，东西向的河道有沿山河、严家港、余杭塘河等。区内河网密布，湖泊众多，水渚密布，水面率高达50%，温度适宜，雨量充沛，植被繁多，大面积的芦荡，众多飞禽走兽，到处鸟语花香，空气清新，具有典型的江南水乡和湿地特征。常住人口约1.3万人，气候类型为亚热带季风气候。

3.11.1.3　水体类型

洪府池塘治理水域水体类型为库、塘类，地属西溪湿地。

3.11.1.4　修复前水质特征

洪府池塘治理水域面积约26 000m^3，池塘呈不规则形状，宽度不一，平均深度为1～2m，底泥已进行清淤，为灰色底泥，有少量黑色浮泥，池塘驳岸部分为砌筑直立驳岸，部分为松木桩护岸，部分为自然驳岸。水质主要问题为水质浑浊、水体透明度低，水体透明度介于25～40cm，同时总氮含量较高，介于1.5～2.0mg/L，总磷含量介于0.05～0.08mg/L，以总氮为定性指标定义洪府池塘为Ⅴ类地表水，无法满足水域功能要求。河道生态功能在不断退化和丧失，出现黑臭、蚊虫滋生等现象，河道水质的质量直接影响整个园区的声誉。

3.11.1.5　水体污染来源

湿地优质水源缺失，水体总氮本底值较高，水体流态基本为静止状态，同时初期雨水将地表和管道外环境的污染物带入水体，超过水体自净能力，造成特征污染因子的累积。这在特定情况下会助长小型藻类和单细胞藻类大量繁殖，导致水体严重富营养化和透明度下降。

水体内生态网遭到破坏，大量原生沉水植物消亡，底泥无法实现固定，底泥中的有机物厌氧发酵或底泥受到外环境影响，导致水体透明度下降。

3.11.2 修复目标及技术路线

3.11.2.1 修复目标

经过100天治理周期，修复后的洪府池塘水体主要富营养化指标力争达到《地表水环境质量标准》中的Ⅱ类水标准，水体透明度在1.5m以上。2年后水体透明度可达2m以上，水质随着运行期延长而逐步得到改善。

3.11.2.2 修复技术路线

该工程针对修复对象水体富营养化、水体透明度低、沉水植物难以生长等问题，设计在降解集中污染源（生活污水排放口）、清除有害浮泥（健康底泥保留厚度约40cm）后，通过以固化微生物为先导，有效降解水体中的有机污染物，同时投入后生动物，通过食物链转化，抑制藻类繁殖，改善水体透明度，逐步恢复以浮水植物、沉水植物和底栖生物等为代表的较完善的水生生态系统。具体如下：

1）对河道河面及河底进行清理，然后对底泥进行无害化改良。

2）投入有益固化微生物，有效降解水体中的有机污染物，并有效去除底泥中的有机污染物，降低河床底泥淤积厚度；投入生物酶培养箱，利用生物酶大量激活水中能够高效降解总磷、氨氮及COD的土著微生物，协助固化微生物快速降解水体中的有机污染物；同时加入浮游生物吞噬水体中的蓝绿藻，并产生抑藻生态因子抑制蓝藻的再次生长。固化微生物和浮游生物的投加可使水体较长时间内保持透明状态，为沉水植物恢复提供必要条件，继而通过生态修复技术恢复沉水植物，保持水体持续变清，形成良好的水质。

3）通过配置微纳米曝气复氧设备和修复后的沉水植物的光合作用，把大量的溶解氧带入底泥，升高淤泥中的氧化还原电位，促进底栖生物包括水生昆虫、蠕虫、螺、贝的生长，进而使水生生态系统恢复多样化，恢复自然生态的抗藻效应，使水体保持稳定清澈状态。

4）经现场勘察，西溪水体流动性很小，采用水流循环系统进行人工造流，可增加河道水体流动性，提高水体自净能力。

5）最后有序地放入鱼、虾、蟹类等原有土著水生动物，吃掉浮游生物（最后浮游生物退出水体修复系统），平衡沉水植被的生产力，同时优化水体水生生物的多样性，构建良性循环的水生生态自净系统。

3.11.3 修复方案及效果

3.11.3.1 修复方案

(1) 生态修复措施

生态修复措施主要包括微纳米曝气增氧技术、固化微生物缓释降解技术、沉水植物生态修复技术和水流微循环技术。

A. 微纳米曝气增氧技术

移动式微纳米增氧船由船体、节能低噪风机和微纳米微孔曝气管架及配套的固化微生物载体等组成。对水体微纳米增氧，提高水体溶解氧含量和透明度，并对底泥进行减量化，促进水生态恢复。

与传统方法相比，设备价格低廉，可以反复使用。每台设备设计寿命为 10 年，载体每 2 ~ 3 年只需更换 10%；运营费用低廉，每台设备只配一台功率为 1.1kW 的电机，使用 220V 供电，运行 24 小时电费按照 0.7 元/(kW · h) 计算，约 18.48 元，比普通叶轮曝气装置省电 75%。

B. 固化微生物缓释降解技术

该项目集成技术所采用的固化微生物是从自然界选育驯化出的多种用于处理污水的、为特定污染物选配的优势菌种组合微生物菌群，将其植入载体中，通过先进的固化细胞技术使微生物在载体中得到了特殊的保护，使之形成孢子态休眠，而这种微生物菌种具有很高密度的微生物菌群，密度可达 10 000 000/cc①。多种组合的微生物有机体通过协同作战高效快速地将污水中的淤泥“吃掉”，并不产生臭味。其中，好氧工程微生物主要用于降解河道水体及底泥表层中的污染物，提高水体透明度；大量的短程硝化反硝化细菌能消除硝酸盐等物质，将氨氮转移成氮气，降解部分污染物；固体微生物中配置的定量硫化细菌，可将硫化物直接氧化成硫酸盐，成为微生物的组成部分，实现水体生态修复过程的无臭化。固化微生物载体置于固化微生物发生器管中，将固化微生物发生器管置于受污染水体中，污染水体加压进入固化微生物发生器，特定的微生物载体与污水全面接触，使微生物从休眠状态中激活，开始溶入水体并大量繁殖，以沉水植物的根、茎、叶为载体，附着在上面，并与能进行水体生态修复的沉水植物协同作用，加快降解水体中的污染物。固体微生物菌群在增氧条件下，以 BOD 为主要碳源而

① 1cc = 1cm^3。

迅速繁殖，使得 BOD 及淤泥大量减少；BOD 的减少使微生物失去了主要碳源进而使微生物数量减少至正常水平。

固化微生物缓释降解技术优势主要体现在如下方面：

1）见效快。经过筛选培育的固化微生物降解污染物的能力更强，能快速消解 COD、BOD 和氨氮，消解的污染物被微生物直接降解成二氧化碳、水和氮气，一周内可实现河道无恶臭化。

2）有效削减河道底泥。固化微生物可对底泥中的有机物进行有效分解，长期运行后，水体底泥有机物显著减少，底泥厚度显著降低，避免河道频繁清淤。

3）环保。固化微生物中的菌种均是从自然界中选育出来的优势无害菌种，无二次污染。所产生的微生物能自然减少，转化为二氧化碳和水，同时微生物亦可作为浮游生物和鱼类的饵料。

4）应用灵活，方便快捷。通过将优势菌种植入固化微生物载体中，可以形成高密度的微生物优势菌群，并且在固化微生物载体中，微生物为孢子休眠状态，固化微生物激活后，可以伴随着水气交换，缓慢释放进入水体，降解水体污染物。

C. 沉水植物生态修复技术

沉水植物在水生生态修复中的作用较大，几乎所有的相关研究报道都认为，沉水植物不仅可以给水生动物提供更多的生活栖息和隐蔽场所，还可以通过光合作用增加水中的溶解氧含量，净化水质，通过附着其上的微生物降低水体的富营养化程度，同时，沉水植物生长过程本体吸附氮、磷等富营养成分并能促进水中悬浮物的沉降，从而改善整个水生生态系统。因此，在受污染水体中种植沉水植物是水生生态修复的重要手段之一。但往往在较深的或水体透明度较低的水域，沉水植物不能生长或者生长状况不好，沉水植物长势好坏直接影响净化效果。为了解决上述现有技术存在的缺陷和不足，该公司改良培育并筛选出抗高污染负荷的沉水植物苦草，并结合固化微生物缓释降解技术和微纳米曝气增氧技术为沉水植物的生长环境创造条件，破解在较深的或水体透明度较低的水域中沉水植物生长不好的问题。

改良苦草是经过培育改良而成的一种沉水植物，具有耐低温（>0℃）、耐弱光（196lx）、耐污染、耐高温（气温 38℃）、耐盐（5‰）等特点，其不开花不结籽，根、茎、叶发达，四季常绿，具有高效吸收氮、磷等污染物和光合作用强的特点。

改良苦草在污染水域中的应用，应根据现场水域及污染程度分片实施，种植总面积占修复河道面积的 60% 以上。

三种技术的主要技术参数见表3-2。

表3-2　主要技术参数

序号	技术名称	主要技术参数
1	微纳米曝气增氧技术	增氧能力≥5.0kg O_2/h； 动力效率≥3.0kg O_2/(kW·h)； 功率1.1kW
2	固化微生物缓释降解技术	单位固化微生物对污染物的除污能力为：COD_{Mn} 1.48kg/d、NH_3-N 0.35kg/d、TP 0.05kg/d； 固化微生物10 000 000/cc
3	沉水植物生态修复技术	改良抗寒苦草对污染物的去除能力为：COD_{Mn}0.76g/(m^2·d)、NH_3-N 0.3g/(m^2·d)、TP 0.1g/(m^2·d)； 植物种植密度为25丛/m^2； 初始种植植物覆盖率在60%以上

D. 水流微循环技术

流动性较小的河道，水体自净能力较弱。增加水体的流动性，通过水的不断流动，能把空气中的氧气带入水中，增加水中的含氧量，提高水体自净能力。水流微循环技术根据现有地形地势条件和造流系统喷水方向位置，设置造流喷泉，通过设置水循环平流力矩，以配合生成水体的自然自净与自然生态规律。根据不同河道的形状位置及水流特点，布置水流微循环系统设施，可以实现水流的逆时针循环，改善水体流态，避免水体出现死角，同时能通过造流喷泉的构建，实现修复区域景观动静结合，完善景观配置设计。

(2) 控源截污措施

治理水域主要的外源污染为地表径流和外部交换水体，该项目在生态修复前针对地表径流采取的控源截污措施为增加地表绿植覆盖，通过绿植过滤，截流地表径流所挟带的污染物；针对外部交换水体，采用的控源截污措施为设置软隔离，控制水体的交换。

(3) 内源控制措施

该项目修复前需要先清理池体中的大型石块，再投加3900kg有益微生物菌种。一类微生物主要为光合细菌、有益放线菌和有益芽孢杆菌的混合系统微生物群体，主要用于分解污泥中的COD、含碳有机物和含磷、硫物质；另一类微生物主要为硝化细菌和脱氮菌混合系统微生物群体，主要用于分解污泥中的含氮物质(氨氮、尿素、尿酸、氨基酸、蛋白质和硝态氮)。同时加入底泥改良复配土对底泥进行改良，有利于沉水植物的扎根。

3.11.3.2　修复效果

西溪国家湿地公园洪园洪府池塘修复前水质为劣Ⅴ类，水体透明度在50cm左右，水体表观浑浊，呈土绿色，无观赏性。经生态修复后，洪府池塘水体水质稳定在地表Ⅱ-Ⅲ类水体，水体透明度达到2m以上，水体表观清澈，并且水下森林构建完善，配以景观喷泉，具有一定的景观观赏性。

3.11.4　修复核心技术

3.11.4.1　技术名称

该技术为微纳米曝气–固化微生物水生态修复技术。

3.11.4.2　技术原理

溶解氧含量是水质净化的重要因素。溶解氧含量高，水体中污染物降解快速；溶解氧含量低，水体中污染物降解缓慢。微纳米曝气增氧技术是目前公认的氧转移效率最高的技术之一，它产生的微米分子比表面积大，可与微生物充分接触，氧气分子小且带少量负电，相互排斥不易结合成大团气泡，随水流飘动，在水体中停留时间较长。

微纳米曝气增氧技术原理是气体被电离后带电，先由特殊切割结构设计的风机将电离空气通入曝气膜管，通过高分子材料合成的膜管挤压分割后转化成带电的微纳米级气泡，随水流飘动，并被水体中的动植物和微生物利用，只有约25%的气泡排出后结合成大气团，气体分子对水体的搅拌强度较小，氧气利用率在一定条件下达到60%。而普通曝气（表面曝气和微孔曝气）技术产生气团大，搅拌强度大，表面积小，在水体中停留时间短，故氧气利用率只有10%~20%。

微纳米曝气增氧技术有效解决了气泡在水体中的接触面积问题，其产生的气体有效加大了自身的表面积；微纳米气泡带有负电荷，相互有一定排斥性，使聚合难度加大，随水流紊动频繁，延长了气体在水体中的停留时间。因此，微纳米曝气增氧技术的氧气利用率高于普通曝气技术，能够有效降低能源消耗。根据测算，该技术能耗仅为普通曝气技术的50%。

固化微生物缓释降解技术引入蜂巢仿生学原理和与酒曲制备相类似的工艺，先筛选自然界中污染物降解能力强的且易保存的菌种，并将其固定在载体装置内。将载体放置于河道湖泊等水体中后，固定在特定载体上的特定微生物遇到利于生长的环境后停止休眠，缓慢释放进入环境并快速增殖，同时利用其自身的新陈代谢降解污染物。当特定微生物遇到不利于生长的环境时又以孢子状态休眠。

该公司引进的美国 BIO-Cleaner 公司的固化微生物载体为颗粒状，经过筛选自然界中的高效菌种植入并使之形成孢子态休眠，通过水体流动和水气交换不断散发进入水体，并在水域的水体、水生植物和石块表层、底泥中不断繁殖并形成优势菌种，通过自身强大的有机物和氨氮降解能力，快速降解河道水体中的有机污染物、氨氮、硝态氮等富营养物质。

该技术优势有：①呈现效果快。固化微生物缓释降解技术与传统水体修复技术相比，其降解污染物的能力更强，能快速消解 COD、BOD 和氨氮，消解的污染物被微生物直接降解成二氧化碳、水和氮气，一周内可实现河道恶臭消失。②有效削减河道底泥。固化微生物可针对底泥中的有机物进行有效分解，长期运行后，水体底泥有机物显著减少，底泥厚度显著降低，免去了河道频繁清淤的麻烦。③显著提高水体透明度，恢复沉水植物生长环境。④有效解决河道和湖泊水域微生物流失的问题。根据实际运行效果及试验数据综合，单台固化微生物缓释降解设备在 15℃下对 COD_{Mn} 和总氮的降解能力分别约为 8.1kg/d、2.51kg/d。

3.11.4.3　技术适用范围

技术适用范围包括：①污染河道生态修复；②大型水库、湖泊及饮用水水源地生态净化；③房地产、度假村、酒店景观水系生态构建；④城市公园景观水体生态修复；⑤中水深度净化生态系统构建。

3.11.4.4　技术特点及创新点

技术特点及创新点包括：①氧气在水体中的停留时间更长，分散性更好，氧气利用率可高达 60%；②处理能力强，单台微纳米曝气设备可以服务接近 5000m^2 的水域面积；③能耗少，单台设备功率仅为 2kW，具有传统曝气工艺无法比拟的节能优势；④固化微生物降解能力强，见效快，对外环境进入河道的污染物也具有快速降解能力；⑤能快速地削减河道底泥，免去了河道频繁清淤的麻烦；⑥安全环保，无二次污染；⑦应用范围广，能根据污染源和污染程度的不同筛选出最具优势降解能力的微生物；⑧运行稳定，维护成本低，使用年限长。

3.11.5　运行维护要求

3.11.5.1　日常运行维护

以水量调节为手段，保护水体生态环境。水体水量调控是控制水体污染、保护水体生态环境质量的技术之一。水体水量及水质均是随时空变化的，引水工程建成后，调度合理与否，将直接影响引水工程的效果。该工程根据不同季节水体水环境状况，通过入水、出水及蓄水量的合理调控，以减轻水体的污染程度，并通过制定优化的水体运行水位，保证水体达到使用要求。

保护水生植物的栽培与管理。该工程的水生植物需从原基地引入古运河塘栖段水环境治理工程区水系。在人工创造的水系环境内栽培的水生植物，为达到增强净化功能、降低成本、提高其成活率和观赏价值等目的，必须进行科学的栽培管理。

1）水生植物的收割。如果不及时将水生植物进行清理，可能在更大程度上加大水体富营养化程度。因此，需要及时进行收割、收集、加工储运、处置或利用水生植物，去除多余的或者不需要的水生植物，避免水生植物产生腐败分解，败坏水体，控制其可能对环境产生的不利影响。对水生植物的收割方式为手工操作或者机械施工，不使用化学灭草剂，减少对水环境产生的不利影响。

2）水生植物的繁殖。水生植物的繁殖栽培是保存和丰富植物种质资源的重要手段。通过适宜的繁殖栽培方法，既稳定了植物的生理生态特性，又提高了植物的繁殖系数，从而获得生长发育稳健的水生植物种类。该公司长期稳定的水生植物培育基地，能够保证水生植物的补种与修剪，对枯死植物实施更新补植、及时供应。

3）水生植物的病虫害防治。水生植物的病虫害防治工作，应贯彻“预防为主，防重于治”的原则，不断提高栽培技术水平，及时清除杂草和枯枝落叶，避免沉积水底形成新的污染，同时培育壮苗并提高其抗病虫害的能力，保证群落结构的稳定。工程实施过程中发现病虫害要及时防治，以防蔓延，并加强引种的检疫工作，避免引入新的病虫害。对于长势茂盛的植物以圈养种植、收割等方式，控制其蔓延，防微杜渐，避免水体走向淤积过度进而导致沼泽化，同时也可增加水体中污染物的输出量。

保护鱼类及水生动物的生长与管理。及时清捞动植物残渣并视具体情况适量补充，对总量过多、单一物种优势过于明显、雌雄比失调等现象加以调控并确保生物链的结构稳定。

视监测情况追加补投微生物。水体投入使用后，视监测情况追加补投菌剂微生物或固化微生物，以填补自然损失或消耗，确保系统的稳定运行。

选择经济合理的污染控制技术、生态建立工程与有效管理措施。采用系统分析，协调水环境系统各组成要素之间的关系。在保证景观水体、河道水体功能及其水质目标的基础上，实现社会效益和经济效益协调发展，兼顾近期效益和长远效益。因地制宜，选择经济合理的污染控制技术、生态建立工程与有效管理措施，充分发挥水体自净作用，促进景观水域趋于生态平衡。

3.11.5.2　日常监测和监督

全面巡视和重点监测相结合，做到定人、定时、定点监测，对水体进行实时监控和有效调控。

不同季节的监测频率存在差异。其中，冬季和春季监测频率为 1 ~2 次/月，夏季和秋季监测频率为 2 ~4 次/月。

监测指标主要包括水质指标、水生生物指标和底质指标。其中，水质指标包括水温、浊度、TN 浓度、TP 浓度、COD；水生生物指标包括叶绿素 a、浮游植物数量和浮游动物数量；底质指标包括 TN 浓度、TP 浓度与有机质含量。

3.12　赵家浜河生态综合治理工程

3.12.1　水体基本概况

3.12.1.1　水体名称

赵家浜河位于浙江省杭州市拱墅区，东起西塘河，西至莫干山路断头（图 3-45）。

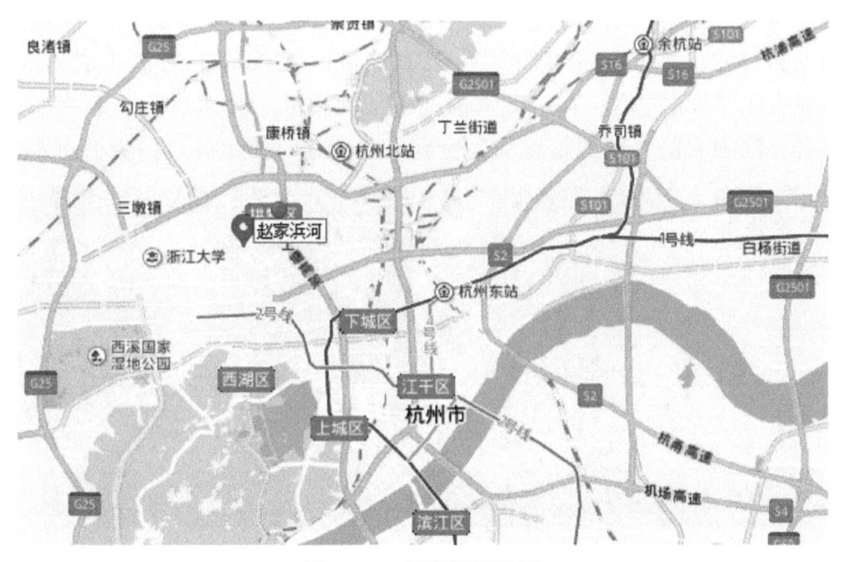

图 3-45　赵家浜河位置

3.12.1.2 水体所在流域概况

赵家浜河开源于20世纪50年代，位于杭州市城北，东起西塘河，西至莫干山路断头，两侧是居民小区。

赵家浜河处于长江流域，水系特征如下：流量大；汛期较长，为夏汛；无结冰期；阶梯交界处水能丰富。赵家浜河的水汇入西塘河，西塘河的水汇入京杭大运河，最终汇入钱塘江。

杭州处于亚热带季风区，四季分明，雨量充沛，夏季炎热湿润，冬季寒冷干燥，春秋两季气候宜人。杭州有着江、河、湖、山交融的自然环境。全市丘陵山地占总面积的65.6%，平原占26.4%，江、河、湖、水库占8%，世界上最长的人工运河——京杭大运河和以大涌潮闻名的钱塘江从杭州穿过。杭州年均降水量为1100～1600mm，年降水天数为130～160天，降水的年际变化较大。全年有两个雨季和一个多雨时段。全年平均气温为17.8℃，平均相对湿度为70.3%，年降水量为1454mm，年日照时数为1765小时。

3.12.1.3 水体类型

赵家浜河水体类型为河、沟渠。

3.12.1.4 修复前水质特征

受历史因素影响，赵家浜河自20世纪70年代以来从活水河变成一条断头河，平均宽度为8m，平均有效水深为1.3m，底泥厚度约为0.7m。河道目前依靠从西塘河提水，实现配水功能。每天取水量约1200m^3，河道水流流速缓慢，经测算只有4.3m/h左右。在不配水情况下，河道处于死水状态。赵家浜河的水常年黑臭，河中大肠杆菌数量很高，鱼虾已经绝迹（图3-46）；生活污水的长期

图3-46 治理前的实景

排放使其富营养化严重，水中聚草、香菇草等植物生长情况良好，两岸植物生长基本不受影响。

生态修复前，赵家浜河的河道水 pH 最小为 7.22，最大为 7.33，均值为 7.28，满足地表水Ⅰ类 pH 标准；溶解氧含量最大值为 1.72mg/L，均值为 1.58mg/L，低于地表水Ⅴ类溶解氧标准（≤2.0mg/L），属劣Ⅴ类水质，不利于水中生物的繁殖生长；COD_{Cr}最小值为 412mg/L，最大值为 871mg/L，均值为 567mg/L，远超地表水Ⅴ类 COD_{Cr}标准（≤40mg/L）；氨氮最小值为 5.04mg/L，最大值为 5.53mg/L，均值为 5.29mg/L，远超地表水Ⅴ类氨氮标准（≤2.0mg/L）；总磷最小值为 3.57mg/L，最大值为 3.7mg/L，均值为 3.62mg/L，远超地表水Ⅴ类总磷标准（≤0.4mg/L）；总氮最小值为 10.22mg/L，最大值为 10.62mg/L，均值为 10.35mg/L，远超地表水Ⅴ类总氮标准（≤2.0mg/L）。综上所述，赵家浜河属于劣Ⅴ类水质。

3.12.1.5　水体污染来源

调查发现河道水体污染的原因包括：①生活污水直排入河，主要是城市规划和建设不配套，市政设施配套不完善，排污纳管未能与之配套，部分地块缺少污水收集毛细管，雨污混接，周边居民生活污水、餐饮店污水、洗车场废水直排入河，生活污水中含有多种有机物、氮、磷、无机盐，还含有各种病菌，直排入河将对河道水体产生严重污染，为河道最主要的外源污染。②赵家浜河是一条断头河，河网流动性小，不利于水质改善。③地表径流污染，地表径流均通过雨水口及雨水管直排入河，或直接由地表排入河道。④河底底泥中内源污染的释放。河道底泥较厚，底泥中不断释放氮、磷等营养物质和藻毒素等，加重水体污染程度。

3.12.2　修复目标及技术路线

3.12.2.1　修复目标

1）提升整体水环境水生态修复能力，消除水体色度、异味、黑臭，恢复水体景观，打造水清岸绿景美的示范工程。

2）明显改善总体水质，水体水质主要指标（溶解氧、COD_{Mn}、氨氮、总氮、总磷）达到地表水Ⅴ类标准，水体透明度为 50～80cm。

3.12.2.2　修复技术路线

河道修复考虑的原则包括以下 3 方面：

1）生态性、功能性原则。将水生态修复技术与水下景观设计相结合，营造生物多样性和景观多样性，保持水生生态系统的长期稳定性。

2）整体性、景观性原则。运用景观生态学原理和现代水域景观设计理念，将水生植物布局和水体水系周围环境相融合。

3）先进性、经济最优原则。不但要求具有先进性，而且必须考虑优先使用投入成本和运行费用总和相对较低的技术及方案。

根据项目河道特点及水质治理目标，采取物理、生物技术等综合生态修复技术（图3-47），以水质净化为主要手段，结合水生生物操纵和曝气复氧技术，在完善食物链的同时，实现河道水体自净，提高水体透明度，改善河道水质。

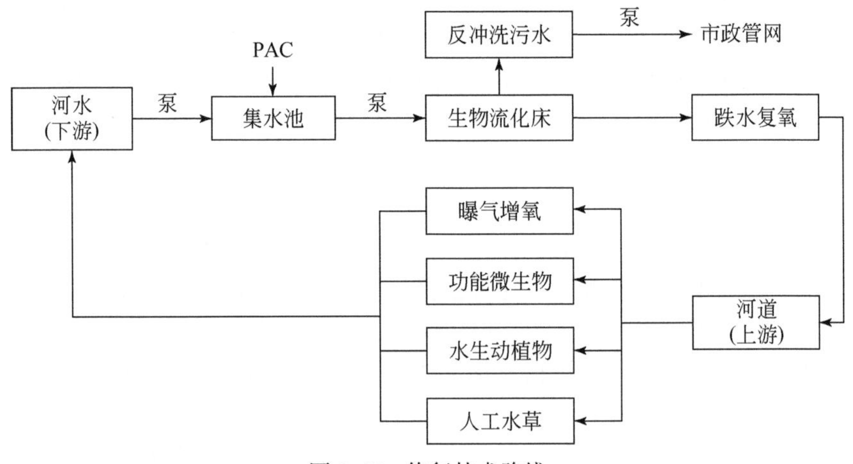

图3-47　修复技术路线

综合生态修复技术的基本思路是以物理和生物技术为主要手段优化水体，继而引起各项生态系统恢复的连锁反应：包括底泥有益微生物恢复、底泥昆虫蠕虫恢复、底栖螺贝类恢复到沉水植物恢复、土著鱼虾类等水生生态系统恢复，最终实现水体内源污染生态自净功能和系统经济服务功能。

3.12.3　修复方案及效果与应急措施

3.12.3.1　修复方案

（1）生态修复措施

赵家浜河截污纳管和清淤疏浚后，所运用的技术包括以下几种。

A. 配水预处理技术

赵家浜河属于断头河，需要由下游的西塘河进行配水，而西塘河水质属于劣

Ⅴ类，因此在配水时需要进行预处理，将“死水”变成“活水”。这是杭州首次治理生态河道使用的一种较新型的综合配水处理装置，其主要特点是将混凝（反应）、澄清（沉淀）、过滤 3 个净水过程有机地结合在同一机体内。另外，该公司自主研发了一种新型滤料，其能增加含污能力，延长过滤周期，提高产水量，保证出水水质的稳定，符合低能耗、高能效的运行要求。该装置具有工艺流程短、设备紧凑、反应速度快、对水质的处理效果好、管理方便等优点，对城市生活污水中的氨氮、TP、COD 和 BOD 都有显著的处理效果。

该配水预处理装置是一种新型的复合滤料气水反冲洗再生流化床，可提高滤层截污能力，具有较长的过滤吸附运行周期，减少了反冲洗次数，且气水反冲洗可以同时进行，节省反冲洗水量，避免了滤料的流失，比一般单层、双层吸附滤料具有更大的截污吸附能力和适应性。该配水预处理装置能获得较强的过滤吸附效果，而且当吸附饱和时，可以在流化床里面再生滤料，避免滤料浪费。吸附滤料有三种，分别是活性炭、除铁锰滤料、去氨氮滤料（滤料物理吸附，可用化学手法再生）。这几种滤料的颗粒都具有比表面积大、韧性大、耐磨损、易再生和适当填补可长期使用等优点，对水体氨氮的去除率可达到93%，对水中的 COD、TP 也有一定的去除效果，流化床出水水质可达到Ⅲ类水。该配水预处理装置采用反冲洗循环系统，明显降低了能耗，且在滤料达到饱和时，可以在流化床内再生，节约资源。

B. 水环境立体修复技术

该技术采用挺水植物、浮水植物和沉水植物立体结合的水体修复方案，并结合底栖动物、昆虫等低等生物一并构建水生生态系统，可明显提高水体自身的净化能力，并能长期保持水生生态系统的稳定。在植物方面，选择经该公司培育的本土水生植物，再根据河道自身的实际状况，构建稳定的群落，包括再力花、穗花狐尾藻、苦草、黑藻等。低等生物选用青虾、螺类、贝类、鱼虫、水蜘蛛等，其中青虾的食物是腐败的植物，能有效地去除植物代谢、死亡带来的枯枝残叶；鱼虫的食物是水中悬浮的有机物颗粒，能有效地去除水中的悬浮颗粒和有机物。该公司近年来着重研究河道水体的生态系统，帮助水体构建稳定的生态系统，尽量减少人为干扰，建立“水下森林”，即水环境立体修复技术。

该公司对杭州地区常用的观赏性水生植物的氮、磷吸收率进行了调查，筛选出合适的水生植物进行研究，并根据植物竞争关系进行搭配。同时根据河道水体富营养化状况，选择相应的植物种类和配置，进行吸收试验，检测植物地上部的氮、磷含量，验证其净化效果，完善相应的植物配置方案，以将其应用在该项目的水生植物种植方面。

C. 水体曝气复氧技术

水体中的溶解氧，是一切水生动物及微生物赖以生存之本。水体中的溶解氧主要来源于大气复氧和水生植物的光合作用，其中，大气复氧是水体中的溶解氧的主要来源。单靠大气复氧，河水的自净过程非常缓慢，在相对封闭、水流缓慢的地方，需要采用人工曝气弥补大气复氧的不足。河道曝气技术是根据受污染河道缺氧的特点，人工向水体充入空气或氧气，加速水体复氧过程，以提高水体中的溶解氧含量，恢复和增强水体中好氧微生物的活力，减缓底泥释放磷的速度，使水体中的污染物得到净化，从而改善河流水质。人工增加水体中的溶解氧含量的方法比较多，由于赵家浜河道水深较浅，无船只通过，水流缓慢，相对封闭，故该项目水体曝气复氧技术采用微孔曝气和提升式曝气复氧法。

该项目中运用到的曝气技术是根据纳米技术发明创造的微孔自控曝气，软管周径表面都有气孔，在水中产生中、微气泡，气泡上升速度慢，布气均匀，氧利用率高，不需要空气过滤设备，随时可以停止曝气，停止曝气的时间不论长短都不堵塞。该曝气技术可促进上下层水体的混合，使水体保持好氧状态，以提高水体中的溶解氧含量，加速水体复氧过程，减缓底泥释放氮、磷的速度，防止水体黑臭现象的发生，恢复和增强水体中好氧微生物的活力，使水体中的污染物质得以净化，从而改善水质。

D. 微生物技术

根据河道水质检测报告，COD、氨氮、TN、TP 含量很高，治理的难度大，除了解决河道内源污染外，还要降解外来污染源。根据生态学原理，可以利用水生生态动植物及微生物的自净能力吸收水体中的有机污染物，达到水质净化的目的。综合国内外当前整治河道污染水体的技术，结合投资和价格比较的原则，采用微生物和水生植物培育相结合的技术，是建立一个具有自净能力的生态系统的科学合理的途径，而且适应低成本长效管理。

选用的微生物主要成分是生物活性酶和发酵过程中的特选微生物，尤其是对激活和优化生物过滤系统的处理有特别的功效，同时能降解底泥，净化水质。这种微生物是从自然界筛选的优势菌种经过分离、驯化、适应性培养，在活体状态下浓缩、固化而成的一种生物产品，它对环境具有很强的适应性，分解污染物能力更强。它属于环境友好型产品，不会产生二次污染，对人和动物无危害。

该项目中选用的是自主研发的由 100 多种微生物组成的 EGON 菌种，这是一种适应性强的本土化菌群，也是一种新型复合微生物活性菌剂。通过发酵工艺将上述好氧性微生物和厌氧性微生物按一定的比例加以混合培养，各微生物在其生长过程中产生有用物质及其分泌物，形成相互生长的基质和原料，通过相互共生、增殖关系形成一个成分复杂、结构稳定、功能广泛的具有多种多样细菌的微生物群落。将 EGON 菌种运用到河道生态治理中，对去除 BOD、COD、氨氮、TP 和重金属具有非常好的效果。

E. 生物填料——碳素纤维生态草技术

在污水处理中，生物填料是微生物的生活载体，可截留微生物，便于挂膜。生物膜的工作原理是使微生物群体附着于某些载体的表面上呈膜状，通过与污水接触，生物膜上的微生物摄取污水中的有机物作为营养吸收并加以分解，从而使污水得到净化。作为微生物生长的载体——填料，要求比表面积大，便于大量微生物附着。目前在污水处理工艺上，广泛使用的填料有组合填料、弹性填料等，本项目采用一种最新运用的碳素纤维生态草，作为河道污水处理中的填料。

采用碳素纤维来净化水质对环境没有二次污染，是经济（廉价）且有效的方法。碳素纤维具有高度的生物亲和性，会产生活性生物膜，通过借助微生物的生长繁殖把水体中的污染物质吸收、降解。另外，碳素纤维经太阳光照射后发出的声波能够激发微生物的活性，吸引水生动物，形成用以产卵、生长和繁殖的藻场。碳素纤维生态草具有很大的比表面积，能吸收、吸附、截留水中的溶解态和悬浮态污染物，为各类微生物、藻类的生长、繁殖提供良好的着生、附着或穴居条件，最终在碳素纤维生态草上生成薄层的具有很强净化活性功能的生物膜，并且碳素纤维生态草的音波能够激发微生物活性，促进污染物的降解及转化。在生物膜的一个断面上，由外及里形成了好氧、兼性厌氧和厌氧三种反应区。在好氧区，好氧菌将氨氮转化为硝基氮，并把小分子有机物转化为二氧化碳和水，把可溶的无机磷转化为细胞体内的三磷酸腺苷；在厌氧区，厌氧菌将硝基氮转化为氮气，把难分解的大分子有机物分解为可降解的小分子有机物，最终污染基团被分解转化成逸出水体的 N_2、CO_2和 H_2O。

F. 人工生态浮岛技术

人工生态浮岛是一种在轻质漂浮材料上种植高等水生植物或喜水性陆生植物，可为野生生物提供生境的飘浮岛，主要由种植基质、植物和固定系统等组成。种植基质的主要功能是为植物提供生长着力点。植物是人工生态浮岛治理水体富营养化污染的主体生物，同时植物根系可形成生物膜，利用微生物的分解和代谢作用有效去除水中的有机污染物和其他营养元素。固定系统的设置目的在于防止浮岛因湍急水流而相互碰撞散架，同时保证浮岛不随风浪漂流带走。

人工生态浮岛的作用与优点主要是：净化水质，削减水体中的氮、磷及有机污染物；具有日光遮蔽效果，抑制藻类生长；具有消波防浪作用，可稳定湖滨带和防护岸线；可吸引昆虫、鸟类及其他动物和微生物，进而形成一个较为完整的生态系统，具有生态多样性。

G. 液位自控抽水装置技术

该项目将液位自控抽水装置应用于河道抽水。该装置有全自动液位控制器，备有 3 级水位传感器，通过上/下限液位控制，可实现自动上水及缺水保护控制或自动抽水控制，并具备手动控制功能。

H. 阻藻挡泥技术

该技术是河道生态治理除藻新型技术，主要是利用半透性隔膜，阻隔中上层水体中藻类和杂物的通过，而下层水体可以自由流动。该技术能够有效阻隔悬浮的较大颗粒污染物在水体中大范围的转移，尤其是在河道治理中应用效果显著。

（2）控源截污措施

赵家浜河上游约100m处南侧，由于分布着公交车停车场和老的居民小区，存在着雨污水和洗车场废水直排进入河道的情况，中游及下游也存在着生活污水直排、雨污混流的现象。以上情况造成河流中氨氮、TP、TN、COD等严重超标，河水黑臭，为河道最主要的外源污染。

对于上游南侧的污水口采取截污纳管的措施。截污纳管是消除河流外源污染最有效的方法。目前国内受污染的河流池塘多源于外来污染物远远超出河流自身净化能力而导致水质恶化、生态破坏，而截污纳管基本能够解决河流污染的外源问题，避免水质进一步恶化。通过建设和改造位于河道南侧的污水管道（简称三级管网），将其就近接入铺设在城镇道路下的污水管道系统中（简称二级管网），并转输至城镇污水处理厂进行集中处理。

对于河道中的一些无法纳入污水管网的排污口和雨污混流口，则采取面源控制，引入生态及液位自控的概念，对污水进行集中生态处理，达标后排放。结合投资和价格比较的原则，采用微生物和水生植物培育相结合的技术，是建立一个具有自净能力的生态系统的科学合理的途径，而且适应低成本长效管理。选用的微生物主要成分是生物活性酶和发酵过程中的特选微生物，尤其是对激活和优化生物过滤系统的处理有特别的功效，同时能降解底泥，净化水质。

（3）内源控制措施

赵家浜河为断头河，无通航能力，也没有泄洪的压力，但因其地势较高，当雨季到来时大量积水根本无处排放，且底泥深厚。其水体常年黑臭，河中大肠杆菌数量很高，鱼虾已经绝迹；生活污水的长期排放使其富营养化严重，水中聚草、香菇草等植物生长情况良好，两岸植物生长基本不受影响。

由于河道里有大量腐烂植物沉淀河底，加上生活污水直排，河水流动缓慢，河床淤积的底泥厚度约为1m，夏天蚊蝇滋生。结合该河道治理具体情况，首先对其进行清淤，即停止河道配水，将下游河道可倾闸门打开（河床比汇入的上塘河正常水面高），放干河水，进行人工及机械清淤。

开工前，该公司对河道周边的垃圾、生物残体等进行了全面的清理和外运处理；并安置警示牌及生态教育牌，呼吁周边居民不乱扔垃圾，爱护自己的生活环境。在工程施工和养护期间，有工作人员专门负责清理河道周边垃圾、生物残体及落叶等河道漂浮物，确保河道及其周边环境，打造水清岸绿的生态示范工程。

3.12.3.2　修复效果

赵家浜河已完全消除黑臭，水体透明度达到 60cm 以上。COD_{Cr}、NH_3-N 和 TP 等指标都符合地表水Ⅴ类水标准，治理前后水质对比情况见表 3-3。河道两岸植被繁茂、幽静，已成为附近居民亲近水、亲近自然、散步、休憩的好地方。

表 3-3　治理前后水质对比

项目	COD_{Cr}/(mg/L)	NH_3-N/(mg/L)	TP/(mg/L)	DO/(mg/L)	水体透明度/cm
治理前水质	250	25	2.5	1.0	—
治理后水质	29	1.6	0.25	6	60
《地表水环境质量标准》(GB 3838—2002) 地表水Ⅴ类水标准	≤40	≤2.0	≤0.4	≥2.0	—

3.12.3.3　应急措施

杭州每年的雨季会有台风、暴雨天气，或突发严重污染事件，每年发生频率为 2 ~ 3 次，水质水量波动幅度大，可能导致沉水植物、水生动物死亡，为使水下生态系统、水体景观效果快速恢复，可采取以下应急措施：①适当增加净水系统的运行时间；②投放部分辅助生物，消除水体有机悬浮微粒或局部富营养化水体中的蓝藻，快速提高水体透明度，为沉水植物的恢复创造有利条件；③若突发事件导致沉水植物系统受损，则需在事后补种沉水植物，以恢复草型清水态优美景观；④系统对鱼类的种群、数量需要一定程度的控制，若随意放生野杂鱼类可能会将沉水植物过度吞食，影响生态系统的稳定性，此种情况下，必须对影响生态系统的鱼类种群进行捕捞和调控；⑤水体投入使用后，视监测情况追加补投菌剂微生物，以填补自然损失、损耗而致的分解者疏缺，确保系统的稳定运行，确保水质长效、可持续保持。

3.12.4　修复核心技术

3.12.4.1　技术名称

核心技术主要包括配水预处理技术和水环境立体修复技术。

3.12.4.2 技术适用范围

复合滤料反冲洗再生流化床技术和水环境立体修复技术均可适用于断头河或流速缓慢、流量较小的河道或水域，可用于净化严重超标的生活污水等。

3.12.5 运行维护要求

河道进入养护期后，需要进行工程运行的日常维护和监测督查。

3.12.5.1 日常运行维护

（1）净水设备保养维护要求

每周两次定期巡检净水设备及供电线路，巡检内容主要有：观察设备是否正常启动；观察运转是否正常（声音是否正常，水流水花是否正常，有无拥堵现象）；仔细观察裸露或外置的电器电缆有无破损或异常，出现问题及时处理；观察设备的固定有无松动情况；及时清理净水设备周围的漂浮物和垃圾，以免堵塞进水口，影响其正常工作。

每两月一次检查并校准控制箱内的时间继电器，及时更换电池，确保其保持自动运转控制功能。

出现异常情况及时处理关联事项：电器部分出现故障需立刻停机检修，涉水维护管理作业应立即停止，以防漏电等问题出现安全事故。

定期保养和维修，净水设备每年（或累计运行2500h）应维护保养一次。

（2）植物的养护

1）挺水植物养护管理要求。日常巡查：每周巡查两次，及时修剪枯黄、枯死和倒伏植株，及时清理滨岸带挺水植物周围的杂物或垃圾。每半月检查一次植物的生长情况，并及时补植缺损植株（如有）。定期去除杂草，除草时不要破坏植物根系；对于生态浮岛上种植的挺水植物，注意不要破坏浮岛单体；在生长季，每月至少除草一次。冬至后至立春萌动前应对枯萎枝叶进行删剪。对于滨岸带种植的挺水植物，在春、夏季每月修剪一次，去除扩张性植物和死株，并适当修剪、挖除过密植株，以维持系统的景观效果。对于由病虫害等造成某株或某些植物死亡时，应将植物撤出，并进行相应的补种；当植物有病虫害时，应撤出后再喷洒杀虫剂处理。

2）浮水植物养护管理要求。日常巡查：每周巡查一次，及时打捞枯黄、枯死和倒伏植株，及时清除浮叶植物上的枯枝落叶。冬季霜冻后及时打捞清理部分枯死植株。及时清除岸边浅水区的挺水类杂草，如双穗雀稗、糠秕草等，以及采用人工打捞方法去除水面非目的性漂浮植物。对由各种因素造成成活率较低、覆盖水面达不到设计要求的需要补植，补植方法同种植方法（浮叶植物种植方法：将种苗均匀放到水体表面，要做到轻拿轻放，以确保根系完整，叶面完好，种植时植物体切忌重叠、倒置）。浮叶植物发生病虫害一周内，及时喷施农药。

3）沉水植物养护管理要求。沉水植物长出水面影响景观时，应进行人工打捞或机割。对于浮出水面的死株，应及时清除。清除水体表面的植物及非目的性沉水植物。对于成活率不能达到设计要求的要进行补植，补植方法同设计种植方法。保持水质洁净，植株成活后 pH 控制在 6.0 ~ 9.0 为宜，含盐量在 1.5‰以下为宜，水体透明度大于种植水深的二分之一为宜。采取隔离保护措施防止食草性鱼类和水禽过量入侵，同时确保沉水植物景观效果和其过度蔓延。根据沉水植物种类的不同，一年收割 1 次，收割时间为枯萎 1 周内开始收割，收割方式为机割或人工打捞。大风（台风）、大雨天气后 2 ~ 3 天，检查沉水植物的冲毁情况，如有冲毁，及时补植。

3.12.5.2　日常监测和监督

配合招标人定期对水质进行采样、监测、分析，建立水质指标跟踪监测制度，并根据水质指标变化制定相应处理措施，确保修复水体水质指标达到维护承诺要求。

现场监测既可实时在线监测，也可根据需要自行设定。常规水质指标监测的频次为运行期间每季度一次，水质指标包括 COD_{Mn}、TN、TP、NH_3-N 等指标，同时监测维护期间水体透明度，定期检查水体周边环境变化情况，对水体周围污水排放行为进行重点检查。

3.13　温州生态园三垟湿地河道外来污染源生态拦污工程

3.13.1　水体基本概况

3.13.1.1　水体名称

温州生态园三垟湿地位于浙江省温州市，三垟湿地公园规划用地位于温州的中部，北至瓯海大道，西至南塘大道，东至中兴大道，南隔高速公路与大罗山相邻（图 3-48）。

图 3-48　三垟湿地位置

3.13.1.2　水体所在流域概况

三垟湿地地处浙江省温州市瓯海区三垟街道，东邻温州经济技术开发区、龙湾区，南连茶山街道、南白象街道，西北连接梧田街道和城市中心区。

从全年调查分析的结果来看，区域环境条件除大气、土壤质量目前尚好外，区域水环境质量严重受损，整体水质属于劣Ⅴ类，氮、磷、重金属等指标严重超标。其污染源主要为温瑞塘河的河水，以及区域内居民的生活污水和工业企业的生产废水。

温州三垟湿地面积为 13.6km^2，目前陆域面积占区域总面积的 70.9%，水域面积仅占区域总面积的 29.1%。人工栽种的瓯柑占陆域面积的 47%，城镇建设用地占 15.2%，其他农业用地、撂荒地、水塘等占 37.8%。水域中 50% 以上的区域设有养鱼的网箱。

三垟湿地河网不是一个孤立的体系，而是属于温瑞塘河水系的一部分，除受其内部污染源影响外，还受周边外围区域的严重影响，且影响因素非常复杂。随着西北侧市区内河翻水冲污、暴雨天气排洪、北侧入瓯江的蒲州闸及南侧瑞安方向入飞云江闸门的开启关闭等情况的变化，水流方向发生经常性的变化，从而周边地带的水质就明显影响到三垟湿地河网水质。当市区塘河翻水冲污、暴雨天气排洪、蒲州闸开启时，三垟湿地水向北流动，西侧梧田、南白象和南侧茶山、高教园区一带的生活污水、工业废水影响到湿地内西南面一带的水质。相反地，当蒲州闸关闭、瑞安方向水闸开启时，三垟湿地水向南流动，北侧蒲州、黄屿、吕家岸一带的养殖、拉丝酸洗废水影响到湿地内北面一带的水质，经济技术开发区、高新科技园区、农业开发区的工业废水影响到湿地河网内东北面一带的水质。以往的水质监测数据也说明了这一点，周边南白象、梧田、黄屿、开发区一带内河水质总体比湿地差，而湿地范围靠近温瑞塘河地段的水体污染程度比其他区域更严重。

温州生态园三垟湿地河道外来污染源生态拦污工程治理的15条河道是湿地内河网与外界的连通段，为防止湿地外污染源进入湿地河网，对这15条河道进行生态拦污是有效措施。

(1) 西片八条河道

老殿后河：位于温瑞大道老殿后桥东侧，阿外楼度假酒店南面，长约200m，平均宽度约60m，水深2～2.5m。

横港头河：位于黄麒大桥东面，温州中学内，长约210m，平均宽度约55m，水深2～2.5m。

前河殿岸河：位于温瑞大道东侧，温州中学新疆部北面，长约270m，平均宽度约31m，水深2～2.5m。

海派河：位于海派医药南侧，东西走向贯穿温瑞大道，长约210m，平均宽度约26m，水深2～2.5m。

上蔡后河：东西走向贯穿上蔡后桥，长约200m，平均宽度约21m，水深2～2.5m。

水郎垟西河：位于温瑞大道东侧，安盛桥北面，水郎垟西侧，长约100m，平均宽度约46m，水深2～2.5m。

水郎垟南河：位于温瑞大道东侧，水郎垟南侧，南仙桥东面，东西走向，长约190m，平均宽度约33m，水深2～2.5m。

曾宅垟河：位于温州医科大学附属第一医院新院北侧，东西走向贯穿胜雪桥，长约200m，平均宽度约40m，水深2～2.5m。

(2) 北片四条河道

东垟河：位于南瓯景园南侧，南北走向贯穿瓯海大道，长约120m，平均宽度约75m，水深1.5～2m。

殿前河：位于林村南侧，东垟河东侧，南北走向贯穿瓯海大道，长约110m，平均宽度约86m，水深1.5～2m。

山前直河：位于山前南侧，瓯海大道北面，长约300m，平均宽度约26m，水深2～2.5m。

上横河：位于瓯海大道南侧，东风头西面，长约240m，平均宽度约36m，水深2～2.5m。

(3) 东片三条河道

中兴桥河：位于瓯京花苑北侧，中兴桥西面，长约200m，平均宽度约31m，水深2～2.5m。

轮船河：位于新桥头北侧，三郎桥西面，长约140m，平均宽度约30m，水深2～2.5m。

仙罗桥河：位于新桥头西侧，仙罗桥西面，长约180m，平均宽度约20m，水深2～2.5m。

3.13.1.3 水体类型

水体类型为黑臭水体。

3.13.1.4 修复前水质特征（包括黑臭情况介绍）

老殿后河：南面多为违章建筑，沿岸脏、乱、差，大部分坡岸由垃圾填充，而其北岸为阿外楼度假酒店，河岸为硬质边坡，绿化景观优美，与其水质和南岸极不协调，同时，与其相连的三垟湿地外河道周边生活污水直排入河，严重影响湿地河网水体生态环境，污染湿地水质；目前该河道水体浑浊，有明显异味，水体透明度只有20cm［图3-49（a）］。

横港头河：在温州中学内部，本是校园里一处优美的水色风景，与该河道相连的三垟湿地外河道因网箱养殖、生活污水直排、农业面源等污染严重，在黄麒大桥下大部分已用渔网拦截，但依然无法有效控制湿地外围河道污染流入，严重影响三垟湿地河网水质；目前该处水体呈绿色，略有异味，水体透明度只有20cm，为防止影响校园景观，在两边近岸处已用渔网围起来，严重影响了温州中学校园景观［图3-49（b）］。

前河殿岸河：河道北岸民居密布，分布有多处违章建筑，大量渔船随处停放，河道中网箱养殖众多，沿岸建有家畜养殖场，鸡、鸭等粪便及有机废水、众多农村生活污水直接入河，导致河水有毒物质和有机物含量增多，严重影响湿地水体环境，破坏湿地水体生态，导致湿地水质急剧恶化；目前该处水体呈灰绿色，较为浑浊，水面上漂浮有各种生活垃圾和植物残骸，有明显异味，水体透明度只有20cm［图3-49（c）］。

海派河与上蔡后河：与水质较差的温瑞塘河相连通，考虑到通航是湿地河网的主要功能，因而不能拦截封堵河道，由此导致雨水将外源污染冲入湿地内河，在汛期尤为明显，同时沿岸堆放有大量垃圾，严重影响湿地水体环境，破坏湿地水体生态，导致湿地水质急剧恶化；目前上述两段河道水体较为浑浊，略有异味，水体透明度只有20cm，水面上漂浮有各种生活垃圾和植物残骸，并时有死鱼浮出堆积在沿岸［图 3-49（d）］。

水郎垟西河：南侧有民居区，农村生活污水直接入河，导致河水有毒物质和有机物含量增多；同时因通航需要不能隔断河道外源污染，目前该河段水面上漂浮有各种生活垃圾和植物残骸，略有异味，水体透明度只有 20cm［图 3-49（e）］。

水郎垟南河：周边耕地较多，使用的农药、化肥渗入河中，导致河水有毒物质和有机物含量增多；同时西侧有居民区，农村大部分生活污水及生活垃圾直接入河，严重破坏河道水生生态系统的稳定性，污染物流入三垟湿地河网，导致水体水质急剧恶化；目前该河道水体较为浑浊，水面上漂浮有各种生活垃圾和植物残骸，略有异味，水体透明度只有 20cm［图 3-49（f）］。

曾宅垟河：周边耕地较多，使用的农药、化肥渗入河中，导致河水有毒物质和有机物含量增多；同时该河道靠近温州医科大学附属第一医院新院，医疗废水的排入严重破坏河道水生生态系统的稳定性，略有异味，水体透明度只有 20cm［图 3-49（g）］。

东垟河与殿前河：位于三垟河网西北面交界处，三垟湿地外围河道受网箱养殖、生活污水直排、农业面源污染等影响严重，其污水流入湿地河网，严重影响湿地河道水质，且污水治理段均位于桥下，沿岸有大量的生活垃圾和废弃物，严重破坏河道水生生态系统的稳定性，污染物流入三垟湿地河网，导致水体水质急剧恶化；目前两处河道异味明显，水体透明度只有 20cm，水面上漂浮有大量动植物残骸及生活垃圾［图 3-49（h）］。

山前直河：该河道上游为山前河，沿岸建筑多为农民房和简易厂房，居民生活污水及工厂废水未经处理直接排入河道。由于作坊工厂污水排入水体，河道西段水质已经出现黑臭现象，水面漂浮大量油污，同时周边居民环保意识较差，水面生活垃圾较多；河道东段水质常年呈黄色，可见度极低，周边工厂污水直排，沿线环境脏、乱、差，严重影响山前河水水体的生态环境。水体垃圾因长期未及时有效清理而积累于河床，严重破坏河道水生生态系统，同时因周边环境及河床结构复杂，河底淤泥并未得到彻底清理，底泥释放有害物质，且不断被分解为 N、P 等营养盐，加剧水体富营养化，加之水体长期缺氧，厌氧菌大量繁殖，产生有害、有毒气体，使水体基本丧失自净能力，黑臭现象极其严重。山前直河及湿地内河道水质受山前河影响严重，目前，该处河道水体呈黄褐色，略有异味，水体透明度只有 20cm［图 3-49（i）］。

上横河：与其连通的湿地外河道汽车维修公司、拉丝厂等工业污染严重影响河道水质，而该河道两岸为瓯柑林，农业面源污染严重，两岸周边亦有多家小作坊污水直排，“低、小、散”污染严重，污染水体流入三垟湿地河道，严重影响湿地水体环境，破坏湿地水体生态，以致湿地水质急剧恶化；目前该处水体呈黄褐色，水面漂浮大量生活垃圾和动植物残骸，略有异味，水体透明度只有 20cm［图 3-49（j）］。

中兴桥河与轮船河：两处河道两岸都是瓯柑林等农业种植区，农药、化肥用量大且直接渗入河中，导致河水有毒物质和有机物含量增多，周边正在进行旧村改造，建筑垃圾较多，河岸脏、乱、差，杂草生长旺盛，腐烂后淤积河底，污染水体；目前两处河道水体均呈黄绿色，略有异味，水体透明度只有 20cm［图 3-49（k）］。

仙罗桥河：该处北岸种植瓯柑，农业面源污染严重，还有一家修船厂，设施简陋，污染直排入河；南岸正在进行旧村改造，建筑垃圾较多，河面上仍有部分网箱养殖污染水体；外围大量农村生活污水、工业废水流入，没有有效的污废水拦截处理设施，从而严重影响湿地内河网水质；目前该河道水体呈黄绿色，边坡脏、乱、差，水面上漂浮有垃圾，略有异味，水体透明度只有 20cm［图 3-49（l）］。

(a) 老殿后河

(b) 横港头河

(c) 前河殿岸河

(d) 海派河与上蔡后河

(e) 水郎垟西河

(f) 水郎垟南河

(g) 曾宅垟河

(h) 东垟河与殿前河

(i) 山前直河

(j) 上横河

(k) 中兴桥河与轮船河

(l) 仙罗桥河

图 3-49　各条河修复前状况

2013 年 8 月 24 日在三垟湿地河道外来污染源生态拦污工程治理的 15 条河道水域分别取两个水样，并对水样水质指标进行测定，其中主要含 DO、COD_{Mn}、NH_3-N、TN 等参数，均采用国标方法检测（表 3-4）。

表 3-4　修复前水质检测结果　（单位：mg/L）

河道水域	DO	COD_{Mn}	氨氮	TN
老殿后河 1	1.56	25.56	13.82	17.74
老殿后河 2	1.63	23.86	12.63	18.82
横港头河 1	1.49	28.47	13.51	16.96
横港头河 2	1.48	26.72	11.93	17.51
前河殿岸河 1	1.29	24.83	12.84	16.26
前河殿岸河 2	1.11	23.51	11.99	17.42
海派河 1	1.12	27.07	12.34	18.23
海派河 2	1.27	25.51	12.49	17.72
上蔡后河 1	1.26	26.35	12.28	19.45
上蔡后河 2	1.18	25.03	12.53	17.9
水郎垟西河 1	1.02	28.72	12.95	17.89
水郎垟西河 2	0.97	26.01	13.30	19.15
水郎垟南河 1	0.96	23.21	14.84	18.34
水郎垟南河 2	1.08	27.05	14.56	18.03
曾宅垟河 1	0.93	25.65	14.88	17.75
曾宅垟河 2	0.95	26.93	15.05	19.93

续表

河道水域	DO	COD_{Mn}	氨氮	TN
东垟河 1	0.89	23.54	13.97	18.41
东垟河 2	0.81	27.29	12.62	16.16
殿前河 1	0.84	25.62	14.18	16.74
殿前河 2	0.71	24.75	12.25	17.25
山前直河 1	0.92	28.13	12.93	16.74
山前直河 2	1.01	27.67	13.98	19.34
上横河 1	1.21	26.29	14.49	16.68
上横河 2	1.16	26.52	13.12	16.59
中兴桥河 1	1.28	26.18	11.89	16.37
中兴桥河 2	1.37	25.76	12.21	16.24
轮船河 1	1.41	26.17	11.37	17.31
轮船河 2	1.23	25.58	13.57	16.85
仙罗桥河 1	1.46	25.72	14.01	17.83
仙罗桥河 2	1.39	24.81	12.38	18.48
地表水Ⅴ类水标准	≥2.0	≤15	≤2.0	≤2.0

注：DO 参考《水质溶解氧的测定 电化学探头法》（HJ 506—2009）；COD_{Mn}参考《水质化学需杨亮的测定 重铬酸盐法》（HJ 828—2017）；氨氮参考《水质氨氮的测定 纳氏试剂分光光度法》（HJ 535—2009）；TN 参考《水质总氮的测定 碱性过硫酸钾消解紫外分光光度法》（HJ 636—2012）

水质检测结果以第三方检测为准，本次自测只供参考。

根据以上水质参数，三垟湿地 15 条河道均未能达到地表水Ⅴ类水标准，氨氮和总氮指标是地表水Ⅴ类水标准的 5 倍以上，水体溶解氧含量较低使河道水体环境处于好氧状态，极易发黑变臭，综合各条河道的水质指标，这 15 条河道目前水质均属于地表水劣Ⅴ类水，由已测数据可知其主要污染物为氮素污染。

3.13.1.5　水体污染来源

温州生态园三垟湿地河道外来污染源生态拦污工程治理河道污染的原因主要是污染源的侵入，与其连通的湿地外河网外源性污染物侵入较为严重，特别是生活污水及工业废水的排入，以及长期积累的河底淤泥与淤泥释放的有害物质。另外，该水域流动性较差，缺少水流动、植物生存的环境，使水体逐渐失去自净能力，加上水域底泥长期未清，底泥不断释放分解为 N、P 等营养盐，导致水体富营养化，水体逐渐变绿，藻类疯长，产生异味，容易发黑发臭。

3.13.2 修复目标及技术路线

3.13.2.1 修复目标

1）污染源生态拦截效果：治理河道与湿地外连接河道水质形成明显的差别，生态拦污工程治理水域内（生态拦污工程治理河段水域内向三垟湿地河网内延伸50m）水质较治理外侧水域（生态拦污工程治理河段水域内向三垟湿地河网外延伸50m）水质主要指标（COD_{Mn}、总磷浓度、氨氮浓度）平均降低20%以上。

2）治理水域水体感官指标：水体异味现象基本消除，水体透明度平均提高30cm以上。

3）治理水域水质指标：氨氮浓度比施工前平均下降25%，COD_{Mn}、总磷浓度比施工前平均降低20%以上，DO含量比施工前平均提升20%以上。

4）治理水域水体造景：在水质治理效果的基础上，设置水生植物生态浮岛等景观面积约18 000m^2，兼顾河道造景与河道水体植物修复功能，实现生态修复。

3.13.2.2 修复技术路线

该工程主要采用生态拦污技术对三垟湿地河道外来污染源进行生态拦截。生态拦污技术主要是基于微生物原位强化修复，由污染源生态拦截技术、微生物原位强化修复技术、水生植物生态修复技术等有机结合而成，这是一种针对开放性污染水体的系统治理和修复技术（图3-50）。该技术以微生物修复技术为核心，结合生态拦截、水生植物修复、水生动物修复、底泥锁定等技术，在治理水域两端设置污染源生态拦截系统，以形成相对封闭的水体环境，采用微生物原位强化修复技术、水生植物生态修复技术、底泥锁定技术等在治理水域建立立体生态修复体系，在不影响河道水体通航的情况下，有效减少并吸收外源污染进入治理水域，高效降解治理水域水体污染物，逐步恢复治理水域水体生态，最终达到修复污染水体和保持水体生态平衡的目标。

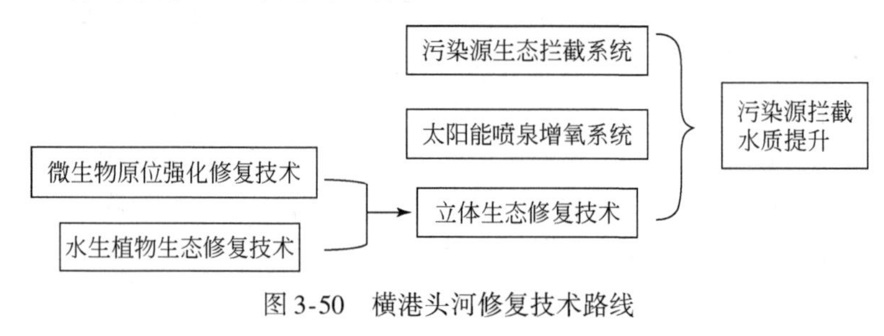

图3-50 横港头河修复技术路线

1）横港头河：水域面积大，两岸边坡景观优美，因此设计太阳能喷泉增氧系统，不仅能加强水质改善的效果，同时可以形成良好的景观效果。

2）海派河、上蔡后河、水郎垟西河、水郎垟南河、曾宅垟河、上横河、轮船河及仙罗桥河，两岸均为农耕用地，农业面源污染严重，因此在河道水体沿岸投放生态吸附剂，既可快速有效地吸收农业肥料流入水体中的氮磷污染又便于水生植物的吸收利用。

3）老殿后河、前河殿岸河及中兴桥河，三条河一侧沿岸分别是学校、度假酒店、公园，边坡整齐美观，而另一侧则脏、乱、差，因此在有效进行污染源生态拦截的情况下，加强这三条河道水域景观布置，以实现河道整体的协调美观。

4）东垟河及殿前河，两条河道治理段均在大桥下，河道水域宽阔，阳光照射少，因此河道水生植物净水技术以种植浮游植物为主，同时在河岸较浅的地方直接种植喜阴且吸污能力强的挺水植物。

3.13.3　修复方案及效果

3.13.3.1　生态修复措施

微生物原位强化修复技术。微生物原位强化修复技术采用 BRM001 菌剂、BRM002 菌剂、BRM003 菌剂、BRM004 菌剂、BRM007 菌剂及 L03 生物增效剂，根据三垟湿地内河道的水质现状，定时定量向水体中喷洒微生物菌剂。本项目所采用的微生物混合制剂在实际应用中对除臭及 COD、有机悬浮物去除有着高效的作用。按照使用说明定期定量投放 BRM 系列微生物制剂，以达到对水体碳、氮、磷循环的控制，从根本上提高水体水质、改善水色并保证水体能够在没有外来污染物质影响的前提下，使水体保持良好的景观效果，降低维护的成本。

水生植物生态修复（生态浮岛）技术。水生植物能吸收水体、底泥中的氮、磷等营养元素，通过竞争途径抑制藻类的过度繁殖；其根系又可作为净水微生物培育床，形成一庞大的生物群落，增强微生物对水质的净化作用。水生植物还为浮游动物和鱼类提供栖息地。很多水生植物都具有净化污水的能力，因而可选用根系发达、净化能力强、产速高又具有经济价值的种类进行栽培，加强管理，延长其生长时间，充分发挥其净污能力。同时利用水生植物修饰水生环境，达到人工造景的目的。

该项目根据水质现状，在水域内设置一定量的生态浮岛，以景观效果为主，逐步引入水生植物修复系统。生态浮岛是在没有植物种植条件的区域，为其人为设置种植载体的水培种植方法。随着季节的变化，采用不同的花卉品种，观花、观叶植物错落搭配，到冬季采用冬季型草皮和部分花卉进行布置，使生态浮岛一年四季具有较好的净化效果和美化作用。生态浮岛内根据治理及景观需求可选择种植沉水植物、浮水植物和挺水植物。浮水植物花大色艳，是园林水体绿化、美化和净化的主体水生花卉。该项目主要以水生植物群落的形式展现浮水植物丰富的花色和奇特的叶形景观，并打造水面的漂浮色块。在水体边缘，以禾本科观叶类和观果类植物群落作为背景景观，来衬托观花类挺水植物，并增加植物造景系统的动感。

太阳能喷泉增氧技术。太阳能喷泉增氧系统以太阳能为动力，通过喷泉增氧泵，集增氧、造流、循环、净化水质等功能于一体。由于其所提起的水与空气接触时能分解水中大量的有毒物质，可达到强力增氧，令水质迅速改善的目的；水层产生上下加速循环，使水体充分曝氧，可去除水中有机物质，消除水的层化现象，从而降低 BOD、COD 值，达到良好的除磷脱氮效果，有效地防止非流动性的水质发臭，消除黑臭现象。喷泉增氧泵的强大动力所产生的浪花能覆盖整个水面，使氧气能均匀分布到整个水体中，提高水中溶解氧含量，营造出一个更自然、更优美的天然水景。根据河道水质和景观特点，在适合的位置安装太阳能喷泉增氧系统，太阳能电源（1000W）和喷泉增氧泵（750W）组合放置在漂浮平台上，连接喷泉增氧泵。

3.13.3.2 控源截污措施

在三垟湿地外来污染源入口河道处根据水质特点设置污染源生态拦截系统，该系统主要由组合填料、生态基及人工水草组成。组合填料结合了软性填料和半软性填料的特点，利用仿生技术使得填料犹如水中生长的水草，随着水流有一定幅度的摆动，并依靠浮体在水中的浮力将填料直立于水中。生态基通过设计合理的内部孔结构，最大限度地为微生物的生长提供有利条件。通过微生物的附着生长，生态基表面形成微 A-O 处理环境，可对有机物进行有效的吸附、氧化分解，具有高效的脱氮除磷效果，并可促进悬浮物的沉淀、絮凝。同时通过太阳能喷泉技术，增强水体的流动性，有助于好氧生物膜的形成，以更有效地吸收降解水体污染物。人工水草具有高吸水性和极强的吸附能力，更有利于微生物的负载增殖，能长期净化污水，降低悬浮物含量，提高水体透明度，增加溶解氧含量，改善水体生态环境，维护水体生物多样性，保持水体生态平衡，抑制藻类过度繁殖。

该技术可对上游污水中污染物进行一定程度的降解，并在一定范围内形成水质与水体生态相对稳定的区域。该技术用于开放水域的局部治理时，不影响水体交换，可在治理区域内形成相对封闭的稳定环境，便于采用微生物原位强化修复技术进行生态修复。

主要技术参数如下：

1）在河道污染源入口段沿河道长度方向设置两道污染源生态拦截墙，两道污染源生态拦截墙间隔距离为100～200m，两道污染源生态拦截墙之间形成拦截区。

2）在拦截区内的河道两侧，每隔5～10m交替设置生态浮岛，生态浮岛占拦截区面积的5%～20%。

3）向拦截区内投放复合酶和复合微生物来净化水体，复合酶的投加量为0.01～0.05g/m³，复合微生物的投加量为5～8g/m³。

4）向拦截区内投放水生动物来净化水体，水生动物投放量为每1000m³水体中投放15～25kg。

3.13.3.3　内源控制措施

技术介绍：针对河道内源污染，主要采用底泥锁定技术（图3-51）。底泥锁定技术就是应用多孔物质制成的底泥生态吸附剂，覆盖于水体底泥之上以锁定河道内源污染，减少底泥絮凝物的生成与释放，提高水体透明度，同时吸收底泥向水体释放的氨态氮、有机物和重金属离子，能有效地降低底泥中硫化氢的毒性，调节pH，同时也为底泥中好氧微生物的生长提供有利条件，有机结合微生物原位强化修复技术有效降解污染物，有效控制河道内源污染，达到底泥减量化的目的。底泥锁定技术具有如下3方面功能：①通过覆盖层，将污染底泥与上层水体物理性隔开；②覆盖作用可稳固污染底泥，防止其再悬浮或迁移；③通过覆盖物中有机颗粒的吸附作用，有效削减污染底泥中的污染物进入上层水体。研究表明，覆盖能有效防止底泥中的多氯联苯、多环芳烃及重金属进入水体，对水质有明显的改善作用。

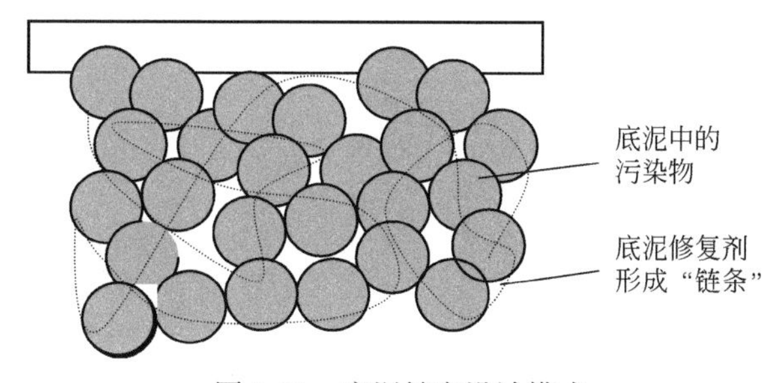

图3-51　底泥锁定设计模式

主要技术参数：每平方米底泥包括生态吸附剂1000～2000g、底泥增氧剂500～1000g、微生物促生剂100～200g、复合微生物1～5L，具体介绍如下。

1）生态吸附剂为沸石、砾石、陶粒中一种或两种以上混合物。

2）底泥增氧剂由下列重量配比的材料制备而成：80～120 份过氧化钙或过氧化镁、35～60 份 30～50 目的活性炭、0.5～3 份磷酸盐。

3）微生物促生剂由下列重量配比的材料制备而成：0.5～2 份复合酶、0.1～0.4 份微量元素、0.1～0.3 份激素、2～3 份氨基酸、3～4 份硝酸盐；其中，复合酶由以下重量配比的原料组成：蛋白酶 30%～55%、淀粉酶 20%～30%、脲酶 15%～20% 和纤维素酶 10%～20%。

4）复合微生物由以下重量配比的原料组成：EM 菌 25%～50%、枯草芽孢杆菌 20%～50%、蜡状芽孢杆菌 10%～20%、干假单胞菌 15%～30%。

3.13.4　修复核心技术

3.13.4.1　技术名称

NUBB 立体生态修复技术综合了人工增氧、微生物、植物、动物净水的优点，主要从恢复水体生态平衡的角度来构思治理方案（图 3-52）。

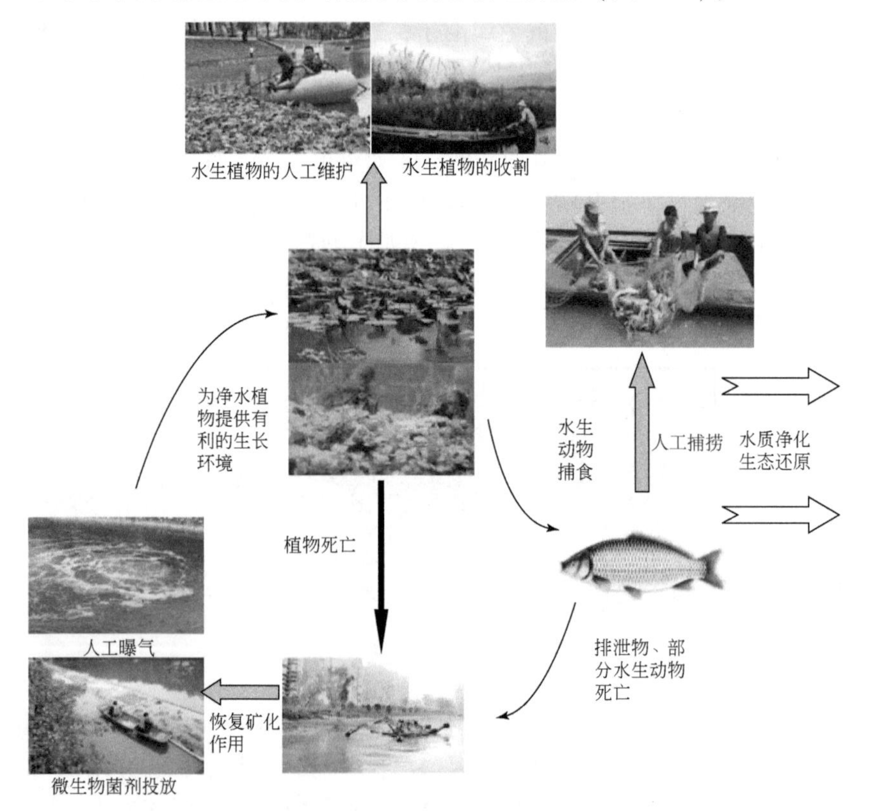

图 3-52　NUBB 立体生态修复技术原理

3.13.4.2　技术原理

水体中的动物、植物、微生物构成了一个完整的生态系统，在正常情况下处于动态平衡状态。水体中的藻类、水生植物通过光合作用合成自身有机物并且制造氧气。水体中的鱼类又以藻类、水生植物为食，控制藻类的过度繁殖。水生动物排泄的粪便及生物死亡的尸体会增加水体中有机物的含量。有机质在好氧型微生物的作用下被分解为无机态，这些无机物再被藻类及水生植物利用。这样就形成了生态系统的物质循环，当循环中物质通量较少的时候，物质循环处于动态平衡状态。由于物质平衡，各种生物在数量上也保持平衡。

当水体中注入大量生活污水或工业废水之后，水体中 N、P 及有机质含量显著增加。丰富的营养物质、充足的阳光、适宜的温度为藻类生长、繁殖提供了良好的条件。藻类大量繁殖会使水体透明度严重下降，同时会进行呼吸作用消耗大量的氧气。这样其他的水生植物会因为得不到充足的阳光而死亡，并且由于水中溶解氧含量有限，当溶解氧含量不足时，大量的藻类、鱼类、需氧微生物会死亡。死亡的藻类被厌氧微生物分解而产生带有恶臭的硫化氢和乌黑的硫化铁，则会使湖水发黑发臭；同时很多藻类、鱼类死亡以后浮于水面，影响景观水的美观。白鲢等鱼类以水体中的藻类为食，鱼群缺氧死亡后使得藻类的生长更加得不到控制，需氧微生物大量死亡使得微生物的矿化作用受到极大影响，这样就延缓了有机质转化为无机物的过程，形成有机物污染。因此，水生生态系统就陷入恶性循环。

NUBB 立体生态修复技术主要过程如下：水体实现截污，适当控制水体中有机质的含量，是治理的必要条件；同时通过人工增氧和投放高密度的微生物制剂，恢复微生物的矿化作用，使水体中现有的有机物转化为无机态，还可以抑制厌氧微生物的代谢，减少硫化氢、亚硝酸盐等有害物质的产生。投放 PSB 菌剂可以分解有害硫化物，具有除臭作用；NOB 和 DNB 组合菌剂能够将硝态氮、亚硝态氮、氨氮转化为氮气彻底从水环境中移出，并且恢复了水体的景观性，然后再人工种植一定数量的净水植物、放养适宜数量的鱼群。净水植物可以利用无机物合成有机物，有利于实现生态系统的物质平衡。鱼群可以控制藻类的生长，当鱼类成长到一定数量时，通过人工捕捞不但可以控制其数量，也可以将部分氮、磷从水体中移出。

总之，这项技术就是利用现代生物科技减少水体中的 N、P 含量，恢复有机物矿化成无机物、无机物转化为有机物的过程，保持水体的物质平衡；同时利用净水植物恢复水体的景观效果，最终实现水体生物在数量上的平衡。

3.13.4.3　技术适用范围

该技术适用于无法实施截污纳管或截污纳管不彻底而受污染的河道，以解决开放性污染水体外源污染拦截及污染水体的生态修复问题，提升水质，改善水体生态环境，同时达到优化景观的效果。

3.13.4.4 技术特点及创新点

1）投加微生物与水生植物共生降解水体污染物，不需要添加任何具有二次污染的化学处理。

2）投加辅助微生物形成强大的微生物-原生动物-植物共生系统，构建大面积立体生态修复系统，使其能够不断进行光合作用、矿化作业，吸收和分解水中过多的营养，产生大量天然的氧气。

3）投加特定驯化的微生物结合挂膜系统、高效复氧系统，与植物共同长期作用，逐步调节水生态环境，直到水生生态系统自净能力恢复后，各种水生动植物调节平衡，可使水体水质保持长期稳定。

4）后期施作生态基和立体填料，与水生植物共同作用，在水体空间上构造一条完整的食物链，维持水体生态修复系统的平衡和稳定。

该技术中种植的水生植物均采用固定装置固定，种植水生植物的净化能力和净化效果较明显，而且植物根系能为水生植物提供生长和繁殖的场所，逐步增加良性循环的生物多样性并提高生态自净能力。

3.13.4.5 修复效果

温州生态园三垟湿地河道外来污染源生态拦污工程实施后，通过微生物强化修复技术、生态浮岛水生植物修复技术、污染源生态拦截系统等生态拦污-生态修复技术，有效拦截了外源污染流入三垟湿地河内，治理段河道水体由墨绿色变为淡绿色，水质明显提升，水体异味现象完全消除，水体透明度比项目实施前平均提高了35cm以上；治理河道与湿地外连接河道水质形成明显的差别，生态拦污工程治理水域内侧（生态拦污工程治理河段水域向三垟湿地河网内延伸50m）水质较治理外侧水域（生态拦污工程治理河段水域向三垟湿地河网外延伸50m）水质主要指标氨氮含量平均降低53.66%，总磷含量平均降低43.17%，COD_{Mn}平均降低32.69%；治理水域氨氮含量比施工前平均下降60.14%，总磷含量比施工前平均下降46.39%，COD_{Mn}比施工前平均下降46.12%以上，DO浓度平均值由施工前的1.57mg/L提升至5.39mg/L，平均提高243.3%。

3.13.5 运行维护要求（包括日常监测和监督）

1）通过持续的水体水质养护，逐渐改善水体生态环境，增加水体环境生物容量和多样性，逐步恢复水体生态平衡。

2）有效地阻截并消除外源污染对水体水质的影响，水体自净能力逐步提高，形成较稳定的水生生态系统。

3）维持水体无异味，黑臭现象基本消除，水体透明度保持在50cm以上，水体主要水质参数逐步达到地表水Ⅴ类水标准。

3.14 芜湖市弋江区漕港水系黑臭水体治理

3.14.1 水体基本概况

3.14.1.1 水体名称

安徽省芜湖市弋江区漕港水系，含漕港主水系及漕港支渠。其中，漕港主水系长4.86km，起点位于仓津路，穿过南塘湖路、九华南路、花津南路、中山南路、长江南路，流入麻蒲桥泵站前池，经麻蒲桥泵站排入漳河。漕港主水系途经烟厂仓库安徽师范大学南校区、芜湖职业技术学院、漕港新镇等单位及小区。漕港支渠跨峨山路，长5.32km，两侧为高新技术产业开发区企业用地(图3-53)。

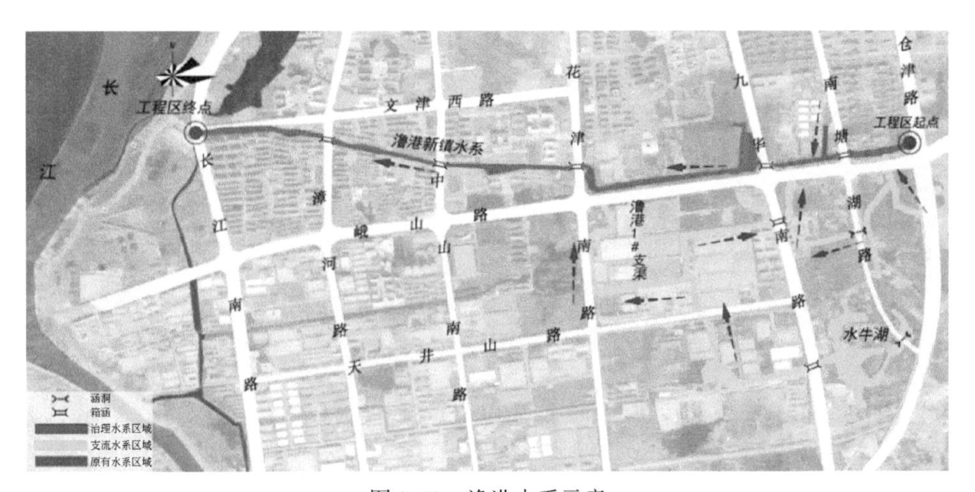

图3-53　漕港水系示意

3.14.1.2 水体所在流域概况

漕港排区外围承接水体是长江及漳河，漕港排水分区西至漳河河堤，北至峨山路，东至白马山至官山沿线，南至天子港南侧纬十二路，总汇水面积为 $20.22km^2$。漕港排区位于桂花桥排区南部，现状用地大部分属芜湖高新技术产业开发区用地范围，现状纬十二路以北用地基本为城市建成区。排区内地形东高西低，西部地势低平，地形标高基本为6.5～7.5m，东部宁安铁路以东为山丘高地，局部高达30m以上。

排区内现状有2座排涝泵站，即漕港泵站和麻蒲桥泵站，漕港泵站现状排量为 $6.0m^3/s$，建设年代较久远，麻蒲桥泵站刚完成改建，扩建后设计排量为 $8.0m^3/s$。排区内现状沟渠水面主要有天子港、漕港新镇水系及高新区水系等。

3.14.1.3 水体类型

本项目河流总长度约10.18km，涉及工业企业、居住区、高校园区、商业区等共10余万人，治理水面面积约 $216\ 580m^2$。漕港水系黑臭水体是由点源污染、面源污染、内源污染和其他特殊污染等污染源造成的，水系两侧污水混排、直排现象普遍，河道底泥厚度达1.5m左右，水体发黑发臭，严重影响了居民的生活。按照《城市黑臭水体整治工作指南》判定，该水体属于黑臭水体。

3.14.1.4 修复前水质特征

根据芜湖市统一调查的结果，漕港水系为黑臭水体（图3-54），主要超标指标为氨氮、DO、水体透明度、氧化还原电位。根据水质监测分析，漕港水系整体为地表水劣Ⅴ类水体，按照《城市黑臭水体整治工作指南》，大部分河段属于重度黑臭，主要污染指标为COD、BOD、氨氮、TP。经现场踏勘，大部分河段水质发黑，有明显异味。漕港水系为黑臭水体的原因主要包括以下4方面。

图3-54　漕港水系污染情况

（1）底泥污染严重

河道内有机质分解产生的底泥，以及生活污水和降雨径流带来的污染物，长期堆积，形成较厚的污染底泥。

（2）河道堤岸硬化，生态功能丧失

部分河道为直立硬质堤岸，边坡植被生长较少，河道内仅存在一些杂乱水草，鱼虾基本绝迹，未形成健康的生态群落，生态系统受损退化严重。

（3）河水流动性差，容易发生蓝藻水华

河道坡度较小，上下游高程差较小，河水流速缓慢，水动力不足，加之水质较差，当气候温度适宜时，容易发生蓝藻水华。

（4）污水混排、直排现象普遍

生活污水管直排、雨污合流管混排。直接排放，也是造成水体黑臭的重要原因之一。

3.14.1.5　水体污染来源

（1）工业污染

漕港水系沿线有12处潜在排污口。九华南路至花津南路段南侧芜湖高新技术产业开发区占地3.25km^2，工业园区内现有污水收集处理设施较少，不能满足环境保护的要求，部分工业废水还未得到妥善收集处理就直接排入附近水体。

（2）城镇生活污染

漕港水系沿线共有30处生活污水直接排入渠道。漕港新区占地面积为1.03km^2，由于小区建设时间较早，排污管网不完善，大部分居民生活污水都直接排入附近水体，对中山南路至长江南路段河流水质影响严重。

（3）城市面源污染

漕港水系沿线共有19处雨水排放口。下雨时，汇水区内的面源污染随着地表径流的冲刷流入附近河流，严重污染水质。

(4) 城市垃圾污染

滃港水系岸线有3处生活垃圾堆积点，有2处生活垃圾中转站渗滤液排入水系。

(5) 内源污染

据现场调查发现，滃港新镇水系范围内的河道污染沉淀淤积，河道底部形成厚度不等、成分复杂、污染不堪的黑臭腐殖状污染底泥，经检测，底泥的成分以有机物为主，氮、磷含量很高，河道底泥极度厌氧，臭气熏天，鱼虾绝迹。

3.14.2 修复目标及技术路线

3.14.2.1 修复目标

(1) 消除黑臭水体标准

根据《城市黑臭水体整治工作指南》要求进行治理，水质达标技术指标见表3-5。

表3-5 水质达标技术指标

特征指标	目标指示	测定方法	备注
水体透明度/cm	>25	黑白盘法	现场原位测定
溶解氧/(mg/L)	>2.0	电化学法	
氧化还原电位/mV	>50	电极法	
氨氮/(mg/L)	<8.0	纳氏试剂	

(2) 恢复水生态标准

通过治理，改善河流水质，完善水系的生态自净机制，逐步实现景观优美、水质优良的人水和谐局面，水系两侧原则上每侧构建长度不少于10m的城市生态景观绿化带。

建立沿岸线水面的立体生态景观带，恢复水体生物多样性，力争水生植物覆盖率达到50%以上，弋江区鱼类在本水系中达到80%以上；有微生物、底栖动物、鱼类（部分的水体中有鳜鱼、翘嘴鲌）；必须有河虾、螺蛳、河蚌、龟、鳖、青蛙、水鸟等（并具有自身繁殖能力）。水生态修复技术指标见表3-6。

表3-6 水生态修复技术指标

恢复水生物种类别	目标指示	检测方法
水生植物（含挺水植物、浮水植物、沉水植物）	覆盖率达到50%以上	现场观测法

续表

恢复水生物种类别	目标指示	检测方法
底栖动物（含水生昆虫、软体、甲壳类）	水体中底栖动物的种类（生物多样性）	现场定性、定量采取鉴定
鱼类（上层鱼、中层鱼、下层鱼）	弋江区鱼类在本水系中达到 80% 以上	现场定性、定量采取鉴定

3.14.2.2　修复技术路线

对于黑臭水体治理要考虑将水污染防治、水利防洪、生态系统建设及人们文明生产生活行为融为一体，以“削减污染入河量、提高环境生态度”为重要抓手，采用“内源治理–污染源拦截–水动力提升与异位净化–河流生态系统修复–智能化运营管理”的综合整治思路（图 3-55），分别实施相关工程措施，全面、

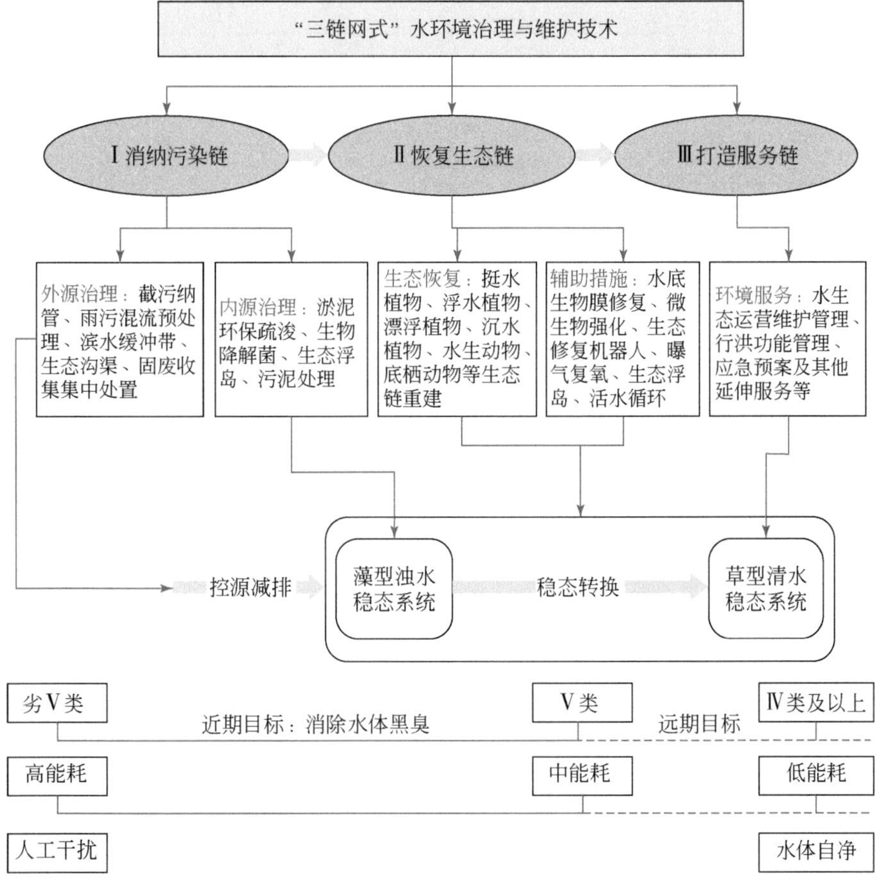

图 3-55　基于水生态平衡理念的黑臭水体整治流程

系统地控制入河污染，改善流域及河道生态系统，消除黑臭水体，提高河流水质。核心为构建水生态平衡，通过修复生态链，提升水体自净能力，从而消除黑臭水体，并向更高的水质标准推进。基于水生态平衡理念的黑臭水体整治流程如图3-55所示，技术路线如图3-56所示。

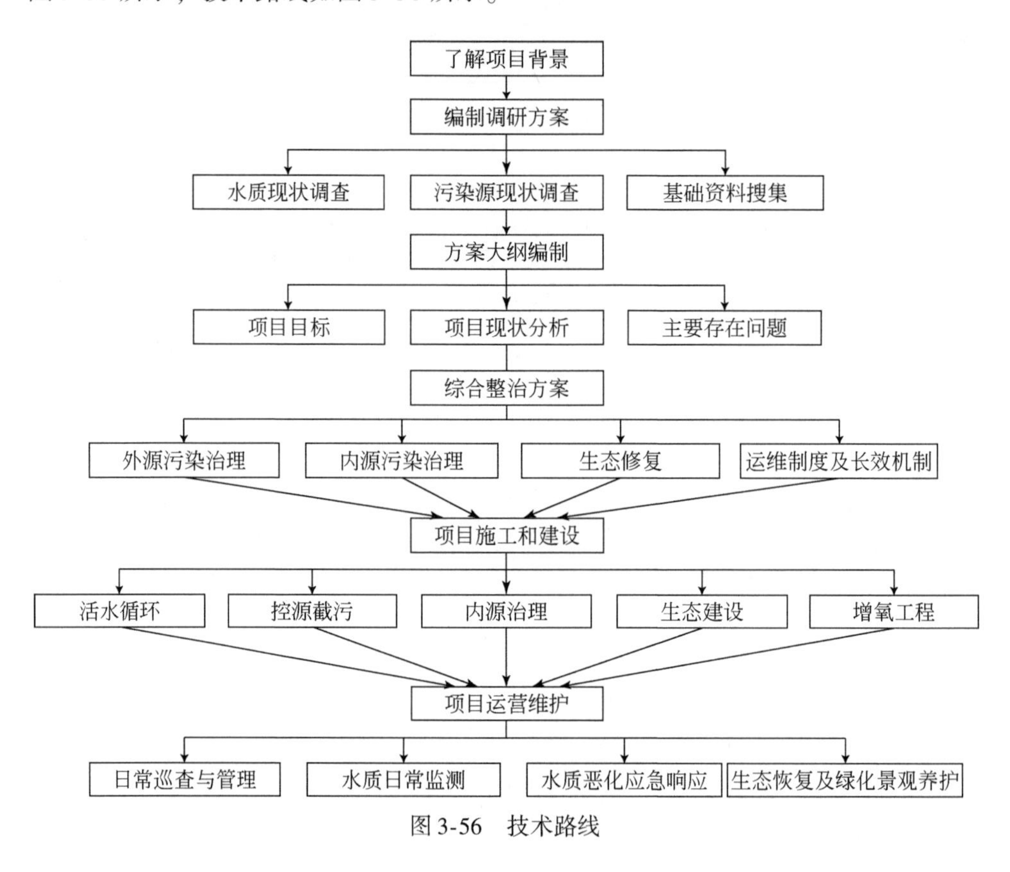

图3-56　技术路线

3.14.3　修复方案及效果

3.14.3.1　生态修复措施

(1) 构建活水循环系统

构建活水循环系统，使水体流动起来，及时更新水和大气的接触面积，增加水体溶解氧含量，可以促进水中的磷沉降在底泥中，同时阻止底泥中的磷向水体中释放，水生植物通过根系又可吸附底泥中的磷，从而减少水体中内源性磷的来源，削减水体中的磷负荷。这对于保持和改善水体水质，防止水体发生富营养化具有很大的作用。

(2) 滨水缓冲带构建工程

在水系两侧构建滨水缓冲带（长19.2km），使地表雨水中部分污染物进入水体前能被拦截、净化，减少地表径流的污染因子进入水体，同时提升河道内的生态净化能力，修复生态功能，并增强河道两岸的景观效果。

(3) 曝气增氧

采用鼓风机（功率为3000W/km）将空气压入输气管道，送入微孔管，以微气泡形式分散到水中，微气泡由底向上升浮，促使氧气充分溶入水中，还可促进水流的旋转和上下流动，使水体上层富含氧气的水流动至底层，实现水体的均匀增氧。

微孔曝气产生的微气泡在水体中与水的接触面大，上浮流速小，接触时间长，氧的传质效率较高。

采用微孔增氧装置，氧的传质效率较高，能使水体溶解氧含量迅速增高，其能耗不到传统增氧装置的1/4，可明显节约电（柴油）费的成本支出。

由于微孔曝气管安装在河道1.0～3.0m水深的水底部，微小而缓慢上升的气泡流可使表层水体和底层水体同时均匀增氧。充足的溶解氧可加速水体底层沉积的淤泥及鱼类排泄物等有机质的分解，将其转化为微生物，恢复水体自净能力，建立起自然水生生态系统，使水活起来。

持续不断的微孔曝气增氧，使水体自我净化能力恢复提升，菌相、藻相自然平衡，构建起水体的自然生态，种群的生存能力稳定提高，充分保障生态系统稳定。

(4) 水生森林系统构建

修复河道内以沉水植物为主，构建河道内水生植物系统，沉水植物可有效吸收水体中的N、P等营养元素，并通过营养盐竞争控制单细胞藻类繁殖；同时，植物的光合作用可提供溶解氧，为水生动物提供适宜的生态环境，为环境多样性和生物多样性创造条件。

1）水生动物系统构建。完善河道内水生生态系统和食物链、食物网结构，放养一定种类和数量的浮游动物、滤食性鱼类、肉食性鱼类和贝壳类底栖动物，提高水生生态系统的稳定性。水生动物的放养应充分考虑水生动物物种的配置结构，科学合理地设计水生动物的放养模式。

2）微生物强化净化技术。生物强化技术：投放外源微生物，加速水体中的污染物降解，提升水体自净能力。生物促生技术：为河道中本身存在的土著微生物创造生存繁殖的条件，创造一个能顺利完成自然降解的环境，强化污染环境的自净能力，加速对有机物的分解。

3）生态浮岛技术。生态浮岛技术以水生植物为主体，运用无土栽培技术原理，以高分子材料为载体和基质，采用现代农艺和生态工程措施综合集成的水面无土种植植物技术，应用物种间共生关系，充分利用水体空间生态位和营养生态位系统，削减水体中的污染负荷。

(5) 人工湿地建设工程

在南塘湖路与峨山路的交汇口东南处，利用现有洼地殷坟滩建设表流型人工湿地，实现河水异位净化，营造水景景观，湿地占地面积为10 000m^2。工程建设可有效降低河水中的氨氮、COD等污染物浓度。

(6) 生态植草沟

湿地水面外侧设置渗透性干式植草沟，既可以蓄水，又可以防止雨水直接排入河道中。根据沿线不同标高，利用石块结合土方，形成跌水坝，既可以蓄水又能使之在有雨水时形成动态的水系景观。使用植被以耐湿草本植物黄花鸢尾为主。

(7) 初期雨水处理

初期雨水含有大量的汽车尾气排放的重金属及路面污泥，针对此种情况，该公司研发出雨污混流系统化联合调控处理技术，削减雨天排入河道污染物的含量。在雨水排入漕港水系的末端，设置雨水生物处理系统，可以有效防止初期雨水中的重金属和路面污泥混入水体造成污染。

(8) 建立生态物种储备中心

在治理的过程中，在人工湿地、生态浮床、氧化沟、洁净水体中进行生态蔬菜、水生植物培育及螺类、鱼类养殖，建立生态物种储备中心，为生态治理提供必要的物种保障，形成良性循环。

(9) 地表水修复机器人

在水系中建立曝气生态净化系统，以水生生物为主体，辅以适当的人工曝气，建立人工模拟生态处理系统，以高效削减水体中的污染负荷，改善水质，是人工净化与生态净化相结合的工艺。在采用曝气生态净化系统的黑臭河道内形成一种有多种微生物和水生生物共存的复杂生态系统，通过物理吸附、生物吸收和生物降解等作用及各类微生物和水生生物之间功能上的协同作用去除污染物，并形成食物链，达到去除污染物的目的。利用该公司研制的地表水修复机器人，可以对整条水系进行移动式曝气，这样可减少安装固定的曝气设备，从而降低投资成本。投入材料设备清单见表3-7。

表3-7 投入材料设备清单

编号	设备/材料名称	单位	数量
1	清淤船	只	2

续表

编号	设备/材料名称	单位	数量
2	挖掘机	台	4
3	闸门	个	3
4	生态浮岛（34cm×34cm×5cm）	个	1 182 900
5	移动式机器人	个	1
6	提升水泵	台	3
7	回转式鼓风机	台	2
8	芦苇	m^2	13 213
9	香蒲	m^2	14 482
10	野茭白	m^2	12 750
11	水生美人蕉	m^2	13 580
12	再力花	m^2	16 810
13	黄菖蒲	m^2	24 100
14	梭鱼草	m^2	14 100
15	睡莲	m^2	23 100
16	荇菜	m^2	17 462
17	苦草	m^2	16 390

3.14.3.2　控源截污措施

1）为防止上游河道对本项目部分明渠水质的影响，在不影响防洪排涝功能的情况下于项目明渠上游处设置溢流坝，既减少上游污染水体进入项目明渠，又不会给排涝带来较大影响。

2）对明渠沿线企业单位排污口，要求污（废）水经处理达到排放标准后统一纳管排入污水处理厂，严禁偷排乱排。

3）对于生活污水排入水体现象，涉及单位、商铺或个人的情况，督促整改污水排放至污水管网；涉及公共区域污水排放的情况，采用先拦截再纳管的方式进行工程施工。

3.14.3.3　内源控制措施

(1) 污染底泥环保疏浚工程

长期受到严重污染的水体底泥中沉积着大量的污染物，如 N、P 等，在一定条件下，这些污染物会从底泥中释放出来，造成水质恶化。通过实施污染底泥环保疏浚工程，不仅可以将底泥中的污染物移出河道生态系统，显著降低内源磷负荷，还可以恢复河道行洪能力。

在闲置土地上选取 1000m^2 左右的空地，将清除的底泥进行储存，利用高效堆肥新技术，去除重金属和有毒有害物质，再将其做成堆肥，用于园林绿化等增肥。

(2) 垃圾清理

对沿岸可能进入水体的垃圾进行清理处置，防止造成水体污染（图 3-57）。

图 3-57　治理后水系实景

3.14.4　修复核心技术

3.14.4.1　技术名称

水生态修复技术——“三链”网式生态修复集成技术。

3.14.4.2 技术原理

该技术主要是从生态修复入手，从生物链底层微生物开始丰富和完善食物链、生态链，丰富生物多样性，对污染黑臭河道进行生物生态修复，增加水体生物多样性，促进水体中有机物的降解，并有助于水体增氧，可有效地消除水体黑臭，恢复并持续提升水体自净能力，建立起良性循环的生态系统。

1）修复生态链：通过生物生态集成技术治理水体，创建生物生存条件，恢复原有生物多样性，恢复水生生态系统的平衡。

2）消纳污染链：水体恢复自净能力后，可以通过沉淀、氧化还原、微生物分解等作用去除进入水体中的少量污染物，使水生生态系统继续维持生态平衡。

3）打造产业链：进行生态蔬菜、螺类、鱼类养殖，打造衍生产业。

3.14.4.3 技术适用范围

该技术适用于重度、中度、轻度黑臭水体。

3.14.4.4 技术特点及创新点

（1）模式新颖

本项目采取调研、检测、勘测、设计、治理与运营管理及多种学科交叉式合作模式，可以高效、便捷、科学地进行综合治理。

（2）技术创新

该公司研发出雨污混流系统化联合调控处理技术。旱季通过处理工艺直接处理达标排放，暴雨时启动系统调控措施，收集前15分钟的初期雨水进入市政污水管网，减轻暴雨对流域内自然水体的污染影响，削减雨天排入河道污染物的含量。

（3）实现水质长效保持——水生态平衡的管理与维护

依靠在线监测、定期水质检测、生态监测等方式，实时掌握水生生态系统的动态变化情况，合理调配水体中各种生物的数量和所占比例，使生态系统维持在相对稳定的状态，保持水体自净能力。

（4）效果付费机制

项目在治理阶段，建设方不支付工程和治理费用，在项目进入运营阶段，按月度或年度进行考核，考核合格后支付项目可用性费用及维护费用。

3.14.5 运营维护要求

3.14.5.1 日常维护

1）治理后水系要长期进行维护管理，才可以保证水质长期稳定达标，专业的维护队伍，每公里不少于 1 人。

2）工作内容：常规巡查，平衡水生生态系统，保证每一个区域内的生态链不产生断裂。

3）两名保洁人员进行水面和岸边保洁工作，每日整段水系船上巡查次数不低于 2 次。两名巡查人员平均分配巡查区域，水系各段设置巡查签到点，每日整段水系船上巡查次数不低于 4 次，在进行周边巡查确认设备正常运行的同时还可协助保洁人员的保洁工作。

4）每天巡视并清理工程区及周边环境的白色垃圾、枯枝残叶，包括渠面漂浮物、水生植物新老更替残体等。鉴于水生态结构合理性，定期收割渠道浮水植物并捕捉鱼类等。定期对渠道两岸植物进行修剪，及时清理水生植物新老更替残体。水面曝气机正常设备的维护、保养，生态修复系统的正常护理，使其生态修复能力处于最强状态；人工湿地的正常维护，使芦苇、水草等植物生长旺盛，定期改善水流冲刷带来的人工湿地水流不均匀状况。同时建立智能化、信息化运营和监测系统及运营大数据分析系统。

3.14.5.2 日常监测

（1）水质检测

为保证工程区生态系统的正常稳定运行，每周对工程区水质进行一次全面取样检测，了解水体水质状况，以便做出针对性调整。

（2）生态监测

为保证工程区生态系统的稳定性，每季度对工程区水生生态系统做一次系统的全面的生态监测，综合了解工程区水环境质量状况，准确判断人类活动对生态系统的影响，合理利用自然资源，维护和改善生态环境质量，保证生态系统在时间和空间上的类型多样性、结构合理性和功能完整性。

（3）信息化、数字化运营

项目发展后期考虑设置监测系统，将监测数据远程传输至研究中心，研究中心根据水质检测、生态监测结果，及时调整维护方案，修复水体生态因子的不良变化，维护生态系统的稳定性。

3.15　池州市红河黑臭水体整治

3.15.1　水体概况

3.15.1.1　基本情况

红河走向为东西方向，长度为 1.3km，河口宽 22.5 ~ 32.5m，水深约 2.2m，河底宽 12 ~ 20m，生态护坡坡比为 1 ∶ 3。垂直跨红河的道路有平天湖大道、九华山大道、沿河路，治理前道路内布置的部分涵管已经损坏，致使水流不畅，基本不流动；红河东端与清溪河联通，联通管道为 DN800，红河过九华山大道仅以一根 DN1500 管道连通，且九华山大道东侧管位偏高，并不能完全起到连通管的作用，红河与平天湖排涝沟的连通相对顺畅，目前有三根 DN2000 的混凝土管道，可以起到连通水体的作用；根据之前水质检测结果，红河属于轻度黑臭水体，其中，总氮含量偏高。由于周边小区雨水直排与九华山大道沟雨水直排，红河底泥厚度每年增加 15cm，2013 年实施清淤治理工程后，到 2016 年底平均淤泥厚度又达到 45cm。

3.15.1.2　问题分析与评估

（1）混错接问题

雨水管网初期雨水污染，部分雨水排口有污水混接进入，导致排口污染增加。经过现场排查，目前有 21 处排口排入红河，其中 4 处有污水混接排出（图 3-58）。

（2）地表径流污染

红河汇水区内，如红河两岸小区（华府骏苑小区、河滨花园小区、新城明珠小区）降水径流挟带的地面污染物经雨水排口直接排入红河，对水体水质造成不利影响。

（3）污染物入河问题

红河沿线原池州啤酒厂向白沙沟排放了大量的工业污水、建筑垃圾沉积、两岸居民向沟渠内丢弃垃圾、落叶进入水体后逐渐腐烂并沉入水底等，这一系列因素综合作用造成污染。

（4）水动力差

目前红河的补水主要依靠降雨，非降雨时间水体基本处于静止状态，且红河与清溪河、平天湖排涝沟连通，平天湖排涝沟平时不流动，红河与清溪河连通涵管断面严重偏小，红河水体平时缺少流动。红河仅在平天湖排涝时，可以从平天湖排涝沟进水获得补给，但降水补给与平天湖排涝补给均具有不确定性，不能使红河维持稳定的水动力。

图 3-58　红河整治前状况

3.15.2　整治目标

红河黑臭水体整治的水质目标为：执行《地表水环境质量标准》（GB 3838—2002），达到地表水Ⅳ类水标准，达到《城市黑臭水体整治工作指南》的目标。

达到的效果有：①水体不黑不臭，无黑苔，无富营养化及大规模蓝绿藻暴发，提高水体透明度；②构建健康、完善的水生生态系统，提高水体自净能力，使其长久保持稳定水质；③提升水体景观质量，改善水体周边景观环境。

3.15.3　整治方案

3.15.3.1　控源截污

初期雨水污染、混错接问题是红河污染物入河的主要问题，通过改造雨水井、设置污水截流管、设置浮力限流阀等方式，进行控源截污。本期工程主要采取PPP模式，针对九华山大道、华府骏苑小区、河滨花园小区的实际情况，对雨水排口采用不同的处理方式，主要方式如下。

（1）九华山大道

九华山大道设置了湿塘、雨水花园、植草沟、透水铺装等低影响设施，保证池州市海绵城市对年径流的控制率达到80%的要求。

（2）华府骏苑小区

华府骏苑小区雨水排口出水为低水位时，采用DN500管道由西向东铺设在红河北岸，最后接入九华山大道现状雨水管进入湿塘。

（3）河滨花园小区

河滨花园小区雨水排出口的初期雨水在经过调蓄与人工湿地处理后直接入河。

3.15.3.2　清淤疏浚

河道分段筑坝，坝内积水排干或导流，河床露出后，由人工进行清淤，疏通河道。清淤时选择非汛期施工，同时注意本底生物保护。淤泥清淤后土方建设结合景观做地形处理，以减少外运土方，减少工程造价，土方尽量以PPP项目范围内场地平衡为主。

3.15.3.3　生态修复

现状红河被九华山大道分割为东西两段，西侧南岸紧邻河滨花园小区，现状驳岸结构保存较为完整。保持现状驳岸并布置一条防汛通道，在满足功能性要求的同时，增加市民的休闲娱乐场所。

由于河口宽度受到限制，直接放坡无法满足稳定的需求。本着生态驳岸修复的原则，在坡脚设置生态格宾石笼挡墙，墙后放坡至堤顶高程。驳岸设计采用生态护坡，尽可能依托现状，采用自然放坡的河道断面型式。

3.15.3.4 管理措施

设置管理要求、雨水管网设施养护要求、河道设施养护要求等一系列管理措施。

管理要求一般主要包括以下方面：

1）水体维护设施应制定相应的运行维护管理制度、岗位操作手册、设施和设备保养手册和事故应急预案，并应定期修订。

2）设置专职运行维护和管理人员，各岗位运行维护和管理人员应经过专业培训后上岗。

3）未经主管部门允许，严禁擅自拆除、改建水工、水体净化与景观设施。

4）警示标示、护栏等安全防护设施和预警系统损坏或缺失时，应及时进行修复和完善。

5）应定期对设施进行日常巡查，在雨季来临前和雨季期间，应加强设施的检修和维护管理，保障设施正常、安全运行。

6）应建立海绵城市设施数据库和信息技术库，通过数字化信息技术手段，进行科学规划、设计，为海绵城市设施建设与运行提供科学支撑。

7）在有台风、暴雨等灾害性气候来临之前，应临时进行安全性检查，保证各类设施在灾害性气候发生期间能够安全运行。应事先排空低影响开发（low impact development，LID）设施内的存水，保证系统调蓄功能的正常运行。

雨水管网设施养护要求主要包括以下方面：

1）严禁向雨水口倾倒垃圾和生活污废水。

2）雨水口、屋面雨水斗应定期清理，防止被树叶、垃圾等堵塞。雨季时应增大清理排查频率。

3）对小区雨污水管道及 LID 设施连接管进行定期清理和疏通。

河道设施的养护要求主要包括以下方面：

1）绿化做好定期维护。

2）定时对河水中的漂浮物进行打捞。

3）河道上闸门的开合根据水质与水位进行功能性操作。

3.15.3.5 其他措施

（1）活水保质

充分利用尾水湿地的处理能力，通过泵井从红河调水，通过人工湿地处理后的水再补给红河，增氧与动水同步完成。

（2）长效机制的制定

一是落实运营维护单位。主城区所有黑臭水体通过政府购买服务方式，项目建设期结束后，由 PPP 项目公司负责 10 年的运营维护管理。项目公司制定了《黑臭水体运营维护手册》，明确运营维护内容、维护措施、维护制度、责任落实等事项。二是坚持按效付费。政府制定具体考核办法，明确水体及各类治污设施日常维护标准、考核指标要求、付费机制等事项，将水体水质保持等指标作为黑臭水体治理效果和付费的主要依据，坚持专业运营维护，采取日常考核与季度考核相结合的方式，建立以主要绩效为依据的按效付费制度。

3.15.4 整治成效

设计的设施实施后，红河水环境质量明显提升，原先的臭水沟成为周边居民的健身、休闲公园（图 3-59）。

图 3-59　红河整治后现状

在包括红河在内的池州市主城区共 10 条黑臭水体治理完成后，清溪河水质得到明显改善，主要水质指标能达到地表水Ⅲ～Ⅳ类水质标准，据国控、省控和市控断面水质监测结果，长江池州段和主要入江河流水质均达到Ⅱ～Ⅲ类水质标准，水质优良。

3.16 池州市南湖黑臭水体整治

3.16.1 水体概况

3.16.1.1 基本情况

南湖位于池州市主城区以南，因地势低洼，白洋河水在此驻留，形成一片湖泊湿地。湖中人工岛众多，整个占地面积为160hm^2，其中，水域面积约25hm^2，本次黑臭水体整治区域面积约77hm^2。

南湖属于南北气候过渡带，受季风气候影响，四季分明，降雨丰沛，但时空分布不均。根据池州国家气象观测站1952～2005年资料统计，多年平均降雨量为1483mm，多年平均降雨天数为142天。年内出现暴雨的时间一般为4～7月，主汛期为6～7月，降雨量占全年的29.7%，6月中旬至7月中上旬为“梅雨期”。

南湖属于清溪河流域，南湖上游为月亮湖，月亮湖与平天湖水系连接，月亮湖水进入南湖后排入绣春河，进一步汇入清溪河，最终汇入长江。

南湖现状为生态浅滩，《池州市城市排水（雨水）防涝综合规划（2013－2030）》将南湖规划为生态湿地与景观水体。常水位为7.6m，挖深为常水位下0.6m，南湖内浅滩之间的水体基本不流动，水动力不足，富营养化现象严重。

（1）水动力现状

南湖常水位为7.6m，最高水位为8.1m，南湖中人工岛将水面隔离成湿地浅滩，生态浅滩低于常水位5～20cm，浅滩间连通性差，浅滩水体流动性差，南湖整体水动力不足。

（2）水体岸线现状

现状南湖驳岸均为生态驳岸，南湖南侧部分生态驳岸被破坏，出现耕种农作物现象。

（3）排口现状调查

查阅物探资料结合现场排查，整治前有19处排口排入南湖，其中2处为污水排口。

南湖周围排口主要为道路雨水排口，1#、3#为齐山大道道路雨水排口，2#为齐山大道污水干管排口，4#为绣春河支流与南湖联通涵管，5#为碧桂园酒店生活污水排口，6#为南湖南部雨水排区的雨水排口，7#、9#～13#、15#～17#为南湖旁慢行道雨水排口，8#为南湖与南部藕塘的连接涵管，14#为长江南路道路雨水排口，18#为石城大道道路雨水排口，19#为石城大道以北居民小区雨水排口。

3.16.1.2　问题分析与评估

结合南湖水质监测重度黑臭结论，根据南湖污染源和环境条件调查结果发现，南湖水体黑臭原因主要为：南湖水体动力不足、雨污水溢流、面源污染、内源污染、其他污染源。

（1）水动力不足

南湖现状为生态浅滩，湖中人工岛众多，浅滩之间水体连通性差，其与秀春河水体连通点少且狭窄，虽与秀春河连通但水体交换不畅，南湖水体平时缺少流动，水体自净能力弱，富营养化严重。

（2）雨污水溢流

南湖作为片区雨水排放出路，在长江南路处有1处雨水排口排入南湖。在石城大道侧有2处雨水排口排入南湖。南湖南部和东部各有1处污水排口排入南湖。

（3）面源污染

南湖的面源污染主要来自北侧居民小区内降水径流挟带的地面污染物、南部部分农田耕种带来的面源污染，以及南湖周边慢行道雨水直排挟带的污染物，对水体水质造成不利影响。

（4）内源污染

南湖规划为生态湿地，由于长期水体流动性差，南湖湖体内淤泥淤积量大。测量结果显示，南湖底泥平均厚度为0.49m，湖体淤泥总量达到17.88万m^3，淤泥中有机质释放造成水体富营养化现象严重。底泥与孔隙水中浓度差引起的污染物向上覆水体的释放过程，使上覆水体中主要污染物浓度增加；底泥微生物降解有机污染物的过程中消耗上覆水体中的溶解氧；底泥在悬浮过程中，吸附的污染物向上覆水体的扩散、释放，增加了上覆水体中的有机污染物；底栖动物对底泥的扰动，增加了底泥中污染物的向上扩散速率。

（5）其他污染源

落叶进入水体后将逐渐腐烂并沉入水底，可能形成黑臭底泥（图3-60）。

图 3-60　整治前河道状况

3.16.2　整治目标

南湖黑臭水体整治的水质目标为：执行《地表水环境质量标准》（GB 3838—2002），达到地表水Ⅳ类水标准，黑臭水体达到《城市黑臭水体整治工作指南》的整治要求。

达到的效果有：①水体不黑不臭，无黑苔，无富营养化及大规模蓝绿藻暴发，提高水体透明度；②构建健康、完善的水生生态系统，提高水体自净能力，使其长久保持稳定水质；③提升水体景观质量，改善水体周边景观环境。

3.16.3　污染源控制措施

3.16.3.1　外源污染控制

1）污水尽可能截入污水处理厂：针对污水直排污染，在上游管网改造完善的前提下，对污水排口进行封堵；针对污水混接污染，优先选择对上游管网进行改造，在条件无法满足的情况下考虑设置截留井或就地处理设施。

2）初期雨水污染：优先选择源头改造措施，在条件无法满足的情况下考虑设置截留井或就地处理设施。

3）水体周边农业面源污染：对红线范围内的污染源进行整治、清理，对红线范围外的污染源采用生态隔离带进行隔离。

3.16.3.2 点源污染处理设计

南湖点源污染主要为污水直排污染及污水混接进入雨水管线造成的污染。根据物探结果，南湖片区共有 2 处污水排口及 17 处雨水排口。

针对 2 处污水排口，将其进行封堵，封堵后，污水泵入市政污水管网，最终排入污水处理厂。

针对 17 处雨水排口，结合海绵改造、表流湿地建设对初期雨水进行就地处置，处置后雨水作为南湖补水水源之一，增强南湖水体推动力。

3.16.3.3 农业面源污染控制方案

面源污染的控制以最优管理措施为核心，包括工程、非工程措施的操作和维护程序，现已提出并应用的有人工湿地、植被过滤带、草地缓冲带、岸边缓冲区、免耕少耕法等方法和措施，控制过程中应坚持高效、经济原则并应符合生态学理念。

3.16.4 整治成效

3.16.4.1 整治效果

该工程实施后，极大地改善了池州市南湖水环境和生态环境，通过对南湖黑臭水体整治，恢复了南湖生态，为生物的生存繁衍创造了适宜的环境，发挥了该水系在调节径流、蓄洪防旱、控制污染、调节气候、控制土壤侵蚀和美化环境等方面的功能，实现了南湖湿地公园、景观水体的规划定位。

3.16.4.2 效益分析

（1）经济效益

南湖附近为平湖观邸，是已建成小区，黑臭水体治理前，二手房价为 8500～9000 元/m^2，治理之后房价上涨为 9500 元/m^2。

（2）生态效益

沿湖周边 2km 范围内正在形成连片的绿色生态带，为生物的生存繁衍创造了适宜的环境，丰富了物种多样性（图 3-61）。

图 3-61　整治后效果图

3.17　青岛市李村河流域黑臭水体整治

3.17.1　李村河流域概况

李村河流域位于山东省青岛市，是青岛市中心城区流域面积最大的河流系统和过城河道。李村河发源于石门山南侧卧龙沟，经李村在阎家山处与张村河汇流，沿线有金水河、侯家庄河、南庄河、张村河、大村河、郑州路河、水清沟河 7 条主要支流汇入，穿过环湾大道向西汇入胶州湾。李村河全长 16.7km，流域面积为 147km^2，流域内包括李沧区、市北区、崂山区 12 个街道办事处，涉及人口约 106.4 万人，被誉为青岛市的“母亲河”。

李村河流域是青岛市区较为典型的流域，其特点可以用“上游小水库，中游三面光，下游污水厂”来概括。近年来，李村河河道状况较差，水体水质较差，沿河垃圾堆放严重，列入黑臭水体清单的水清沟河（开封路—唐河路）黑臭长度约0.85km，李村河中游（君峰路—青银高速）黑臭长度约3km，李村河下游（四流中路以东）黑臭长度约0.5km，均属于李村河流域。

3.17.2　主要问题分析

通过对李村河流域水环境现状进行全面的调研分析，发现李村河流域存在的问题主要是基础设施薄弱、城市面源污染及内源污染突出、长效机制不健全、河道生态稳定性差、沿岸居民环保意识较低等。整治前部分河段污染状况如图3-62所示。突出问题具体分析如下：

1）基础设施薄弱。李村河流域仅依靠入海处一座污水处理厂（李村河污水处理厂）处理全流域生活污水，其规模为25万t/d，在2017年进水量就已达到24.3万t/d，已接近污水处理厂处理能力。按照人口分布及现行排污情况，李村河流域每年春季枯水期（4月和5月）污水量约32万t/d，丰水期（8月和9月）达到37万t/d，现有污水处理厂污水处理能力已经无法满足实际需求；李村河流域共有9个污水直排口，主要分布在沿河的城中村区域，污水排放量约112万m^3/d；雨污混接造成河流污染严重，约73个雨污混接直排口，年污水排放量约513万m^3。

图3-62　整治前李村河流域部分河段垃圾入河及污水私接乱排现象

2）城市面源污染及内源污染突出。李村河上游有多处村庄，存在雨污分流不彻底、管网配套不完善、点源排污等复杂情况；李村河中游有一段自发形成的近2km长的农贸集市，沿河两岸涉及商户、居民上万人，沿岸临时搭建、违规建筑多，沿线点源隐蔽性强；李村河下游小商小贩较多，私接乱排现象突出。上述问题，导致沿河两岸分散污水直排现象突出，降雨时径流污染严重。同时，由于常年污染物的排放和沉积，李村河中游淤泥长度约3km，宽度为40～80m，平均淤泥深度为0.5～0.8m，下游淤泥长度约4km，宽度为80～200m，平均淤泥深度为0.5～1.5m。

3）长效机制不健全。由于机制不健全、资金短缺、人手短缺、环保意识不强、对河道的管理养护意识淡薄等，河岸及河道内出现垃圾清理不及时、水面漂浮物打捞不及时、污水溢流入河发现不及时等现象，对河道水质产生了不良的影响。

4）河道生态稳定性差。李村河属于季节性河流，李村河全线以拦水坝形式蓄水，部分河道在枯水季节时水量很少甚至断流，水动力不足，无法持续形成稳定的生态河道；入海河段处受海水潮汐影响，水生植物生长条件差，河道生态功能几乎消失，河流自净能力差，进入河道的污染物无法自行降解。

5）沿岸居民环保意识较弱。李村河周边部分居民随手将垃圾丢弃入河、部分小商小贩将污水直接倒入雨水篦子等现象屡见不鲜，这种情况无法通过执法和工程措施来解决，需要对沿岸居民加强环保教育，提高居民的环保意识，从自身做起，保护李村河。

3.17.3 治理方案和措施

针对李村河流域水环境存在的问题，市政府2018年2月制定并印发了《李村河流域水环境治理工作方案》，按照“系统规划、统筹实施，问题导向、标本兼治，防治结合、源头控制”的原则，开展水环境综合治理工作。2019年8月市政府印发了《关于印发〈进一步推进李村河流域水环境综合治理工作方案〉的通知》，开展了新一轮水环境整治工作，科学制定李村河流域黑臭水体整治技术路线，如图3-63所示。经过治理，李村河中下游断面水质，经采样检测分析，

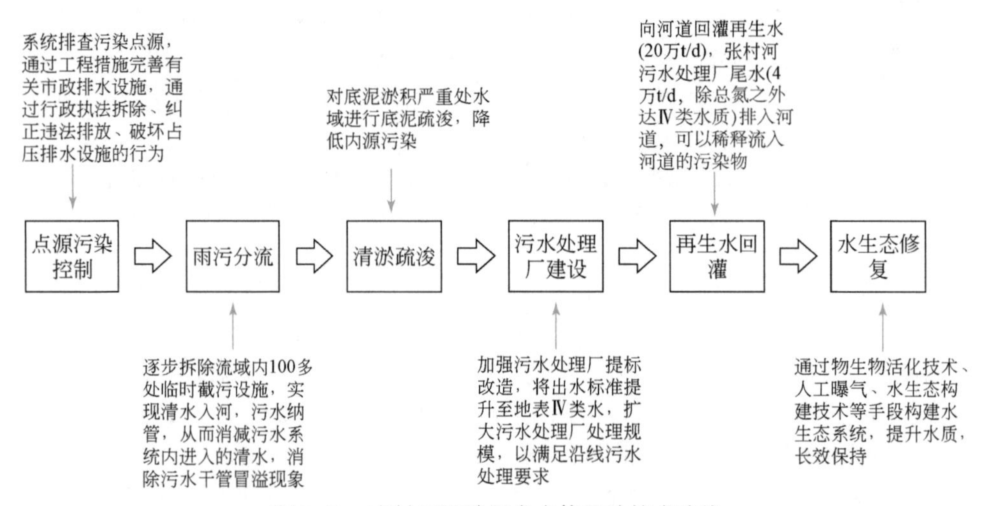

图3-63 李村河流域黑臭水体整治技术路线

各项指标未超过黑臭水体指标标准要求，治理目标基本实现，特别是2018年10月至今，李村河下游的胜利桥国控断面水质除了2019年2月、3月受冬季枯水期影响，氨氮超出地表水Ⅴ类约30%外，其他月份均达到地表水Ⅴ类标准。

3.17.3.1　建立工作机制，健全治理体系

为打好李村河流域水污染治理攻坚战，市政府专门成立了李村河流域水环境治理工作领导小组，由分管副市长任组长并兼任河长，每季度或不定期对李村河治理工作进行现场巡查，及时协调解决存在问题，领导小组办公室负责日常工作。根据《李村河水环境治理工作方案》，提出了“控、拆、疏、建、补、修”六字方针，明确了“两提、两清、两补、两分、两体系”十大整治内容，即实现污水处理能力和出水水质提升，开展积存垃圾和河道淤泥清理，实施生态补水和绿化补植，推动城中村和支流暗渠雨污分流，建立管理责任体系和智能化水质监测体系。领导小组办公室建立了工作协调机制，制定了督查通报、调度会议等制度，坚持每天进行沿岸巡查督查，每日向市政府上报工作简报，确保工作沉下去、身子扎下去、措施实上去，真正达到标本兼治、综合治理。

3.17.3.2　高标准建设污水处理厂，提升污水处理能力

李村河整治前，流域内已有的李村河污水处理厂处理规模为25万t/d，日处理能力不能满足现有污水收集量，存在污水溢流进入李村河现象，且李村河污水处理厂位于李村河下游，因处理能力受限、部分区域排污管网欠缺，对李村河省控断面水质造成了一定的影响。为解决这一问题，李村河污水处理厂于2019年底完成了提标改造及四期扩建（扩建5万t/d）工程。另外，为进一步改善流域内生活污水的收集处理，2018年5月，建成并运行了青岛中心城区首个全地下水质净水厂——张村河水质净化厂，其净化污水能力为4万t/d，该净化厂地下空间利用深度为18m，主要工艺采用国内技术领先的MBR超滤膜技术，过滤精度达0.1μm，出水水质达到《地表水环境质量标准》（GB 3838—2002）中Ⅴ类水的类Ⅳ类水质标准，满足娱乐性景观环境用水要求，具体水质指标如下：化学需氧量（COD_{Cr}）≤40mg/L、五日生化需氧量（BOD_5）≤6mg/L、固体悬浮物（SS）≤10mg/L、氨氮≤2mg/L、总氮（TN）≤15mg/L、总磷（TP）≤0.5mg/L、粪大肠杆菌≤500个/L、色度≤30，是青岛市目前排放标准最高、地下空间利用深度最深的水质净化厂，经处理的再生水可全部用于河道生态补水、城市景观绿化，形成水净化、水利用、水生态的区域水处理系统。张村河水质净化厂的建成运行，既优化了流域内污水处理设施布局，也为水质的提标起到了示范作用，对

环境保护和水资源利用有非常积极的意义。

3.17.3.3 深入推进雨污分流，改善河道水质

加强对沿岸村庄及支流暗渠雨污分流改造是河道水质提标的关键因素。目前已对市北、李沧、崂山三区沿岸的 29 个社区全部进行了雨污分流改造。累计铺设雨污水管网约 290km，完成污水处理模块 10 处。同时，结合两岸雨污分流改造，开展违法建筑拆除和“散乱污”企业排查清理等工作，共拆除违法建筑 10 余万 m^2，排查“散乱污”企业 230 家，清理、取缔、关停整改企业 106 家。加强污染点源排查，实施支流暗渠雨污分流治理。李沧区结合海绵城市建设，布设控源截污设施，取得了较好的效果。目前三区已排查治理完成污染点源 214 处，取消临时截污设施 112 处。通过实施雨污分流改造，减少了进入污水管道中的清水或雨水，减轻了污水处理厂运行负荷。

3.17.3.4 清理沉积垃圾淤泥、疏通河道，优化河道环境

针对河道及沿岸积存垃圾和河道内淤泥沉积严重的问题，组织辖区及有关单位制定清淤方案，开展积存垃圾和沉积淤泥集中清理行动。李村河流域清淤疏浚河段主要集中在李村河中下游、张村河、大村河及水清沟河中下游段，底泥清淤标准为有机物含量控制在 5% 以下，清淤长度达 22.72km，清淤量达 126.29 万 m^3；合理规划建设垃圾收集点共 23 处，包括在李村河中游和下游分别设置垃圾收集点 7 处和 4 处，张村河下游设置 8 处，水清沟河设置 4 处。2018 年 4 月底前已组织完成集中清理，共清理垃圾淤泥 60 余万 m^3，其中，市北区清理 3 万 m^3，李沧区清理 24 万 m^3，崂山区清理 25.7 万 m^3，原青岛市城乡建设委员会（现为青岛市住房和城乡建设局）共清理挡潮闸以下入海口处淤泥 9.3 万 m^3。同时，明确日常清理责任，特别是加大雨后清理力度。李村河流域全线的垃圾淤泥清理疏通了河道，减少了脏臭，改善了河道水质环境，为实现水质的提升发挥了重要作用。

3.17.3.5 实施生态修复和补水，提高自净能力

李村河整治在满足河流行洪安全的前提下，引入海绵城市理念，构建河岸边的缓冲带，整合生物栖息地系统、雨洪利用系统、健康绿道与当地文化民俗系统，恢复河道的生态调蓄功能。李村河流域生态修复措施主要包括生态湿地建设与生态护岸改造，其中，生态湿地建设主要区域为李村河中下游、张村河下游及大村河上游，湿地建设面积共 3.36 万 m^2；生态护岸改造主要集中在李村河中游、张村河下游和大村河下游，建设内容包括由硬质护岸改造为生态护岸和生态

护岸景观提升，李村河流域岸线总长度约54.5km，改造前生态岸线总长度约24.1km，占李村河流域岸线总长度的44.2%；生态护岸改造长度共16.7km，占李村河流域岸线总长度的30.6%，其中，硬质护岸改造为生态护岸的长度为9.8km，占李村河流域岸线总长度的18%，生态护岸景观提升长度为6.9km，占李村河流域岸线总长度的12.7%，改造后生态岸线总长度提升至40.8km，占李村河流域岸线总长度的比例提升至74.9%。

李村河属于典型的季节性河流，暴雨季节时河道内水位暴涨，而平时河道内水量较少，部分河段野草丛生、河床裸露，存在局部断流现象。为改善河道水动力循环、恢复河道生态，对李村河进行生态补水至关重要。李村河流域生态补水主要来源于城市污水处理厂再生水。目前李村河流域补水可达24万t/d：下游，郑州路与舞阳路交界处补水约5万t/d；中游，李村河、张村河两河口处补水15万t/d；上游，张村河水质净化厂补水4万t/d，形成上中下游三级联动的流域水环境综合整治创新模式。生态补水有利于增加河道景观水面，有效补充涵养地下水，提高河道环境容量，为保障李村河流域水清岸绿、常年形成生态径流、国控断面水质达标发挥了关键作用。

3.17.3.6　建立河道管理责任体系，提高管护水平

为明确管理责任，提高治理成效，2018年3月19日，李村河流域水环境治理工作领导小组办公室印发了《李村河流域水环境管理责任手册》，对李村河流域水环境治理架构体系、市区两级领导小组相关工作职能及河长人员清单、职责进行了明确规定，其中对李村河、张村河、水清沟河等长度约70km的10余条河道以社区为单元进行分段，进一步落实责任主体，共设置94位河长，负责河段的日常巡查、问题处置及宣传引导等工作，完成了跨区河道粗放型管理向精细化管理的转变，河道日常管护水平得到有效提升。

3.17.4　典型治理技术及经验

生态补水工程是治理李村河采取的重要措施之一。李村河流域生态补水主要来源于城市污水处理厂再生水，污水处理厂位于李村河流域下游，而生态补水点位分布在李村河上游、中游和下游，受李村河周边土地利用现状限制，岸边无再生水管道铺设条件，综合考虑立地条件，在李村河河底铺设再生水管道，用于河道补水。李村河在生态补水及调蓄整治过程中，通过结合管线非开挖定向钻穿越技术，创新性地完成了李村河再生水管道河底非开挖铺设工程，其中，管线非开挖定向钻穿越技术采用的是当今行业内最先进的DX-I型导向系统和GPS钻头跟

踪测量仪，解决了李村河流域两岸无再生水管道铺设条件的困境，并创造了山东省中水管线非开挖施工最大管径（DN1200）的纪录。

非开挖定向钻穿越技术是指不需挖开路面，用钻机钻孔、管道穿越、定向穿越及牵引等方式埋设或修复地下管道。我国从1985年开始引进水平定向钻技术，在长输油气管道建设项目方面，已成功穿越了我国境内多条大中型河流，包括长江、黄河、钱塘江、松花江、珠江等河流。非开挖定向钻穿越是目前输送管道穿越地面障碍、大中型河流的最好方法之一，非开挖定向钻穿越技术应用于再生水管道河底铺设，可有效解决土地利用现状与管道铺设的困境，为城市黑臭水体整治中生态补水再生水管道铺设受限的工程提供相关经验。

3.17.5 整治成效

经济效益：李村河流域黑臭水体整治前，因河道水质较差、环境较差，开发前景较差，周边区域住宅、商业开发项目限批；整治后，流域周边环境得到了改善，住宅、商业开发项目逐渐增加，带动了周边房地产行业发展。

环境效益：李村河中游段黑臭水体整治完成后，下游水质由原来的劣Ⅳ类逐渐稳定达到地表水Ⅴ类水标准，对下游的影响显著。目前，河道内水生植物丰富，水生动物活跃，常年消失的各种沿河栖息的鸟类也返回到李村河，李村河中游、下游基本实现了“水清岸绿，鱼翔浅底”的景象，成为一个新的活动乐园。

3.18 桓台县邢家人工湿地工程

3.18.1 水体基本概况

3.18.1.1 水体名称

桓台县邢家人工湿地工程处理对象为桓台县环科污水处理厂尾水，处理规模达5万 m^3/d。该工程建设范围为猪龙河东岸、桓台县环科污水处理厂周边的坑塘及北侧林场水系内，工程总占地面积为453亩，其中，潜流湿地区占地面积为173亩，表面流湿地区占地面积为145亩，生态修复湿地区占地面积为135亩（图3-64）。

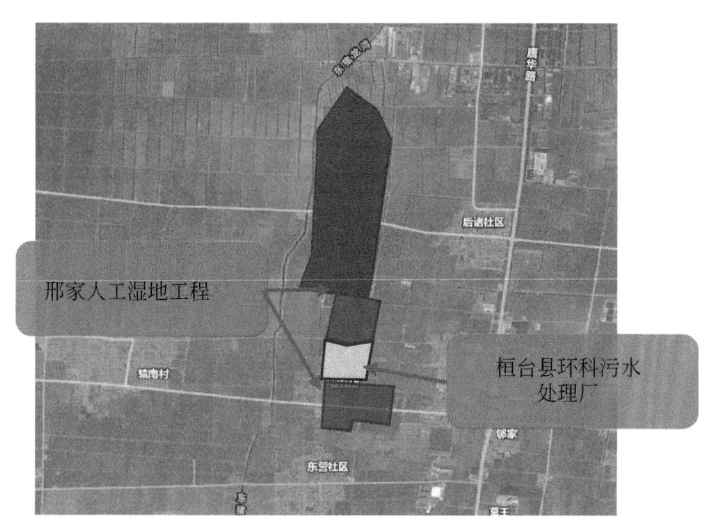

图3-64　项目区位

3.18.1.2　水体类型

桓台县环科污水处理厂位于桓台县唐山镇波扎店村北，分两期工程建设：一期和二期工程建设规模均达2.5万m^3/d，出水执行《城镇污水处理厂污染物排放标准》（GB 18918—2002）中的一级A标准。

桓台县环科污水处理厂出水为邢家人工湿地水源，邢家人工湿地分为潜流湿地单元和表面流湿地单元两部分，对环科污水处理厂出水进行深度处理，处理规模达5万m^3/d，水质主要指标达到《地表水环境质量标准》（GB 3838—2002）中的Ⅲ类水标准，一部分排入红莲湖景观用水，另一部分溢流至林场水系修复区后进入马踏湖水系。

3.18.1.3　修复前水质特征

2016～2017年桓台县环科污水处理厂进出水水质监测数据月均值见表3-8。

表3-8　2016～2017年桓台县环科污水处理厂进出水水质监测数据

（单位：mg/L）

时间		COD_{Cr}		氨氮	
		进水	出水	进水	出水
2016年	2016年1月	231	28.8	19.9	0.54
	2016年2月	203	22.7	47.1	0.65

续表

时间		COD_{Cr}		氨氮	
		进水	出水	进水	出水
2016 年	2016 年 3 月	162	23.4	41.2	0.77
	2016 年 4 月	216	22.3	24.9	0.79
	2016 年 5 月	150	23.1	25.7	0.69
	2016 年 6 月	184	23.8	19.6	1.37
2016 年	2016 年 7 月	154	24.3	18.7	1.15
	2016 年 8 月	186	24.7	21.3	0.99
	2016 年 9 月	321	25.0	16.3	0.81
	2016 年 10 月	335	27.9	18.2	0.95
	2016 年 11 月	358	27.4	20.8	0.68
	2016 年 12 月	403	28.7	24.7	0.51
	2016 年平均	242	25.1	24.9	0.82
2017 年	2017 年 1 月	339	26.4	20.6	0.50
	2017 年 2 月	286	35.4	26.0	0.43
	2017 年 3 月	249	31.6	25.2	0.65
	2017 年 4 月	168	25.7	18.3	0.82
	2017 年 5 月	151	25.4	22.2	0.48
	2017 年 6 月	147	27.3	14.4	0.52
	2017 年 7 月	241	27.3	17.6	0.91
	2017 年 8 月	280	25.6	16.2	1.41
	2017 年 9 月	343	32.8	27.2	1.45
	2017 年 10 月	327	31.0	31.6	1.12
	2017 年 11 月	290	26.7	58.1	0.52
	2017 年平均	256	28.6	25.2	0.80

由表 3-8 可知，2016～2017 年桓台县环科污水处理厂处理效果良好，出水完全达到《城镇污水处理厂污染物排放标准》（GB 18918—2002）中的一级 A 标准，基本为《地表水环境质量标准》（GB 3838—2002）中的Ⅴ类水标准，部分月份甚至达到《地表水环境质量标准》（GB 3838—2002）中的Ⅳ类水标准，但是总体而言桓台县环科污水处理厂出水水质仍不稳定，距离《地表水环境质量标准》（GB 3838—2002）中的Ⅲ类水标准存在较大差距，有待于进一步改善提升。

3.18.1.4　水体污染来源

近年来，随着桓台县社会经济的快速发展，桓台县境内的生活污水、工业废水和面源污染日益增加，为此桓台县建设了桓台县环科污水处理厂对桓台县境内污水进行深度处理。人工湿地处理来水为桓台县环科污水处理厂。

环科污水处理厂虽达标排放，但相对于马踏湖地表水Ⅲ类水质目标尚有一定距离，加之沿线部分分散式生活污水的汇入，猪龙河自身水体净化能力相对不足，导致猪龙河水质下降，因此猪龙河水质有待于进一步改善，污水处理厂出水水质需进一步提高。

3.18.2　修复目标及技术路线

3.18.2.1　修复目标

有效净化桓台县环科污水处理厂出水，经过湿地处理后的主要水质指标——COD_{Cr}、氨氮均达到《地表水环境质量标准》（GB 3838—2002）中的Ⅲ类水标准，减轻下游马踏湖和小清河的污染负荷。

3.18.2.2　修复技术路线

根据桓台县环科污水处理厂出水水质水量及周边土地利用现状，综合考虑技术的生态安全性、效果持久性、经济可行性和自然生态性，基于经济可行、技术稳定、管理简便的原则，确定桓台县邢家人工湿地工程采用人工湿地技术对桓台县环科污水处理厂出水进行深度处理（图 3-65）。

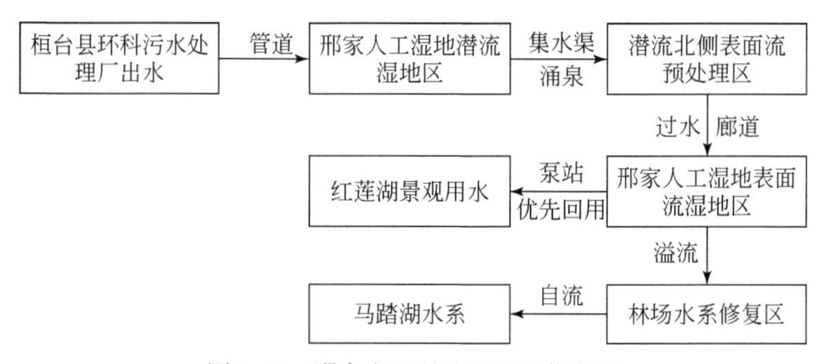

图 3-65　邢家人工湿地工程工艺流程

桓台县邢家人工湿地工程的总体思路为：

第一，该湿地工程在污水处理厂南侧坑塘内建设潜流湿地，通过管道将污水处理厂出水引至潜流湿地区，进行强化处理，大幅度削减污染负荷，出水优于地表水Ⅳ类水标准；

第二，该湿地工程出水再排入北侧波扎店表面流湿地区，进一步稳定至地表水Ⅲ类水标准后，作为生态补水回用于红莲湖再生水调蓄湖工程，多余的水排至北侧林场水系进行生态修复，最终经猪龙河汇入马踏湖。

工程建设特点如下：

1）有效净化桓台县环科污水处理厂出水，经过湿地工程处理后水质达到《地表水环境质量标准》（GB 3838—2002）中的Ⅲ类水标准，减轻下游马踏湖和小清河的污染负荷；

2）综合考虑环境、经济和景观等要素，遵循生态学原理和因地制宜的原则，建设具有水质净化与生态多样性功能的湿地生态系统，更好地发挥湿地调节气候、美化环境、保护生物多样性及涵养水源、净化水质等有益于自然生态平衡的各种效益；

3）在满足湿地水质要求的条件下，种植经济水生植物，提高湿地经济效益，并将湿地回用于生态补水、农业用水等，提高水资源利用率，力求达到环境效益、经济效益和社会效益的统一，实现湿地系统的可持续发展。

3.18.3 修复方案及效果

3.18.3.1 修复方案

(1) 修复方案总平面布置

该工程采用“潜流湿地+表面流湿地”组合工艺进行生态修复，对桓台县环科污水处理厂出水进行深度处理，处理规模达5万 m^3/d。

利用猪龙河东岸、桓台县环科污水处理厂北侧坑塘及林场水系建设桓台县邢家人工湿地工程，总占地面积为453亩。其中：①潜流湿地区位于桓台县环科污水处理厂南侧、济青二线天然气管线南侧的坑塘内，占地面积为173亩，污水处理厂出水通过管道引入潜流湿地区。潜流湿地区分为两级串联运行，出水经廊道流入表面流湿地区。②表面流湿地区（也称波扎店人工湿地工程）利用污水处理厂北侧的现有坑塘建设表面流湿地，占地面积为145亩，根据现场地形分为两级并联、三级串联运行。表面流湿地部分出水输送至红莲湖进行生态补水，多余的水排入生态修复区。③生态修复湿地区位于表面流湿地北侧林场水系内，占地面积为135亩，其部分进水来源于表面流湿地区，通过土方调整和植物种植进行区域内的生态修复，最终经周边沟渠汇入马踏湖。

(2) 潜流湿地建设方案

潜流湿地区位于污水处理厂南侧、济青二线天然气管线南侧的坑塘内，主要功能为：在湿地系统配置填料、基质，利用植物、微生物的协同作用对进水进行强化处理。

潜流湿地是该工程的工艺核心。结合地形在因地制宜的基础上，分单元采用模块化设计，将整个湿地系统划分为若干个湿地单元，各个湿地单元之间并联运行。通过湿生植物的优化配置，结合均匀布水和集水系统，构建一个具有良好水质净化效果和美丽景观效果的潜流湿地水质净化工程。采用模块化设计，单元模块有多种灵活的组合方式，这样可以很好地适应选址条件的变化。

潜流湿地系统由湿地床体、布水系统和排水系统组成。污水经分水井配送到潜流湿地的总布水渠内，各单元均在入口处设手动闸阀，进水经闸阀调流后，进入湿地单元配水区。通过布水堰将污水均匀投配至湿地区。在潜流湿地末端设置排水渠和放空渠，正常运行过程中，放空渠内的放空管闸门关闭，湿地由末端排水管排至排水渠，再排入北侧计划建设的波扎店湿地。当湿地床体填料表面生物膜累计较多及出现淤积现象时，关闭排水管，同时开启大管径的放空管，利用湿地床体内的较高水头将填料中的淤泥和脱落的生物膜以较高流速排出放空管，同时采用较大粒径的填料可减缓堵塞的时间。采用并联的运行方式可有效保证湿地正常运行和日常检修。

为提高湿地处理效率，需要进行合理的布水，根据现场土地布局，将潜流湿地分为东西两个分区并联运行。其中，潜流湿地西区占地面积为 90 亩，有效面积为 49 664m^2，共划分为 20 个单元格并联运行，潜流湿地单元尺寸为 32m×80m（分两级串联运行，一级湿地单元格尺寸为 32m×32m，二级湿地单元格尺寸为 32m×48m，预留 1 个二级湿地单元格为管理区），其他为管理区、道路及布水排水系统占地；潜流湿地东区占地面积为 83 亩，有效面积为 50 400m^2，共划分为 14 个单元格并联运行，潜流湿地单元尺寸为 36m×100m（分两级串联运行，一级湿地单元格尺寸为 36m×40m、二级湿地单元格尺寸为 36m×60m），其他为道路及布水排水系统占地。潜流湿地采用串联、并联的运行方式可有效保证湿地正常运行和日常检修。

湿地的填料设计：湿地床体主要由砾石层和防渗层组成。砾石层由两部分组成：上层采用粒径为 1～3cm 的细砾石，厚度为 60cm；下层采用粒径为 3～5cm 的粗砾石，厚度为 20cm；填料总铺设厚度为 80cm。在床体前端和末端分别设置配水区和集水区，配水区顺水长度为 4.0m，集水区顺水长度为 1.0m。进水配水区和出水集水区的填料常采用粒径为 3～5cm 的砾石，分布于整个床宽。为增强潜流湿地处理效果，在配水区之后设置长 10m 的火山岩填料层。

结构形式：底部由黏土压实，HDPE 膜防渗，四周为 C25 钢混墙。

潜流湿地设计参数包括设计流量（Q）、水力停留时间（HRT）、水力负荷（q）、潜流湿地有效面积和水生植物种植面积。其中，设计流量为 2083.3m^3/h，水力停留时间为0.8d，水力负荷为50cm/d，潜流湿地有效面积为100 064m^2，水生植物种植面积为100 064m^2。

（3）表面流湿地建设方案

表面流湿地主要功能：通过湿地植物的配置，进一步净化表面流湿地出水。

该工程利用污水处理厂北侧的现有坑塘建设表面流湿地，占地面积为145亩，根据现场地形分为二级并联、三级串联运行。表面流湿地区根据不同水深分别配置香蒲、莲、芦苇、睡莲、菹草和马来眼子菜等水生植物。通过配置挺水植物、浮水植物和沉水植物，提高表面流湿地的污水处理能力。考虑到表面流湿地部分区域水深较大，为提高水质净化效果，拟在表面流湿地开阔深水区实施设置生物岛栅及人工水草、浮水曝气机等强化处理措施。

表面流湿地设计参数包括设计流量（Q）、水力停留时间（HRT）、水力负荷（q）、有效深度、挺水植物种植面积和浮水植物、沉水植物种植面积。其中，设计流量为2083.3m^3/h，水力停留时间为1.3d，水力负荷为52cm/d，有效深度为0.7m，挺水植物种植面积为30亩，浮水植物、沉水植物种植面积为40亩。

（4）林场水系生态修复方案

A. 水域疏浚

遵循《桓台县城总体规划（2017—2035年）》，对表面流湿地区北侧的林场水系进行水道开挖，贯通整片湿地区水道，对水道边坡进行修整、减缓坡度，构筑浅滩，增加水生植物种植面积。水道开挖深度约0.5m，土方调整量共2万m^3，并建设一座控制闸调节进入林场水系的水量，控制闸宽2m、高1.5m。

B. 植物修复工程

基于工程区内整治后的地形，根据不同水深配置芦苇、香蒲等挺水植物和莲、睡莲等浮水植物及金鱼藻、苦草、黑藻等沉水植物，恢复稳定塘内的水生植物，提高湿地系统的生态多样性；在保证水质的条件下，适量投加鲤鱼、鲫鱼、乌鳢、虾和泥鳅等动物。

1）挺水植物、浮水植物：在滩地及浅水处（0～1.2m），可选择具有较强水质净化能力的植物，如湿生植物（菖蒲、黄花鸢尾、水芹和千屈菜）、挺水植物（水葱、香蒲、芦苇、茭白）；水深较深处（1.0～2.0m），选择具有较强水质净化能力和观赏能力的浮水植物（莲、野菱、睡莲和芡实）。通过构建、修复水生植物，以提高湿地系统的水质净化能力及生态稳定性。浮水植物种植面积为20亩。

2）沉水植物：在湿地系统内的深水区，选种常见的喜温且具较强水质净化能力的金鱼藻、苦草、黑藻、红线草及喜凉的菹草，不同植物分片进行种植。沉水植物种植面积为20亩。

C. 强化处理措施

考虑到林场水系部分区域水深较大，为提高水质净化效果，拟在林场水系开阔深水区实施设置浮水曝气机、生物岛栅及人工水草措施。其中，浮水曝气机共10台，功率为1.5kW/380V；生物岛栅面积为1400m^2；人工水草面积为1200m^2。

3.18.3.2　湿地修复建设效果

桓台县邢家人工湿地工程自建设完成以来，有效削减了桓台县环科污水处理厂出水中的污染物质，可削减COD总量约456.25t/a、NH_3-N总量约45.625t/a。工程的建成明显提高了桓台县环科污水处理厂出水水质，改善了该区域的生态环境。水质的提高和景观的改善还使沿岸居民生活环境得到改观。

污染物质的大量去除为马踏湖流域的水质改善奠定了基础。人工湿地建成后，起到了涵蓄水源、调节水量的作用。经过湿地处理的达到地表水Ⅲ类水标准的水，作为生态补水直排入红莲湖再生水调蓄湖工程，逐步缓解当地用水紧缺的状况，有利于促进该区域环境的良性发展。

3.18.4　修复核心技术

3.18.4.1　技术名称

根据湿地的构成和生态系统特征，湿地的生态修复可概括为湿地生境修复、湿地生物修复、湿地生态系统结构与功能修复3个部分，相应地，湿地的生态修复技术也可以划分为三大类。

（1）湿地生境修复技术

湿地生境修复的目标是通过采取各类技术措施，提高生境的异质性和稳定性。湿地生境修复包括湿地基底修复、湿地水状况修复和湿地土壤修复等。湿地基底修复是通过采取工程措施，维护基底的稳定性，稳定湿地面积，并对湿地的地形、地貌进行改造。湿地基底修复技术包括湿地基底改造技术、湿地及上游水土流失控制技术、清淤技术等。

湿地水状况修复包括湿地水文条件的修复和湿地水环境质量的改善。湿地水文条件的修复是通过疏通水系等水利工程措施来实现；湿地水环境质量的改善技术包括污水处理技术、水体富营养化控制技术等。需要强调的是，由于水文过程的连续性，必须严格控制水源河流的水质，加强河道上游的生态建设。湿地土壤修复技术包括土壤污染控制技术、土壤肥力修复技术等。

（2）湿地生物修复技术

湿地生物修复技术包括物种选育和培植技术、物种引入技术、物种保护技术、种群动态调控技术、种群行为控制技术、群落结构优化配置与组建技术、群落演替控制与修复技术等。

（3）湿地生态系统结构与功能修复技术

湿地生态系统结构与功能修复技术包括生态系统总体设计技术、生态系统构建与集成技术等。湿地生态修复技术的研究既是湿地生态修复研究中的重点，又是难点。

基于工艺经济、技术稳定、管理简便的设计原则，综合考虑生态保护与水质净化相协调、环境效益和经济效益并重、湿地建设和城市规划相统一，根据本地区的地形地貌特征，确定湿地生态修复工程方案。在全面查清本区域内湿地资源本底和环境状况的基础上，修复湿地植被并加强保护设施，为桓台县邢家人工湿地工程的建设和运行奠定基础。

3.18.4.2 技术原理

湿地修复工程生态学原理：湿地修复工程是利用生态学原理，应用自然界中物质循环转化并最终得以净化的一些规律，辅以少量人为强化的工程措施对工程进行调整，来达到防治环境污染的目的。所参考的生态学原理主要包括以下4方面。

（1）生态适宜性原理和生态位理论

在工程设计时先调查区域内的自然生态条件，如土壤性状、光照特性、温度等，根据生态环境因子选择适当的生物种类，让最适应的植物或动物生长在最适宜的环境中，以发挥其最大的净化功能和景观效益。同时又要避免引进生态位相同的物种，尽可能使各物种的生态位错开，使各种群在群落中具有各自的生态位，避免种群之间的直接竞争，保持群落的稳定。

（2）生物多样性原理

根据生物多样性和环境污染状况存在的对应关系，利用生物多样性指数来对环境的污染状况进行生物学的监测。在水体治理中，通过投放、放养布置适当的各类生物，通过各种措施为生物创造适宜的环境条件，最终使生物恢复到种类繁多而均衡、物流能流畅通、自我净化修复能力极强的洁净状态下的生态体系。

（3）食物链原理

通过放养滤食性生物、食草鱼，布置合适的水生植物种群体系，使湖中的有机污染物大部分被降解转化成稳定的无机物，一小部分被同化合成为水生生物以水产品的形式从水体中捕获采收取走，以达到降低污染物浓度的目的。

（4）生物间互利共生原理

利用生态系统中生物之间的相生、相克关系，促使清洁状态良性循环系统中出现的生物种类生长，通过捕食作用使种群内生物的数量保持在一个合适的范围内，并使生物多样性保持在一个较高的水平上。

桓台县邢家人工湿地工程严格以湿地生态学理论为指导，按照湿地生态系统机理和演替规律进行。需要对现有坑塘进行疏浚、植物修复和护坡建设，实施重点修复、培育、涵养、保护。

工艺选择：根据《小清河流域生态环境综合治理规划方案》和《马踏湖生态环境保护试点总体实施方案》，结合桓台县城市建设规划要求，该湿地执行《地表水环境质量标准》（GB 3838—2002）Ⅲ类水标准要求。对流域的生态恢复过程进行强化，使之向提高自净能力、改善水质与生态环境、恢复自身应有生态功能的有利方向尽快转变，改善当地水环境才是流域水污染综合治理的根本。

湿地是陆地和水体之间的过渡地带，具有独特的生态结构和功能，是自然环境中自净能力很强的区域之一。人工湿地可以利用天然或人工构筑水池或沟槽，在底面铺设防渗层，并充填一定深度的土壤和填料组成填料床，表面种植一些生长快速的耐水植物（如芦苇、香蒲等），形成一个含多种基质和生物的独特生态环境。因而人工湿地是一种针对污染河水的良好的生态净化技术。

根据水流方式，人工湿地可以分为潜流和表面流两种。其净化机理主要包括过滤和沉降、吸附和离子交换、污染物的降解、植物对营养物质的吸收、对病原体的灭活。

表面流湿地类似于天然沼泽湿地，污水在湿地床体表层流动，水位较浅，一般介于0.1～0.6m。这种类型的人工湿地具有投资少、操作简单、运行费用低等优点。缺点是占地面积大，水力负荷低，去污能力有限，受气候影响较大，夏季会滋生蚊蝇、散发臭味。除了改善水质外，表面流湿地还附带美学价值和为水生野生动植物提供栖息地的功能。表面流湿地常用于湖泊、河流的水质净化与生态修复。

在潜流湿地系统中，污水在湿地床体内部流动，可以充分利用基质层表面生长的生物膜、丰富的植物根系及基质截留等作用，有效延长水力停留时间，提高湿地系统的处理效果和处理能力，同时由于水流在土壤层以下流动，故具有保温性较好、处理效果受气候影响小、卫生条件较好等优点，是目前研究和应用较多的一种湿地系统。相对于表面流湿地，潜流湿地存在易阻塞、管理复杂、投资较高及环境友好型较差等缺点。

3.18.4.3 技术适用范围

人工湿地水质净化工程是突破企业污染治理设施与环境基础设施对水处理工艺技术瓶颈、实现水质由废水排放标准向地表水环境质量标准跨越的关键，是流域水污染综合治理的关键环节之一。

根据国内流域综合治理的探索经验，基于因地制宜、经济可行的原则，人工湿地水质净化工程建设要高起点规划，因地制宜选择最佳的工艺，重点点源排放口、支流入干流排放口、河流入湖口都要合理规划人工湿地项目，既要确保有足够的接纳废水、稳定出水水质的能力，又要考虑尽量节约用地、集约用地。人工湿地的建设模式可分为五种：

1）重点点源排放口人工湿地工程模式。即在水质要求高的重点流域内的污水处理厂及污染企业等重点点源排放口，因地制宜地利用周边闲置土地或坑塘建设潜流湿地或表面流湿地工程，对外排水进行深度处理，确保入河水达到水质标准要求。

2）河流入湖口人工湿地水质净化工程模式。即在河流入湖口附近建设人工湿地水质净化工程，将河水引入人工湿地进行强制净化，以确保入湖河水达标。

3）河道走廊湿地恢复工程模式。即利用河道两侧的河滩地，进行湿地修复，以提高河流自净能力，强化河流水质净化作用。

4）湖滨带湿地修复工程模式。即采用人工的方式，进行退耕还湿、退池还湿，将湖滨带现在的耕地、鱼池等恢复为原来的自然湿地状况。

5）湖区湿地修复工程模式。将湖区或库区内现在的耕地、鱼池恢复为原来的湿地系统。

人工湿地水质净化工程的建设，是小流域“治、用、保”综合治理思路的关键环节之一，也是净化流域内污染物的最后一道屏障。人工湿地水质净化工程建设的成败，直接关系到能否实现流域水质的目标。

3.18.4.4 修复技术特点

1）基建、运行费用低，管理方便，经济可行。首先，生物/生态技术可以利用太阳能作为污染净化系统的能源，通过微生物和动植物的自然生长来降解、吸收、转移河水中的污染物，较少需要输入人工的能源和物质。其次，微生物和动植物在一定条件下都能按照一定规律自行生长繁殖，发挥水质净化作用，较少需要人为管理以维持净化系统的运行。

2）副作用小，对环境没有危害或者危害很小。生物/生态技术利用自然界原有的或者经过略微改造的生物，而非人工物质来净化河水，环境相容性好，不存在对环境的二次污染。稳定的河水生物/生态净化系统内部的物质转换和能量流动处于平衡状态，各种生物之间相互依存、相互制约，不容易对外界环境造成冲击。

3）能自我调整，适应环境的变化。微生物有很强的变异能力，植物也具有一定的自我调节能力，因此当河水的污染物发生改变时，生物/生态技术在一定程度上仍旧能够发挥水质净化作用，同一种技术对不同类型的河流水质污染有较好的适用性。

4）可与亲水景观建设相结合，外在表现形式自然亲切，更富人性化。生物/生态技术利用天然的生物，而非人工的化学物质或水处理设施等来净化河水，能较为容易地与原有自然环境相融合。

生物/生态技术及其衍生的各项节点技术在污染河流治理中得到了越来越多的重视和实际应用。目前采用人工湿地和滞留塘技术对受损河道、湖泊及坑塘、荒地进行生态修复和水质净化的理念已逐渐推广起来。

3.18.4.5　技术创新点

该湿地工程设计时应用的主要技术及措施包含以下方面。

(1) 潜流湿地防堵塞技术

主要体现在布水方式、填料级配、导流排空设计、可调的水位控制等方面，通过优化设计，保证潜流湿地的稳定运行，同时通过不同植物优化布置，提高潜流湿地净化效果。

(2) 因地制宜的布水技术

在土地可利用面积受限制区域采用管道布水方式，节省布水系统占地面积；在地形开阔区域采用布水明渠方式布水，在保证布水均匀性的同时，在潜流湿地前端进行跌水充氧，增强潜流湿地处理效果。

(3) 潜流湿地脱氮除磷强化处理技术

针对氮磷含量较高的湿地进水，潜流湿地特设火山岩填料层，增强潜流湿地的处理效果。

(4) 强化脱色处理措施

针对色度较高的湿地进水，潜流湿地特设火山岩填料层，增强潜流湿地的脱色效果，同时于潜流湿地后续建设表面流湿地，通过水生植物作用进一步降低水体色度，提高水体感官。

(5) 适合北方气候的潜流湿地技术

潜流湿地冬季低水位运行，可以在湿地水位与种植土之间形成一层空气隔离层，防止水流冻冰，湿地表层将收割后的植物覆盖地表，起到保温作用。

（6）湿地植物水质净化技术

通过湿地植物水质净化能力和典型污染物耐受能力评价研究，筛选确定了适用于湿地水质净化技术的植物种群库；通过水深和布水方式对水质净化技术的影响效果研究，优化确定了水深、布水方式等湿地植物水质净化技术的关键工艺参数。

（7）湿地水力流态优化技术

通过优化分级布水、水力导流、流速控制等措施，优化水力布局，减少死区和短流，提高湿地系统处理效果。

（8）潜流湿地池体稳固技术

潜流湿地工程中围堰、隔墙采用 C25 钢混结构，增强潜流湿地的稳固性，虽相比于砖混结构投资较高，但可确保潜流湿地长期稳定运行，确保水质目标的实现。

3.18.5 运行维护要求

3.18.5.1 湿地主要运行指标及要求

水质水量指标包括进水水量和进出水水质指标。其中，进水水量 Q 为 $5\times10^4m^3/d$，进出水水质指标详见表 3-9。

表 3-9 本湿地工程进水、出水指标 （单位：mg/L）

污染物类型	COD_{Cr}	NH_3-N
进水水质	45	3.5
出水水质	20	1.0

其他运行要求包括：①各单元均匀进水，床体表面无壅水、布水无死角；②床体表面污物、淤泥、植物残体等及时清理，不得出现腐败植物残体；③管道无损坏，池体池壁无跑冒滴漏现象；④植物无病虫害。

3.18.5.2 湿地运行管理

（1）日常维护与管理

A. 水位控制

密切关注湿地内水位的变化，当水位发生较大变化时，要立即对人工湿地处理系统进行详细的检查，查看是否出现渗漏、管道堵塞或护堤损坏等情况。

1）在启动阶段，初期可将水位控制在地面下 25mm 处，按设计流量运行 3 个月后，将水位降低至距床体 0.2m 处，以促进植物根系向深部发展，待根系深入床体后，再将湿地水位调节至正常水位运行。

2）湿地植物成活后的生长季节，每个月将湿地排干一次，然后马上升高水位，将氧气带入湿地。这有助于氧化沉淀在湿地里的有机碳化物、硫化铁和其他缺氧化合物。

3）冬季湿地运行时要保证湿地正常水位，以免湿地植物根系受冻死亡。

B. 进出水装置维护

对进出水装置（主要为湿地内各蝶阀）要进行周期性的检查并对流量进行校正。同时要定期去除容易堵塞进出水管道的残渣。

1）对进出水阀门定期检修。

2）采用高压水枪或机械方法对进出水管道进行定期的冲洗。

3）当湿地系统的漫流情况严重时，需要将系统前端1/3部分的植物挖走，并挖出填料，更换新的填料并重新种植植物。

C. 护堤维护

定期清除护坡和道路两边及潜流湿地内部的杂草，以免杂草蔓延到人工湿地处理系统中与湿地植物形成强有力的竞争。

（2）关键问题控制

A. 堵塞问题

1）针对有机质积累的空间分布特点，湿地设计及施工过程中已采用了科学的填料级配方式，在靠近进水口端可以采用粒径较大的砾石作为过滤材料。

2）对于由植物造成的有机物堵塞，需每年霜降后收割植物的地上部分，同时每月对凋败植物残体进行清理。

3）当潜流湿地床体壅水时，采用间歇的进水方式运行湿地（不可选在冬季），日间进水夜间排空，或经常性对床体进行排空，延缓系统堵塞。

4）对于已经堵塞的填料层可对湿地单元格进行轮作，并更换表层填料。

B. 冬季保温

人工湿地是一个人工的自然系统，受气候影响比较大，特别是在冬季，存在防冻和植被枯死、表面冻结造成床体缺氧等许多问题，甚至发生管道破裂等问题。针对潜流湿地的保温措施如下：

1）该工程进水为污水处理厂达标出水，水温保持在18℃左右，冬季经过潜流湿地后出水水温在10℃左右，湿地内植物根系及表面微生物群仍可继续发挥作用。

2）可在冬季将收割的湿地植物铺在湿地表面，并在上面覆盖一层薄膜，薄膜上还可覆盖树皮、树干、木屑等材料，这样可使填料床内被处理水的水温保持在10℃左右，保证冬季人工湿地系统的净化效果。

C. 野生生物控制

人工湿地处理系统运行起来后，会慢慢出现一些野生生物，如鸟类、哺乳动物、爬行动物和昆虫等。然而，针对某些对湿地系统及周围环境带来不良影响的野生生物，则必须加以控制。

1）鼠类等啮齿类动物会严重损坏湿地系统中的植物，可临时提升运行水位或采用捕鼠夹来诱捕。

2）昆虫可危害人工湿地中的植物健康，使植物感染病虫害。可以在湿地附近营造一些鸟巢，吸引麻雀或燕子等鸟类入住，这些天然的捕食者可以在控制昆虫方面发挥积极的作用。只在虫害严重时喷洒农药。

（3）主要设备运行管理

A. 主要设施

主要设施见表3-10。

表3-10 主要设施

序号	名称	单位	规格/型号	数量	备注
1	进水、旁通蝶阀	个	DN700	2	位于潜流湿地进水端，检修时关闭
2	排空阀	个	DN200	72	位于潜流湿地排泥管端，湿地放空时开启
3	总排水阀（蝶阀）	个	DN700	2	位于潜流湿地2#出水渠末端，检修时关闭
4	总排空阀（蝶阀）	个	DN700	4	位于潜流湿地出水渠末端，湿地放空时开启
5	布水管道	m	DN200	—	基质填料上层
6	收水管道	m	DN110	—	埋于基质填料底部
7	排空管	m	DN200	—	埋于基质填料底部
8	带闸阀涵管	个	DN500	6	东一区与西一区表面流湿地之间
9	涵管	个	DN500	28	各表面流湿地区之间（控制水流方向）
10	出水阀	个	闸阀	2	东三区表面流湿地北侧
11	在线监测房	座	—	1	在线监测设备及喷泉曝气设备控制
12	风能曝气机	个	—	3	无需动力
13	喷泉曝气机	个	2. 2kW	8	位于表面流湿地区

B. 设备运行管理

1）控制对象：湿地进水手动蝶阀2个，单元格内排空阀72个，总排空阀4个，总排水阀2个。

2）控制方法：手动。

3）排空管阀门控制：湿地单元格排空阀及总排空管阀门每月开启一次。

4）其他手动蝶阀控制：运行时湿地单元内部手动蝶阀常年开启；潜流湿地调试与维修时关闭潜流湿地进水蝶阀，打开旁通蝶阀。

（4）植物维护

植物3月起分株移植，10月霜降后进行收割。植物生长期多伴有病虫害，常见的有蚜虫、棉铃虫等，发现后尽量采用人工剪除的办法去除，避免药液喷洒对水质的影响。潜流人工湿地植物越冬方式及分植详见表3-11。

表3-11　潜流人工湿地植物越冬方式及分植

名称	越冬方式	对策	分植	分植时间
黄菖蒲	根茎越冬	自然越冬	分株	3~7月
千屈菜	宿根	自然越冬	枝条扦插	3~9月
水葱	根茎越冬	自然越冬	匍匐茎移植	3~7月
香蒲	根茎越冬	自然越冬	分株	4~6月
再力花	根茎越冬	自然越冬	块茎带芽分割	3~9月
菰	根茎越冬	自然越冬	分株	3~7月
水生美人蕉	根茎越冬	自然越冬	块茎带芽分割	3~9月

第4章　华　中

4.1　长沙市圭塘河井塘段黑臭水体整治

4.1.1　水体概况

4.1.1.1　基本情况

圭塘河是长沙重要的城市内河，南北贯穿雨花区，系浏阳河一级支流，发源于跳马镇石燕湖水库，在黎托街道花桥村汇入浏阳河，全程约25.3km，流域面积为108km^2。圭塘河治理过程长达十几年，成效显著，尤其是近年来，雨花区下定决心举全区之力启动全流域综合治理，在流域统筹、科学施策、综合整治思路指导下，水质明显好转，水污染治理工作不论是效果还是社会影响、群众口碑，均取得了较好的阶段性成效。但是还是存在生态基流不足、截污不彻底、河道下游淤积严重等问题。

圭塘河井塘段城市双修及海绵城市建设示范公园位于圭塘河中下游，南起长沙市雨花区香樟路北至劳动路，东侧为万家丽路高架桥，西侧有新星小区、锦源小区等多个高密度小区，公园占地面积约33hm^2，沿圭塘河全长约2.3km。该段汇水区面积约9.5km^2，且汇水区内硬化率极高，几乎没有雨水调蓄和净化的功能（图4-1）。管网大部分为合流制系统，河道东西两岸共有13个大型排口溢流进入圭塘河。

4.1.1.2　问题分析与评估

圭塘河井塘段位于城市的中心区域，周边城市开发强度很大，硬化面积大，圭塘河周边绿地成为该段为数不多的城市绿色空间，但是也存在诸多问题（图4-2）。从流域来说，缺乏整体流域理念的统筹规划，城市发展呈现孤立化、碎片化的开发与发展态势。景观与水利工程脱节，亲水性不足，河道与城市割离。河道为“三面光”渠道排水系统，生态状况差。汇水区域内硬化率高，缺

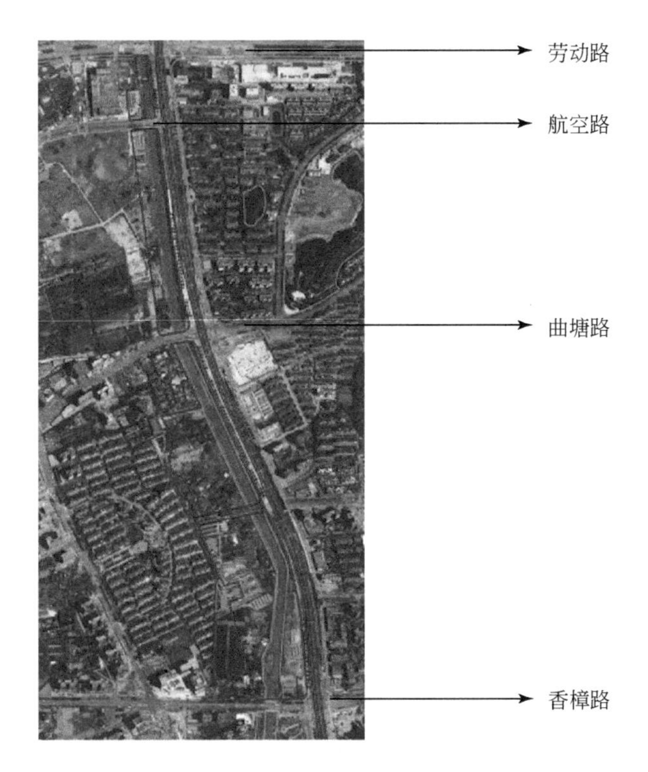

图 4-1　井塘公园范围红线

少调蓄空间，暴雨时很容易造成“城市看海”，河道水位暴涨暴跌。全年大部分时间水量很少，无法保障生态基流。初雨及合流制溢流水直排河道，并与污水处理厂尾水一起成为河道主要的污染负荷，圭塘河水质环境恶劣。

图 4-2　圭塘河井塘段整治前状况

4.1.2 整治目标

圭塘河井塘段城市双修及海绵城市建设示范公园的建设目标是重塑长沙生命之河，打造圭塘河海绵流域经济带，建设成为河道综合整治示范项目 4.0 升级版。具体体现在如下几个方面：

拓宽行洪断面、降低洪峰水位，缓解城市内涝，全段满足百年一遇防洪标准；对初雨及合流制溢流水进行生态处理，确保圭塘河入水水质达近地表水Ⅳ类水质标准；进行海绵城市建设，公园内部年径流总量控制率达 90% 以上，集水区 COD 污染负荷远期降低至 175kg/(hm^2 · a)；恢复圭塘河历史自然河道，重构河流生态系统；经处理后的初雨或合流管网溢流水补充河道，增加圭塘河生态基流；结合水处理工程及河道改造，构建丰富的动态河流景观与近自然的河岸景观公园，将河道与城市融合，在寸土寸金的城市中心区域实现土地多功能集约利用。

4.1.3 整治方案

该项目不单纯是以景观或建筑为主的公园设计，而是在复杂边界条件下多专业平衡、综合的结果，涉及的专业有河道水利、城市排水、水处理、海绵城市、城市设计、建筑设计、景观设计等，各专业间相互交叉、互为条件。河道改道、拓宽，增加了东岸的建设面积，城市设计形态更加丰富，创造了更加丰富的滨水景观。雨水溢流池、截污干管、生态滤池、海绵城市建设为河道生态基流、水质提供保障，并提供清洁水源；城市设计、建筑设计为项目带来活力，创造收益。

河道改道：将现状硬质“三面光”河道恢复到历史上自然蜿蜒的河道形态。降低河水流速，增加河道长度，设计了生态岛、浅水湿地等，增加河道的自我净化能力，重塑河道生态系统。

退城还河：将现状被城市建设占用的历史河道、河滩区域重新还给河道，将河堤后移与城市道路结合，打通城市与河道的连接，扩大河道的过流断面，增加调蓄空间。城市与河道之间形成绿色空间与蓝色空间重叠的缓坡区域，做到蓝绿重叠空间在不同时间上的充分利用。即在非洪水期间，重叠空间作为公园绿地设施；在洪水期间，重叠空间作为额外过洪通道，保证防洪安全。公园南部整体河道位移 40 ~ 70m，破除了原来的渠化河道，增加了约 81.5% 的行洪空间。

调蓄与生态处理：对项目区域的 13 个大型排口进行改造，重新设计了项目区域的截污干管系统，增加 6 个地下雨水溢流池，调蓄容积近 20 000m^3，设置 9

个与地下雨水溢流池配套的地上生态滤池（生态滤池是一种近自然的水处理设施，运营维护极为简单，不需要额外添加任何化学或生物添加剂，是一种低成本、生态的水处理设施），调蓄容积近 20 000m^3，可收集并调蓄处理项目 9.5km^2 集水范围内大型排口的合流制溢流污水，每年约有 137 万 m^3 合流制溢流污水通过处理之后再排入圭塘河，从而减轻污染负荷，增加圭塘河枯水流量，从根本上解决河道黑臭的问题。同时，加入了中央控制系统，对 6 个地下雨水溢流池进行中央控制、智能化管理，实现精准治污（图 4-3）。

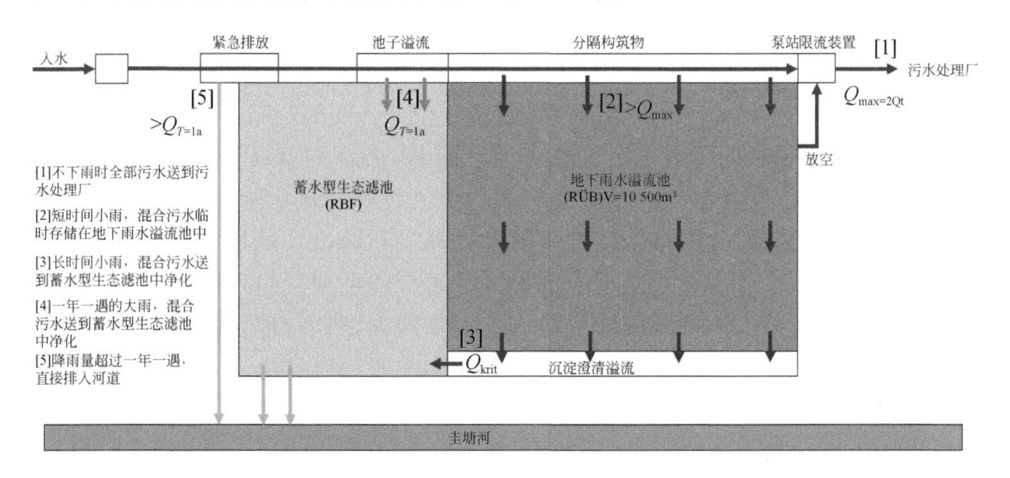

图 4-3　雨水溢流池与生态滤池原理

海绵城市建设：在项目 9.5km^2 集水范围内，全面推进海绵城市建设，通过实施海绵小区改造、海绵道路改造、调蓄池塘利用等措施，从源头上对雨水进行控制，延长雨水进入圭塘河的时间，控制雨水径流量、径流污染与径流峰值，集水区 COD 污染负荷远期降低至 175kg/(hm^2 · a)。在井塘公园内进行海绵小区建设，实施了设置植草沟、雨水花园、调蓄水体、生态停车场等措施，增加调蓄容积 7230m^3，年径流总量控制率达到 90% 以上。

集约用地：项目将生态修复治理工程与公园景观相结合，在空间高度集中的城市中心区域实现生态修复治理功能与公园景观的叠加、与雨花区本土历史文化的融合。景观设计根据河道不同时间的水位变化，进行逻辑有效的空间布局，为不同人群提供丰富的活动场所、体育活动场地和亲水体验。提高市民生活品质，丰富生活方式，增强人和自然的沟通。井塘村特色的一口井三口塘作为独一无二的特色景观融合历史村落设计，打造只属于本地的记忆元素。商业空间合理布局，为公园前期建设和后期维护提供资金支持。通过对本段的景观公园的建设，连接上下游，成为城市高密区域的生态纽带，提升整体城市品质，为市民提供文化、休闲、聚会交友的理想场所。

4.1.4 整治措施

4.1.4.1 控源截污

本段原有 DN2000 的截污管沿河铺设，根据排水专项规划，随着城市的快速发展，圭塘河西岸需要增加一根 DN1800 的截污管，以满足规划二期泵站（劳动路北泵站）的规模要求（旱季处理规模为 40 万 t/d，雨季处理规模为 80 万 t/d）。在圭塘河井塘段总体方案指导下，河道改道移位，使得西侧现有截污管 DN2000 与新设计的河道多处交叉，所以将截污管移位是十分必要的。结合规划需求，思路是将现状截污管和规划截污管的功能合为一根 DN2600 的截污管。而不交叉的位置，则结合河道公园的建设，保持现状截污管，新增一根规划管道。

所有与圭塘河排放口相连的合流制管道都接到新设计的地下雨水溢流池或溢流管道中。旱季及小雨时的污水都接入截污管道系统；超过限流能力的混合水，将溢流进入地下雨水溢流池，进行进一步的调蓄和存储；持续降雨时，轻度污染的雨水从地下雨水溢流池进入下游的生态滤池进行处理；只有在大雨情况下，高度稀释的雨水在超过池体调蓄能力时才发生溢流排入圭塘河；降雨结束后，地下雨水溢流池将自动反冲洗，反冲洗后的废水排入截污管。通过以上在不同天气工况采用不同的运行治理方式，达到精准治污的效果。基于经济技术比较分析，最终本段设计 6 座地下雨水溢流池，调蓄容积近 20 000m^3，同时设置 9 个生态滤池，调蓄容积近 20 000m^3。经过模型计算，处理效果比截污倍数为 5 的截留合流制系统还要好，减排作用非常明显。通过构建雨水溢流池及生态滤池等末端调蓄设施，可显著改善合流溢流状况，对提升圭塘河水质效果明显。

4.1.4.2 生态修复

生态滤池是深度净化雨水的设施，池内填充不同粒级的沙砾，其上种植芦苇。类似于雨水调蓄池，雨水在生态滤池中可以被滞留并储存（滞留）。生态滤池中储存的雨水通过砂滤层被渗透排空，雨水通过过滤被净化，净化通过不同的作用进行，固体的物理净化分离通过砂砾表面的过滤作用进行。另外，溶解物通过与过滤滤料长时或暂时的化学反应从水中被去除。然而，生物净化过程才是最重要的净化部分。过滤滤料的颗粒表面为净化雨水的细菌提供了营养源和生存地。细菌通过消耗氧气将有机污染物（COD）分解为二氧化碳和水。因此营养物的供应（污染雨水的供给）和氧气的供应（降雨结束后的干旱天气）对于好的净化效果是十分必要的。根据以往项目的实践经验，生态滤池对于 COD 的净化率达到 85% 以上，对于 BOD_5 的净化率达到 90% 以上，对于氮和磷的净化率约为 50%。本段根据调蓄池位置配套设计了 9 座生态滤池。

为了构建一条结构丰富的近自然河道，破除了现状河道硬质护坡，采用了生态护坡与挡墙，打通了地下水与河道的联系通道，设计了具有不同水深、流速和底部基质的蜿蜒的河流流径。枯水流槽设计为 0.5m 深度，保证水温不至于急剧变化，旁边设置了深潭浅滩区域，承接来自生态滤池的出水。河道中心设置了生态小岛，生态小岛及河岸边种植了种类繁多的水生植物，如美人蕉、芦苇、菖蒲、再力花、狗牙根等，为动植物提供了丰富的生境，构建了稳定的河道生态系统。

4.1.4.3　管理措施

2017 年雨花区政府出台了《长沙市雨花区圭塘河流域综合治理“四年行动计划”实施方案（2017–2020）》，明确了圭塘河治理的总体目标、主要任务、制度保障、工作举措等。

4.1.4.4　其他措施

公园内部雨水通过海绵城市措施收集处理后再排入河道，补充河道生态基流。公园内部湖体采用自循环系统及除磷措施保障其自身水质达到地表水Ⅲ类水标准。

4.1.5　关键技术

4.1.5.1　技术名称

1）流域水文模型、排水管网水力模型、河道模型及水质模型的综合利用；
2）雨水溢流池、生态滤池初雨及溢流污水处理系统的综合利用。

4.1.5.2　技术原理

1）各个数学模型的耦合综合利用能为黑臭水体治理提供科学的依据，通过不同工况的模拟找到技术与经济最优的解决方案。其中，流域水文模型可以准确预计汇水区域的水文状况及污染物负荷情况，排水管网水力模型能够模拟管网内流量、流速、水位等水力状况，河道模型可以模拟不同降雨强度河道水位、流速、流量等状态，水质模型可以预计未来措施实施后能够实现的水质目标。以上各个模型的运用能够为具体的工程措施设计提供科学的依据，能够快速地对方案调整带来的变化做出预测。

2）雨水溢流池+生态滤池系统运行原理为：旱季及小雨时的污水都接入截污管道系统；超过限流能力的混合水，将溢流进入雨水溢流池，进行进一步的调蓄和存储；持续降雨时，轻度污染的雨水从雨水溢流池进入下游的生态滤池进行处理；只有在大雨情况下，高度稀释的雨水在超过池体调蓄能力时才发生溢流排入圭塘河；降雨结束后，雨水溢流池将自动反冲洗，反冲洗后的废水排入截污管。通过以上在不同天气工况采取不同的运行治理方式，达到精准治污的效果。

4.1.5.3 技术适用范围

1）模型技术适用范围很广，根据项目的具体情况可以选择不同的模型或者多个模型耦合应用。

2）雨水溢流池+生态滤池系统适用于处理分流制排水系统初雨污染或者合流制排水系统末端溢流污染。

4.1.5.4 技术特点及创新点

1）数学模型的技术特点是科学、精确，可与实际情况进行校核，并且能够快速地模拟多个工况情况，为决策提供科学依据。

2）雨水溢流池+生态滤池系统的特点是能够精准治污，将不同浓度的污水分别进行处理，在投资相对较小的情况下达到很好的治污效果。其处理之后的水还能给河道补充达标的清洁水源。该系统后期运行维护简单，不需要持续的投入，是一种可持续的近自然的治理方式。

4.1.5.5 该技术实现的水体整治效果

由4.1.4.1节可知，通过雨水溢流池+生态滤池措施能够保证排入圭塘河的水质稳定达到地表水Ⅳ类水标准，其治污效果比截污倍数为5的截留合流制系统还要好，减排作用非常明显。

4.1.6 整治成效

4.1.6.1 整治效果

该项目建成后将成为雨花区城市中心区域内的一个集生态修复与治理、河道整治、排水系统改造、景观公园海绵城市建设于一体的多功能复合区域，对于改善圭塘河生态环境，提升城市品质将起到关键性作用，将成为未来河道生态综合整治的示范项目。

4.1.6.2　效益分析

（1）经济效益

该项目实施后将会提升片区的城市品质，吸引人流聚集，提升周边房地产开发价值。

（2）生态效益

该项目实施后将会使圭塘河井塘段成为一个生态河流公园，对改善本段甚至整个片区的生态环境有极大的正面效应。

（3）环境效益

该项目建成后将会极大地改善圭塘河水质状况，圭塘河的入流能够稳定达到地表水Ⅳ类水标准，远期甚至达到地表水Ⅲ类水标准。

4.2　常德市穿紫河黑臭水体整治

4.2.1　水体概况

4.2.1.1　基本情况

穿紫河长约17.3km，河道宽60～100m，流域面积为27.97km^2。穿紫河流域地势平坦，地面高程约32m，低于沅江洪水位（百年一遇洪水水位为41.8m）；土壤透水性较差，部分流域实测透水能力小于0.864mm/d。穿紫河是常德市中心城区重要的水系，属于常德市中心城区三大流域之一（图4-4）。

20世纪80年代，部分穿紫河河道因城市扩张被填埋，并被分割成多段水体。受垃圾、合流污水、沿岸农业面源污染等影响，穿紫河水生态严重恶化，河底沉积了大量淤泥、有机物和腐殖质，黑臭现象严重。

2004年前后，常德市开始对穿紫河进行第一轮改造，完成了清淤工程、岸线硬化工程和补水工程。但至2008年，穿紫河生态和水环境没有发生不可逆性的好转。第二轮改造是2009～2016年，主要完成沿岸8个机埠改造及生态岸线连通与河道清淤工作。第三轮改造是在常德市成为第一批海绵试点城市后，启动了集水区内的海绵城市小区、排水管网改造工作。

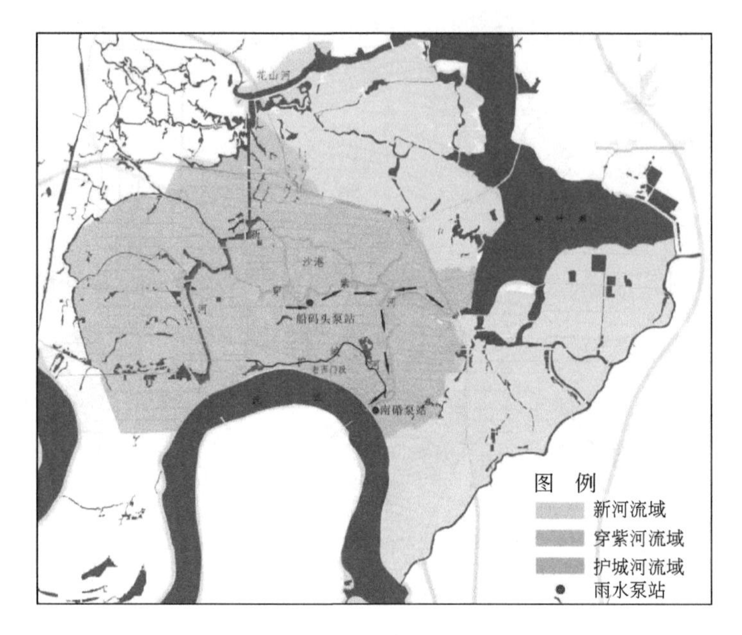

图4-4　穿紫河流域

4.2.1.2　问题分析与评估

(1) 整治前水体状况

整治前水质为重度黑臭。

(2) 黑臭成因

1）管网错接，雨水泵站为河道最大污染源。穿紫河流域排水体制为分流制，但排水管网错接严重，为减少污染物排入河道，原沿岸118个排水口已被全部截流。现存的8个泵站和污水净化中心尾水为穿紫河主要的点源污染。以船码头泵站集水区为例，船码头集水区面积为415hm²，排水区内约30%的市政雨污水管道错接，错接的管道混流制污水通过雨季泵站排出，污染穿紫河。

2）护城河及污水净化中心尾水污染河道。护城河为一条合流制排水盖板干渠。降雨期间，护城河收集的合流制污水通过建设桥机埠排入穿紫河末端，经南碚泵站排入沅江。常德市污水净化中心位于穿紫河与柳叶湖的连通处，日处理能力达10万m³。当前尾水水质为《城镇污水处理厂污染物排放标准》（GB 18918—2002）一级B标准，直接排入穿紫河，是穿紫河主要污染源之一。

3）底泥污染物释放。穿紫河水系地势平坦，水流速度缓慢，河道污染物淤积严重，主要污染物为混接分流制管道排水夹杂的污泥。

4）河道水体交换周期过长。穿紫河上游原为新河，后来河道改造，穿紫河上游被阻断，穿紫河的补水水源包括流域内被污染的雨水、江北污水净化中心尾水、沅江补水。2004 年，为解决穿紫河河道生态需水量不足的问题，通过三水厂取水泵站，经一根 DN1320×10 的钢管将沅水泵接至穿紫河船码头段（$1m^3/s$），补给穿紫河。该引水措施在一定程度上解决了穿紫河水质问题，但是实际上因为补水量过小而无法达到水质改善的目标，因此需要活水保质。另外，还存在补水点分布不均的问题，穿紫河补水点分布在东段（穿紫河和柳叶湖交界处）和中段（船码头段），西段没有补水点。

5）河道生态严重退化。一是河道岸线以硬质驳岸为主，驳岸护坡残缺不全、生态缺失，河道无自净能力，景观性差；河道驳岸建设较早，以硬质驳岸为主，由于建设年代较久，市民利用破败的驳岸种菜，给河道带来了新的污染。二是河道内污染严重，上游断源，无活水注入，水系中有多处阻断，丧失了河流的自然特性。城市河道内水生植物基本消亡，水生生态系统崩溃，水体不能发挥自净作用（图 4-5）。

(a) 船码头泵站调蓄池原貌

(b) 船码头泵站周边河道原貌

图 4-5　船码头泵站原貌照片

4.2.2　整治目标

该项目以实现生态水系为目标，而不是仅仅解决黑臭问题。

水环境：统筹岸水共治，注重综合治水，河水水质达到《地表水环境质量标准》(GB 3838—2002）中的Ⅳ类水要求；流域年径流总量控制率大于 78%，对应设计降雨量为 21mm。

水生态：维护生态格局、划定蓝线绿线，恢复穿紫河水面，修复生态岸线，生态岸线比例大于 90%。

水安全：城市排水达到2年一遇，重要地段达到3～5年一遇；城市能有效应对30年（24h降雨量为206.6mm）一遇暴雨，发生设计暴雨（30年一遇）时，城市不发生内涝灾害。

水文化：实现穿紫河重新通航，打造“水城常德”特色水文化。

4.2.3 整治方案

通过源头减排、过程控制、系统治理，构建在空间上以穿紫河为核心，向外依次为水系绿带、滨水建筑区和其他区域的海绵城市建设体系。水系主要进行河道清淤、水生态修复；建筑区和相邻路面将雨水导入水系绿带，净化后补充河道水量；其他区域主要通过低影响开发，滞留和净化雨水，减少对污水处理厂的冲击。

在建设时序上，结合常德市黑臭水体治理的经验，首先对泵站、调蓄池、生态滤池及泵站周边的水系、绿地进行改造，消除城市河道点源污染，削减周边面源污染；其次对滨水建筑区进行海绵化改造，在条件允许的情况下，将初期雨水导入水系沿线的海绵设施或泵站调蓄池进行处理（图4-6）。

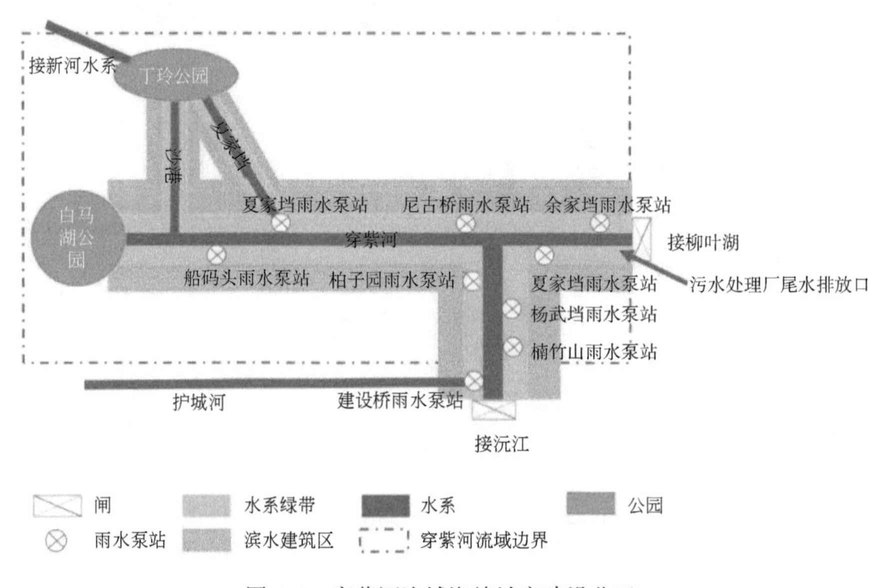

图4-6　穿紫河流域海绵城市建设分区

通过以上措施形成流域性黑臭水体治理工程。其中包括船码头等8个雨水泵站和其周边区域改造、以德国风情街为代表的海绵滨水小区建设、以白马湖公园和丁玲公园为代表的海绵公园改造。

4.2.4 整治措施

4.2.4.1 源头减排

充分利用现有公园绿地，如白马湖公园、丁玲公园，收集、调蓄、净化雨水，为穿紫河补充水源。结合穿紫河降堤，建设水系生态驳岸；滨水建筑小区和道路的雨水通过水系绿带净化后补充水体。

在泵站调蓄池较近（半径小于200m的范围）且雨水可以通过重力流汇入泵站调蓄池的区域，考虑利用泵站调蓄池及其生态滤池处理小区初期雨水，处理后排入穿紫河，补充水体。

在地表雨水不能通过重力流直接进入穿紫河的地方，建设低影响开发设施，蓄滞、净化雨水，削减洪峰，减少雨水系统对城市污水处理厂的冲击。

4.2.4.2 过程控制

改造穿紫河流域8个泵站调蓄池，净化排入河道的流水水质，降低对河道的污染；对泵站进行改造，增强其抽排能力；开展排水管网的CCTV检测，对破损管网修复和维护，逐步降低进入污水处理厂的雨水量和地下水入渗量。对积水点进行改造，改造过流能力低的管网，减少内涝灾害。

新建的皇木关污水处理厂（日处理能力达5万m^3），解决了常德市污水处理能力严重不足的问题，现已投入使用。

2016年常德市启动了海绵城市建设中的污水净化中心PPP项目，该项目通过生态湿地净化污水处理厂的尾水，以达到地表水Ⅲ类水标准，实现对穿紫河的补水和缓解对穿紫河的入流污染的目标。

4.2.4.3 系统治理

降低城市河道堤顶高程：把原来防洪堤后面的绿地设计为临水一侧可淹没的滨水空间。拓宽河道，加强河道调蓄能力，应对超标暴雨，确保30年一遇暴雨不成灾。

结合水位进行河道岸线设计，枯水位和洪水位区间使用不同的生态固岸方式加固驳岸。

协调区域防洪，调控外围洪水，建设花山闸，连通竹根潭水系，实现与新河水系的连通。

4.2.4.4 内源治理

对河道进行清淤，恢复水面，实现水系连通。淤泥通过两种方式处理。一是淤泥资源化利用：鉴于淤泥中没有工业重金属污染，通过沉淀并真空预压脱水后，用于种植土壤；二是固化后填埋：因真空预压吹填场地有限，淤泥通过掺入水泥与石灰搅拌固化，之后送往垃圾填埋场填埋。

4.2.4.5 生态修复

结合穿紫河降堤退堤，拓宽水面提高防洪能力，重塑河道断面，功能与景观并重，建设水系生态驳岸；形成多功能的滨水景观公园。在河道内种植不同水生植物，建设人工浮岛，提高河道自净能力。

有坡度的岸线均设计为双梯形断面，并采用生态驳岸即棕榈垫和植物辊，以达到防止岸线滑坡的目的。

在设计常水位与设计枯水位之间，铺设棕榈垫与植物辊（约4000m^2/1200m）。通过两者与其上种植的挺水植物保护驳岸不被冲刷；植物辊和棕榈垫中种植耐湿耐旱类植物，如能很好地适应此环境的芦苇、再力花等，并为动物（如两栖类等）提供生境，提高河道自净能力。

在设计常水位和设计洪水位间的驳岸铺设椰棕垫种植草皮，降低驳岸在洪水期间滑坡的风险。

4.2.4.6 管理措施

一方面，加强顶层设计，制定系统规划，如《水城常德》《海绵城市专项规划》等；同时制定政府水系治理方案，如《常德市人民政府专题会议纪要–第34次》《常德市江北城区水系治理工程》、《常德市江南城区水系规划及水环境治理方案》；另一方面，成立专门机构：政府领导的市城区水系综合治理领导小组，后改为市海绵城市建设领导小组。

4.2.4.7 其他措施

活水保质，补水水源为集水区的雨水，雨水净化后排入河道。根据计算，若仅通过雨水补给，雨季水系换水可充分保障，而旱季换水天数过长。穿紫河西与穿紫河中的换水周期见表4-1。

表4-1 穿紫河西与穿紫河中的换水周期 （单位：天）

河段	雨季（4~9月）	旱季（10月至次年3月）
穿紫河西	10.2	174.8
穿紫河中	8.8	91.9

为缓解旱季换水周期过长的问题，同时恢复城市历史水系，规划连通常德西

面的浙河收集河湫山的雨水，利用地势高差，自流排入新河水系，经丁玲公园，补给穿紫河。在适宜的水位情况下，也可以通过柳叶湖给穿紫河东段补水。

4.2.5 关键技术

4.2.5.1　技术名称

雨水泵站改造：雨水沉淀池+蓄水型生态滤池初雨及混合溢流污水处理系统。

4.2.5.2　技术原理及技术工艺流程（以船码头泵站区域改造为例）

通过沉淀池、调蓄池和蓄水型生态滤池对该项目雨水泵站集水区内错接的分流制排水系统的混流雨污水进行沉淀、调蓄和净化，为穿紫河提供清洁水源。增加调蓄池的调蓄容积，提高对雨污水的调蓄能力。该工程主要包括以下几个组成部分。

1）池：长 67m，宽 58m，最大高度 6m；冲刷廊道 12 条；封闭式沉淀池内设 12 面百叶潜水挡墙。采用德国门式反冲洗设备，封闭式沉淀池均设置于停车场下，防止臭气外泄。

2）开放式调蓄池（2 号池）：1.3 万 m^3。

3）污水泵站：非降雨期来水量为 $0.5m^3/s$，远期随着污水管错接雨水管的情况改善，来水量将减少，预期未来非降雨期来水量为 $0.3m^3/s$；

4）雨水泵站：总排水能力为 $12.6m^3/s$；

沉淀池进水口设计 COD 浓度为 77 ~ 88mg/L；污水泵站进水口设计 COD 浓度为 154 ~ 198mg/L，旱季流量约为 $0.5m^3/s$。

非降雨期、小雨/中雨期、暴雨期和降雨后，沉淀池、调蓄池、雨污泵站和蓄水型生态滤池有相应的运行工况，具体如下。

非降雨期：来自污水干渠的污水通过污水泵站排入污水处理厂，1 号池提供 2mm 的调蓄空间以调蓄不明来水。

小雨/中雨期：1 号池提供 2mm 的调蓄空间，2 号池提供 5mm 的调蓄空间。此时污水泵站不运作，混流雨污水通过雨水泵站从 2 号池排入蓄水型生态滤池（3mm 的调蓄空间）。

大雨期：即超过 10mm 的雨水量时，来水量大于 $2.4m^3/s$ 时，雨水经 1 号、2 号池通过雨水泵站排入水体。

降雨结束反冲洗：开启反冲洗门，通过水将 1 号池底部的沉积物冲入污水管网，并送入污水处理厂。

下游的污水管道直径为600mm。污水处理厂收纳能力为0.25m³/s左右。1号池冲洗时，排空时间约为2h，并定期冲洗，系统运行良好。

2号调蓄池建设成混凝土盖板的调蓄池，并在上面建设雨水花园。调蓄池设计高水位28.5m，溢流水位29.7m，池底26.8m。

蓄水型生态滤池：占地面积为8400m²，蓄水容积为8400m³，项目中使用中砂作为滤料，鉴于滤料级配的选择资源有限，滤料的选择根据天然砂场供应砂的情况来进行现场检测与确定。在设计和施工良好，且前置沉淀池运行良好的情况下，滤料可长期使用，无需更新。在满水的情况下生态滤池的水力停留时间为24h。目前，生态滤池已正常运行两年半。

4.2.5.3　技术适用范围

雨水调蓄池+蓄水型生态滤池系统适用于处理分流制排水系统初雨污染或者合流制排水系统末端溢流污染。

4.2.5.4　技术特点及创新点

以流域作为解决问题的路径，结合海绵城市理念，采取生态、可持续发展的、近自然末端治理措施，针对不同降雨工况，将不同浓度污水进行系统的分质处理。

在投资相对较小的情况下可以达到很好的治污效果。其处理之后的水还能为河道补充达标的清洁水源。同时，该系统后期运行维护简单，运行维护成本低，不需要持续的投入。

4.2.5.5　该技术实现的水体整治效果

通过治理，黑臭水体消除，穿紫河水质达到地表水Ⅳ类水标准以上。

4.2.6　创新举措

雨水沉淀池+蓄水型生态滤池系统的特点是能够精准治污，针对不同降雨工况，将不同浓度污水分别进行处理。近自然、可持续发展，后期运行维护成本低，治理效果显著。它不是仅仅解决黑臭问题，而是以实现生态水系为目标。

4.2.7　整治成效

4.2.7.1　整治效果

通过穿紫河综合治理，穿紫河流域水生态、水环境、水安全得到了全面提升。

结合 8 个泵站的改造，从 2015 年海绵城市试点建设开始，全面展开了对水系周边小区、道路、广场与绿地的改造，以达到源头和末端共同治理的目的。

4.2.7.2　效益分析

(1) 经济效益

穿紫河流域海绵城市建设总体投入约 14.63 亿元。其中，所有泵站、调蓄池、生态滤池改造的投入约 5.57 亿元；穿紫河沿线特色商业街海绵建设投入约 0.05 亿元；水系治理及绿地景观投入约 9 亿元。另外，水上巴士投入 7410 万元（包括游船设备、晚间演戏灯光音响设备等）。投入主体为常德市经济建设投资集团有限公司。

整个穿紫河流域改造后，预计可拉动周边区域土地变现和升值 8 亿元，每年可实现穿紫河两岸文化、旅游、娱乐相关收入 3000 万元，实现了政府加大环境改善投入与增加政府收益、促进经济发展的良性循环。

以船码头周边公园世家房地产开发为例，以前由于船码头泵站黑臭现象严重，周边区块一直是常德市城区典型的脏乱差区域。2010 年机埠启动改造后，实现了水体由差变好，吸引了众多开发商，2013 年建成了当时市城区占地面积最大、品质最高的公园世家小区，开创了全国在雨污泵站旁建设高档房产小区的先例。

随着穿紫河水质的提升、水系的连通，穿紫河两岸德国风情街、大小河街等历史文化建筑的建成，穿紫河从以往的黑臭水体变成一条优美的“望得见山、看得见水、记得住乡愁”的城市景观河道。常德市经济建设投资集团有限公司利用穿紫河的良好水上交通资源及沿线景观风光带，将穿紫河打造成常德市市内第一条水上旅游观光线路，恢复了中断近 40 年的穿紫河通航，预计每年可实现收益 1090 万元。

(2) 生态效益

通过治理，黑臭水体消除，穿紫河水质达到地表水Ⅳ类水标准以上。随着穿紫河生态环境的改善，河湖中动植物数量有了显著增长，重现了昔日水鸟成群的景象，穿紫河生态多样性得到恢复和保护。

(3) 环境效益

1）城市环境明显改善。穿紫河流域 8 个泵站改造完成后，原来城市中心区的臭水塘变成了休闲观光的海绵公园。

2）实现雨水综合管理利用。项目完整诠释了海绵城市的设计理念，将渗、滞、蓄、净、用、排等功能有机结合成为一个整体。

3）有效处理混接的分流制污水。穿紫河船码头泵站改造工程竣工投入运行后，实测滤池出水 COD 从进水总渠处 70.6mg/L 降低到 28.5mg/L，达到地表水

Ⅳ类水标准（图4-7）。

图4-7　穿紫河治理后现状

（4）社会效益

穿紫河黑臭水体治理最直观、最重要的效果是城市主要河流水质和生态环境得到改善，为居民提供了休闲空间，黑臭河道变成受人喜爱的城市公园，市民现在愿意亲近水，在河道附近散步、骑车、观景、休憩；穿紫河黑臭水体治理调查问卷显示，市民对各个水体的满意度都能达到90%以上，老百姓的幸福感、获得感增强。

CCTV多次在黄金时段向全国特别推介穿紫河治理经验。2017年10月，穿紫河综合整治成果照片亮相中共中央宣传部、国家发展和改革委员会、中央军委政治工作部、中共北京市委共同举办的“砥砺奋进的五年”大型成就展。

4.3　常德市滨湖公园水体水质改善与生态修复工程

4.3.1　水体基本概况

4.3.1.1　水体名称

常德市滨湖公园（29°02′E，111°42′N）位于常德市武陵区（图4-8），东临光荣路，西临朗州路，南抵光荣路南端，北抵北正街小学。滨湖公园是市中心唯一的大型水景综合性市政公园，也是市民日常休闲娱乐的好去处（图 4-9）。

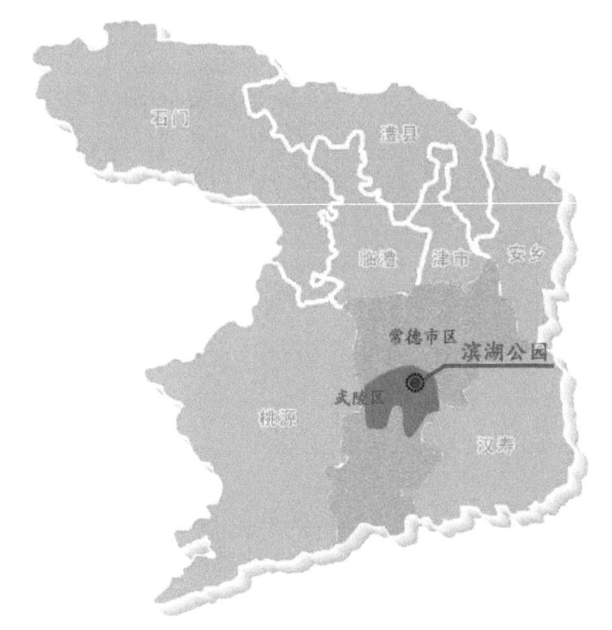

图 4-8　滨湖公园区位

图 4-9　滨湖公园现状

公园呈南北狭长、东西宽窄不一的不规则形态。公园总面积为 27.24 万 m^2，其中，湖泊湖面面积为 15 万 m^2。水面常水位高程为 29.73m，平均常水位水深为 1.8m，水位最深处水深可达 3m，容积约为 27 万 m^3。湖面被湖中岛和筑堤分割成 4 个子湖，各子湖之间以桥孔相互连通，形成一个水体连通整体。

4.3.1.2 水体所在流域概况

常德市是西洞庭湖沅江水系下游临江城市，周边水网发达，滨湖公园地处常德市沅江江北城区闹市，与周边河、湖水体不连通，是一个相对封闭的城中湖水体，周边河、渠流水一般不能流进。湖水水体接纳少量生活污水和公园内公共厕所排出的污水，湖水靠自然补水。当水位急剧上升时，通过一处尺寸为800mm×600mm（宽×高）的排水闸口向东侧的市护城河排水。

4.3.1.3 水体类型

滨湖公园湖为我国江南水乡城市城中湖，是一个兼具雨水调蓄功能的景观、休闲、游乐水体，亦是典型南方城市公园湖泊。在治理之前，滨湖水体还兼顾一定的经济鱼类养殖功能。

4.3.1.4 修复前水质特征

2013 年 9 月水体采集及检测显示见表 4-2，滨湖水体为地表水劣Ⅴ类，水体主要问题为富营养化，全湖总氮、总磷浓度平均值分别为 2. 33mg/L、0. 18mg/L，由于水体藻类大量生长，水体透明度仅为 0. 5m。根据水质及叶绿素数据，计算出全湖综合营养状态指数平均值为 66. 3，表明湖泊水体为中度富营养化。

表 4-2 生态修复前滨湖水体水质状况（2013 年 9 月）

序号	指标	H1	H2	H3	H4	H5	平均值	Ⅳ类	Ⅴ类
1	水温/℃	27. 9	27. 6	28. 1	28. 1	28. 1	28. 0	—	—
2	pH	7. 57	7. 95	8. 14	7. 80	8. 01	7. 89	6 ~ 9	6 ~ 9
3	DO/(mg/L)	4. 77	4. 09	5. 76	5. 28	4. 98	4. 98	3	2
4	水体透明度/cm	50	60	50	50	50	52	—	—
5	COD_{Mn}/(mg/L)	9. 22	8. 98	9. 54	9. 01	9. 10	9. 17	10	15
6	NH_3-N/(mg/L)	1. 24	1. 22	0. 84	1. 01	0. 95	1. 05	1. 5	2
7	TN/(mg/L)	2. 13	2. 30	2. 27	2. 26	2. 68	2. 33	1. 5	2
8	TP/(mg/L)	0. 23	0. 16	0. 19	0. 18	0. 14	0. 18	0. 1	0. 2
9	Chl-a/(mg/m^3)	65. 1	55. 7	76. 5	76. 0	62. 0	67. 1	—	—
10	综合营养状态指数	66. 9	64. 8	67. 2	66. 7	65. 9	66. 3	—	—

4.3.1.5 水体污染来源

现场调研情况显示，滨湖外源污染来源于居民楼排放的生活污水、公厕排水及初期雨水。居民楼与公厕的排水属于生活污水，虽然排放量相对于整个湖水水体而言比较小，但是其富含的有机物依然能够造成水体污染，引起水体富营养化。另外，滨湖沉积物监测结果显示，沉积物中营养盐含量较高，说明内源负荷释放也是富营养化的原因之一。

(1) 生活污水

公园西南侧有一栋四层老居民楼及部分老式住宅，相关配套管网不完善，生活污水部分通过现有雨水沟进行收集，通过一个集中的排水口直接排放进入公园水体，居民人数约为140人，每日排放量约30m^3。

(2) 公共厕所污水

公园内现有9处公共厕所分散于环湖一周及湖中岛上，以便游客使用。其中，湖中岛上的两处中的一处为旱厕。9处公厕中有7处污水经化粪池排入湖体，每天向湖中排入污水约70m^3。

(3) 面源污染

公园内湖岸没有能够收集雨水的管渠，而湖水水面低于周边路面，因此，初期雨水大部分汇流进入滨湖，形成面源污染，滨湖汇水面积约0.39km^2。

(4) 内源污染

2013年9月水样采集的同时，使用彼得森采泥器对滨湖公园水体底泥进行了采集和测定。分析结果见表4-3，滨湖沉积物中TOC、TN、TP含量的平均值分别为31.64mg/g、3.16mg/g、1.12mg/g，分别是太湖1997年沉积物水平（详见《太湖水环境演化过程与机理》一书）的39倍、2倍、2倍。由此可见，滨湖内源污染严重，沉积物中有机质含量非常高。

表4-3　生态修复前滨湖沉积物监测数据（2013年9月）　　（单位：mg/g）

序号	指标	H1	H2	H3	H4	H5	平均值	太湖1997年沉积物水平
1	TOC	36.77	37.23	27.66	24.78	31.75	31.64	0.82
2	TN	3.42	4.19	2.75	2.59	2.88	3.16	1.53
3	TP	1.30	1.49	0.70	0.71	1.40	1.12	0.59

4.3.2　修复的目标及技术路线

4.3.2.1　修复目标

通过对公园内湖泊进行改造，采用多种水体水质改善与生态修复措施，形成水体自净生态体系，使整体水质明显好转，湖水水体达到以下标准：①水质主要指标达到地表水Ⅳ类水标准；②水体生物多样性显著提升；③水体透明度>

0.7m；④滨湖水面景观得到明显提升。

4.3.2.2 修复技术路线

(1) 生态环境问题分析

1) 内源、外源污染并存，水体富营养化严重。水质及污染源分析显示，由于老居民楼与公厕污水未经处理直接排入滨湖公园水体，湖泊水体中总氮、总磷平均值分别高达2.33mg/L、0.18mg/L，水体富营养化严重，藻类大量生长，水体透明度仅为0.5m。同时由于外源污染的持续排入及经济鱼类的养殖，营养盐在沉积物中不断累积，内源污染严重，在外源污染得到有效控制后，仍可能使湖泊处于富营养化状态。

2) 水生生态系统不健全，水体自净能力差。现场调查显示，整个湖泊内缺乏大型水生植物、底栖动物，鱼类以经济食草型鱼类为主；湖泊生态系统结构不完善，水体自净能力受损，是藻类易暴发的主要原因之一。

3) 水面景观单一，与公园整体景观不符。公园内岸上绿化措施完善、环境优雅，景观设施完善，但广阔的湖面略显单调，水面缺少亮点，水体透明度低，湖中景观效果较差，水生植物少，尤其是没有能够起到景观效果的挺水植物和浮水植物，与滨湖公园整体环境及功能不相符合，需要有效地改善与提升。

(2) 技术路线

针对滨湖公园水体水生态环境现状及主要问题，结合滨湖水系、水质及生态功能特征，以“污染控制与生态修复并重；水体自净能力提升为核心；水质改善为主，兼顾景观提升”等为基本原则，从污染控制工程、健康水生生态系统构建工程、局部水域强化净化工程及景观提升工程等方面合理配置，对水体进行水质改善与生态修复，同时建立长效运行管理机制，以保证修复措施的长期稳定有效运行。滨湖公园水体水质改善与生态修复工程技术路线如图4-10所示。

(3) 主要修复措施

1) 健康水生生态系统构建工程。湖泊生态系统主要由大型维管束植物、浮游动植物、鱼类、底栖动物及微生物组成。国内外大量研究均表明，实现富营养化浅水湖泊生态修复的根本途径是建立一个完整健康的水生生态系统，而实现这一途径的核心则是大型维管束植物（特别是沉水植物）的恢复，沉水植物是令浅水湖泊保持“清态”最主要的贡献者。滨湖水生生态系统构建工程主要由水生植物重建和水生动物种群结构优化与调整两部分组成。水生植物重建包括对滨岸带挺水植物、近岸带浮水植物和水面沉水植物的种植和恢复。在完成水生植物种植后，根据滨湖公园湖泊面积，择机放养滤食性、刮食性鱼类和底栖动物，一方面通过水生动物的下行效应控制水体藻类生长，促进沉水植物恢复；另一方面

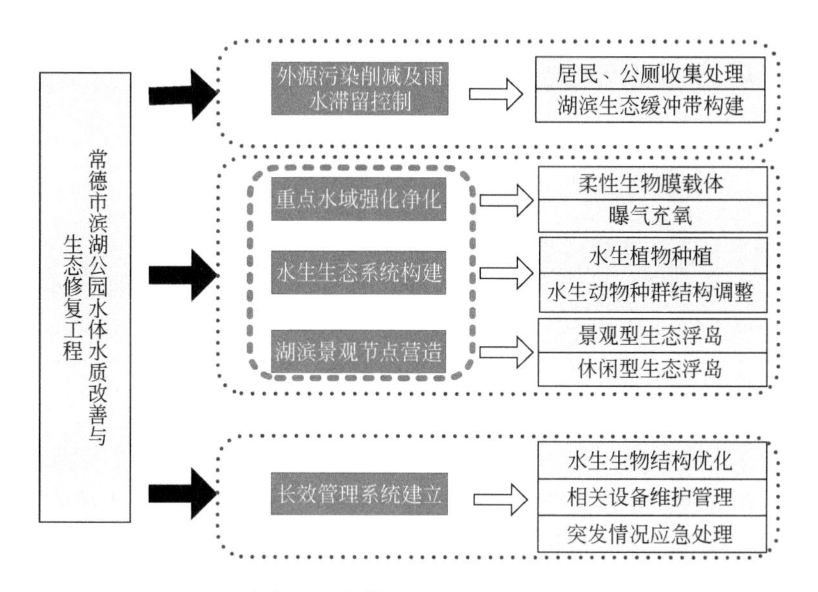

图 4-10　滨湖公园水体水质改善与生态修复工程技术路线

优化水生动物种群结构，进一步完善水生生态系统的基本生物组成部分。此外，还放养一定数量的耐污肉食性鱼类乌鳢，控制水体中小杂鱼的数量。

2）重点区域强化净化工程。城市湖泊水质恶化、生态系统破坏之后，水体自净能力差，因此在水生生态系统恢复之初往往需要通过其他的生态修复措施强化水体自净能力。根据滨湖公园的地形条件及现场状况，湖泊水质受周边地表径流影响，而且部分子湖区域水体交换相对不顺畅，局部出现黑臭，为保证湖中水体水质不因降雨或纳污等恶化，并结合景观性需求，在重点区域设置曝气充氧设施和人工水草对水体水质进行强化净化处理。

3）湖泊景观节点营造工程。对于城市湖泊而言，景观、娱乐是其重要功能之一，通过生态修复提升其水质状况及透明度、恢复湖泊自然形态，并合理搭配水生植物是提升城市湖泊的有效措施。在此基础上，为了进一步提升滨湖公园的湖面景观，在公园重要节点西大门、东门、三观亭区域构建景观型生态浮岛，净化水质、丰富湖面景观的同时也可为鸟类、蜻蜓等提供栖息场所。

4）长效管理系统的建立。受损湖泊水生生态系统通过治理恢复良性状态后，其良性状态的保护与维护在很大程度上，甚至根本上依赖于健康水生生态系统保护管理体系的建立及其高效运作，即“三分治，七分管”。长效管理主要是根据水生生态系统固有的生态规律与外部扰动的反应进行各种调控，从而达到系统总体最优的过程。

4.3.3 修复方案及效果

4.3.3.1 生态修复措施

(1) 健康水生生态系统构建

健康水生生态系统构建的主要目的是通过适度的人工干预，对高等水生植物、鱼类、大型底栖动物等关键物种进行调控，构建以沉水植物为核心的“草型清水”湖泊，提升水体自净能力，增加生物多样性。

(2) 水生植物恢复

对水体实施生态修复，其核心是水体中沉水植物的恢复与构建。在水域生态系统中，水生高等植物是水体保持良性运行的关键生态类群。而沉水植物因其完全水生的特点使得其在水生植物各生活型中对环境胁迫的反应最为敏感，因此它的规模化分布对水域生态系统中的结构和功能的稳定性有强大的支撑作用。沉水植物是水生生态系统中重要的初级生产者，是水生生态系统中初级生产力和次级生产力的主要贡献者，并推动着水生生态系统中的物质循环和能量流动。同时，它也是水体中重要的氧供应者，在沉水植物丰茂区，生物多样性往往远远高于其他区域，与此同时为其他水生生物提供优质的饵料场、栖息地、产卵场和避难所，最终利于维持健康的系统。

1）沉水植物恢复。沉水植物恢复面积由“草型清水湖泊”维持所需面积和沉水植物可恢复面积共同决定。相关研究表明，当沉水植物覆盖度达到25%时，可降低水体中的藻类生物量；当沉水植物覆盖度达到50%或沉水植物生长容积占湖泊总容积的30%时，可有效控制水体藻类并提升水体透明度。因此沉水植物恢复以50%为设计目标，25%为最低设计标准。沉水植物可恢复面积主要由水体透明度决定，水深小于1.5倍水体透明度时，常见沉水植物基本均适宜生长；水深大于3倍水体透明度时，沉水植物基本难以存活。

根据以上设计标准，设计在降低滨湖湖水水深至0.8m（1.5倍水体透明度）的情况下，在滨湖水体合适水域（水深小于3倍水体透明度区域）分区块分品种混种沉水植物，种植面积约占水域面积的40%，沉水植物种植总面积约为$6\times10^4m^2$。

植物品种考虑冷暖季搭配，选择品种有暖季植物苦草、轮叶黑藻、马来眼子菜等，冷季植物菹草，以及常绿植物金鱼藻、狐尾藻等。其中，菹草应在冬季采用石芽撒播方式种植；其他沉水植物种植时间选择在每年春季，采用成苗移栽方式种植。

2）挺水植物种植。在湖岸内未有挺水植物分布的浅水区（常水位水深≤0.6m）种植挺水植物，采用在岸边打松木桩、铺设种植土层，保证种植水深不大于0.4m的方式种植。按岸线总长4000m，挺水植物在沿岸1/4的范围种植，按种植宽度约2m计，挺水植物种植面积约$2500m^2$。挺水植物种植品种主要为美人蕉、梭鱼草、鸢尾、香蒲、菖蒲、伞草等。

3）浮水植物种植。为提升景观，在沿岸水深0.8～2.5m水域分区块分品种点缀种植，种植面积约$3000m^2$，占总水面的2%。种植品种有多种睡莲并搭配荇菜、芡实等其余少量浮水植物。

（3）水生动物结构调整

水生动物是水生生态系统的主要消费者，是维持水生生态系统的稳定和发挥其正常生态功能不可缺少的一部分。部分水生动物以水体中的细菌、藻类、有机碎屑等为食物，可有效地减少水体中的悬浮物，提高其透明度。投放数量适当、物种配比合理的水生动物，可以延长生态系统的食物链，增强生物净化效果和生态系统稳定性。

1）鱼类种群结构调整。为了营造健康的水生生态系统，待沉水植物恢复后，在水体中放养有益鱼类，能促进营养物质的转化和上岸，初期主要投放滤食性鲢鱼、鳙鱼和肉食性乌鳢。通过滤食性鲢鱼、鳙鱼对浮游植物摄食的下行效应，控制蓝藻水华暴发；通过乌鳢控制小杂鱼。大量研究表明，在浅水湖泊中发挥鲢、鳙非经典生物操纵作用，投放密度以$50g/m^3$为宜，生物量投放比例以3∶1为宜。根据滨湖水体容积，该项目初期鱼类放养品种和数量见表4-4。

表4-4　初期鱼类放养品种和数量

放养品种	规格/(g/尾)	投放比例/(尾/亩)	工程量/尾
白鲢	30～60	450	100 540
鳙鱼	30～60	150	33 513
乌鳢	50～100	75	16 757

2）底栖动物放养。底栖动物放养以当地湖泊中常见的无齿蚌和铜锈环棱螺为主。铜锈环棱螺为刮食性，能刮食沉水植物表面吸附的悬浮物和生长的生物膜，也能增加沉水植物吸附悬浮物的能力，并且能促进沉水植物表面生物膜的更新与脱落的过程，协助沉水植物净化水质。无齿蚌为滤食性，它能大量滤食水体中的藻类，起到提高水体透明度和控制藻类密度的作用。螺、蚌放养密度主要依据鄱阳湖、洞庭湖等天然良好水体2000年左右软体动物的生物量（$100～150g/m^2$）投放，本工程中底栖动物放养品种和数量见表4-5。

表4-5　底栖动物放养品种和数量

放养品种	规格	投放比例/(kg/亩)	工程量/kg
螺	当地湖螺	40	8906
蚌	当地湖蚌	20	4453

(4) 重点水域强化净化

滨湖部分区域水体交换相对不顺畅，局部出现黑臭，为保证湖中水体水质不因降雨或纳污等恶化，并结合景观性需求，在重点区域设置曝气充氧和人工水草对水体水质进行强化净化处理。

1) 人工水草（藻菌生物膜技术）。人工水草为长条状，模拟的是自然界的沉水植物，该柔性载体具有巨大的表面积，能吸收、吸附、截留水中溶解态和悬浮态污染物，为各类微生物、藻类和微型动物的生长繁殖提供良好的着生、附着或穴居条件，并在载体上形成具有很强去污净水活性功能的生物膜。

人工水草的布放主要是为了弥补部分水域沉水植物无法自然扩增的不足而设置的。因此人工水草主要布置在沉水植物无法自然扩增的区域（如水深较深或底质较硬等区域）。人工水草布放密度与布放区水体营养水平有关，根据相关研究及工程经验，当水体为中度富营养时，布放密度为 0.01 ~ 0.02m^2 人工水草/m^2 水面时，人工水草能够有效抑制蓝藻生长，增加水体透明度，为后续沉水植物的扩增创造有利条件。根据水深与透明度关系得出沉水植物不适种植的区域约占整个水面面积的60%（约 $9\times10^4m^2$），该面积即为人工水草的布放区面积，该项目布放密度取 0.015m^2 人工水草/m^2 水面，人工水草布设总面积约为 1382m^2。

2) 曝气充氧。根据滨湖水体水质现状和湖水水文状况，同时考虑到营造湖泊水体景观、水体交换和推广新技术，本工程在滨湖公园主入口处设置有 6 台浮水喷泉式曝气机；在水质比较差、水体交换相对不顺畅的地方设置 2 台浮水喷泉式曝气机和 3 台耕水机。其中浮水喷泉式曝气机主要配合景观浮岛使用，目的为提升水体景观效果。耕水机主要用于改善水体流动性与溶解氧含量，布设于子湖Ⅳ无水生植物分布区，根据无水生植物水域面积（3948m^2）与耕水机辐射范围（功率为60W，水面负荷为1 ~3 亩/台）确定布设耕水机 3 台（水面负荷取 2 亩/台）。

(5) 湖泊景观提升

生态修复前，滨湖水体水面形式较单一，以静态水面为主要观赏对象，缺乏动态性、多样性。为丰富湖面景观视觉效果，在湖面布设生态浮岛，通过动态的水景与多样的绿化，远眺近观各相宜，打造秀丽的湖面风光，与滨湖公园整体优美环境相适宜。该工程在西大门、东门、三观亭区域构建 1376m^2 的景观型浮岛；净化水质的同时也可提升滨湖湖面景观，为水禽、鸟类提供栖息地。

生态浮岛上种植的植物在生长过程中不断从水体吸收氮、磷等营养，并转化储存于体内，通过适时采收可将其移走，同时沉入水下的植物根系具有巨大的表面积，对水中各类污染物有较强的截留、降解功能，特别是水下根区为很多微生物提供生境，这些微生物对水体亦有多种生物净化功能。正是生态浮岛这些清除污染、净化水质、改善生态的功能，使其在湖泊、河道等天然水体污染治理与生态改善中被广泛采用。此外，在净化水质的同时，也可丰富湖面景观。

4.3.3.2　控源截污措施

滨湖公园位于市区中心地段，由于建设时间久远，基础设施不完善。公园内四层老居民楼及七处公厕污水为滨湖主要的点源污染。在滨湖实施生态修复前，通过埋设支管收集居民楼污水和公厕污水，完善污水收集管网，使居民楼生活污水及公厕污水完全截除。同时结合驳岸与滨湖水生植物种植，形成湖滨生态缓冲带，利用水陆交错带水-土（沉积物）-植物系统的过滤、渗透、滞留、吸收等功能，削减面源污染。

4.3.3.3　内源控制措施

底泥（沉积物）是水体中污染物最为关键的蓄积库，当河道、湖泊等环境发生改变时，聚集在沉积物中的污染物就会通过释放继而影响到水体环境。疏浚（清淤）可以通过水力或者机械方式直接挖除表层污染底泥，被认为是去除内源污染最有效的措施。但是由于底泥清淤往往耗资巨大且大量研究表明湖泊疏浚工程的环境效应存在不确定性，同时滨湖公园位于城中心区域，不便于清淤、脱水固化及外运处理，该工程主要通过沉水植物的作用控制内源污染物释放，未采取其他物理或化学措施。

4.3.3.4　修复效果

（1）水体水质提升

2015年5月，该项目工程验收时，经常德市环境监测站测定滨湖公园4个湖区水体高锰酸盐指数、总氮、总磷、氨氮平均值分别为2.97mg/L、0.90mg/L、0.097mg/L、0.11mg/L；由此可见，该工程实施后滨湖公园水质在短期内得到明显改善，水质由地表水劣Ⅴ类提升到地表水Ⅳ水质。另外，滨湖水质跟踪监测显示，修复工程完成后一年内（2015年5月至2016年5月）滨湖公园水质可稳定保持在地表水Ⅳ类水标准，藻类生物量得到有效控制，水体富营养化水平由中度富营养化改善到中营养化水平，水体透明度达到1.5m以上。而且随着健康水生生态系统的逐步完善，滨湖水体水质不断改善。常德市环境保护局官网发布的常德市环境质量监测月报显示，2017年1～9月滨湖公园水体水质已总体达到地表水Ⅱ～Ⅲ类标准（图4-11）。

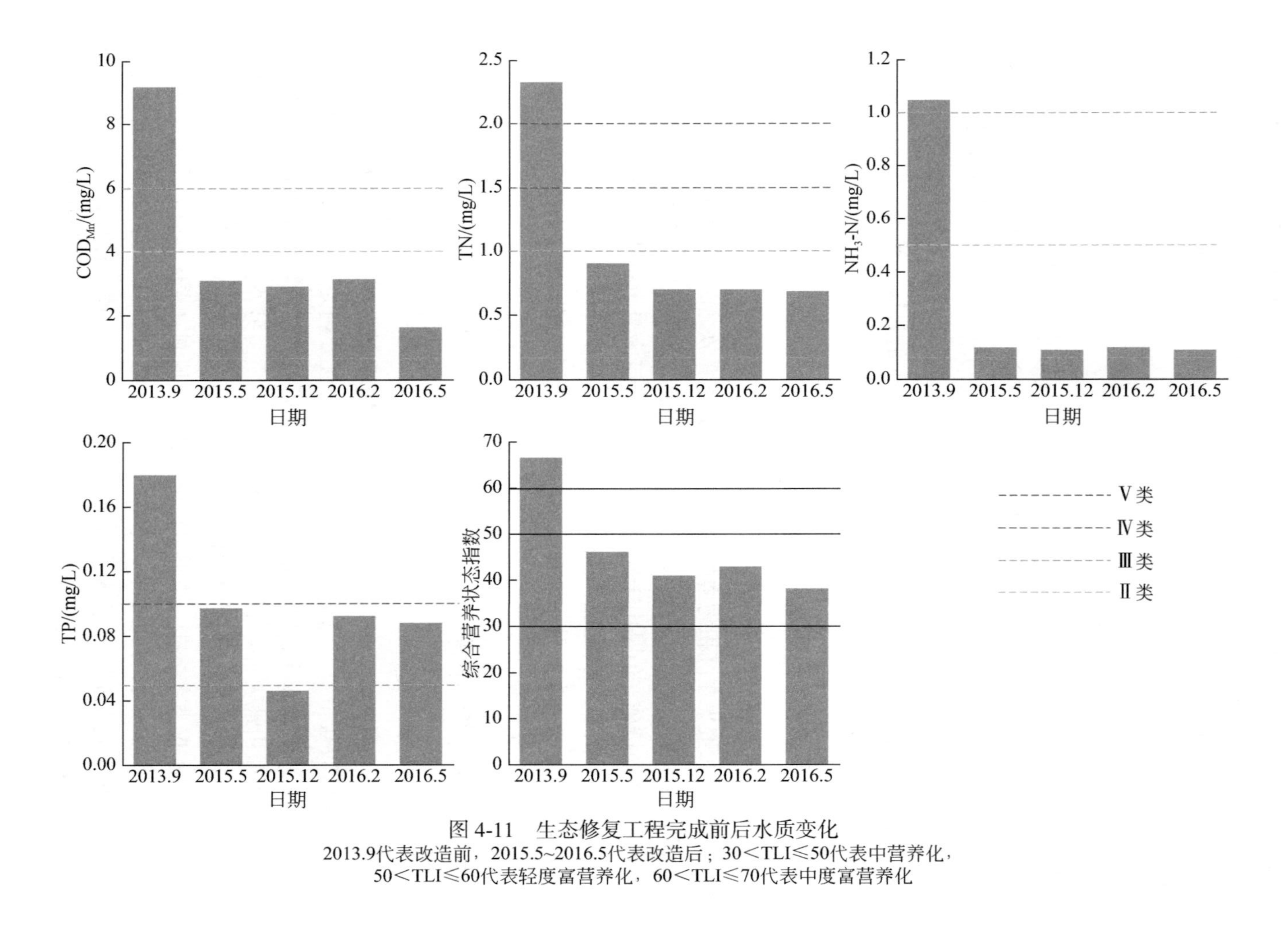

图 4-11 生态修复工程完成前后水质变化

2013.9代表改造前，2015.5~2016.5代表改造后；30<TLI≤50代表中营养化，50<TLI≤60代表轻度富营养化，60<TLI≤70代表中度富营养化

(2) 内源负荷削减

沉水植物恢复前（2013 年 9 月）沉积物中 TOC 比例、TN 及 TP 含量分别为 2.77% ~3.72%、2.59 ~4.19mg/g 和 0.70 ~1.49mg/g。沉水植物恢复后（2016 年 9 月）沉积物中 TOC 比例、TN 及 TP 含量分别降为 0.82% ~2.28%、0.96 ~2.80mg/g 和 0.55 ~1.45mg/g，较恢复前分别下降了 56.3%、45.4% 及 24.1%。由表 4-6 可知，在不实施疏浚等措施的情况下，通过沉水植物恢复与收割仍能有效控制湖泊内源负荷。

表 4-6　沉水植物恢复前后沉积物 TOC、TN、TP 的变化

指标	时间	H1	H2	H3	H4	H5	平均值	去除率/%
TOC/%	2013 年 9 月	3.68	3.72	2.77	2.48	3.18	3.16	56.27
	2016 年 9 月	1.98	0.89	0.94	0.82	2.28	1.38	
TN/(mg/g)	2013 年 9 月	3.42	4.19	2.75	2.59	2.88	3.17	45.23
	2016 年 9 月	2.68	1.07	1.16	0.96	2.80	1.73	
TP/(mg/g)	2013 年 9 月	1.30	1.49	0.70	0.71	1.40	1.12	23.87
	2016 年 9 月	1.45	0.55	0.58	0.59	1.08	0.85	

(3) 生态景观提升

滨湖公园水体水质提升及生态修复工程完成后，随着水体大型植物的恢复，有益鱼类和底栖动物的放养，滨湖生物多样性得以完善和丰富，生态系统恢复，水体自净能力提升，富营养化程度及藻类生长得到有效控制，形成较为完善的湖泊生态系统结构，逐步恢复其生态良性循环，发挥正常的生态景观功能。水域形成水下-水面-水上多层次景观，水体透明达到 1.5m 以上，基本实现全湖清澈见底。

4.3.4　修复核心技术

4.3.4.1　技术名称

本工程中主要包含两项核心技术，分别为健康水生生态系统构建技术、抗风浪立体生态浮岛技术。

4.3.4.2　技术原理

(1) 健康水生生态系统构建技术

健康水生生态系统构建的主要目的是通过适度的人工干预，对高等水生植物、鱼类、大型底栖动物等关键物种进行调控，构建以沉水植物为核心的“草型清水”湖泊，提升水体自净能力，增加生物多样性。其技术原理如下：①综合水体生物食物网的生产者–消费者–分解者的协调作用，利用不同生态位的水生动植物共同净化水质。②水生植物（特别是沉水植物）吸收水体中的营养盐，净化水质；水生植物通过消浪来减缓沉积物扰动，通过泌氧改善沉积物环境，抑制底泥污染物释放；水生植物通过化感作用，抑制藻类生长；水生植物为其他水生生物提供优质的饵料场、栖息地、产卵场和避难所。③水生动物以水体中的细菌、藻类、有机碎屑等为食物，可有效地减少水体中的悬浮物，提高其透明度；水生动物合理搭配延长生态系统的食物链，提高生物净化效果和生态系统稳定性。④水生植物通过光合作用、根系泌氧改善水体和沉积物中的氧化还原条件，促进土著微生物的生长和分解作用，高效去除水体及沉积物中的污染物。

(2) 抗风浪立体生态浮岛技术

生态浮岛与人工水草是常用的水生态修复技术，该技术创造性地将这两种技术进行耦合，形成了立体生态浮岛。

1) 针对现有生态浮岛在风浪较大环境中容易折断损坏的缺陷，开发了新型抗风浪立体生态浮岛，可满足绝大多数湖泊、河道的抗风浪使用要求。

2) 在浮岛承载力和抗风浪能力提升的基础上，将人工水草与生态浮岛结合在一起，大大强化了水质净化效果。一方面，植物能够为人工水草提供氧气，强化了人工水草生物膜的净化效果；另一方面，人工水草通过生物膜的作用将有机物分解为植物可以直接吸收利用的无机物，有利于植物的生长，二者互惠互利，形成“共生”关系。

4.3.4.3 技术适用范围

健康水生生态系统构建技术：适用于城市河道、浅水湖泊、景观水体等封闭、半封闭天然水体，要求工程完成时，水体透明度大于0.5倍实施区域水深，确保沉水植物存活。

抗风浪立体生态浮岛技术：可用于城市黑臭、富营养化（含城市河道、湖泊、景观水体等）等水体强化净化。

4.3.4.4 技术特点及创新点

(1) 健康水生生态系统构建技术

1) 综合水体生物食物网的生产者–消费者–分解者的协调作用，利用不同生态位的水生动植物共同净化水质；

2）生态系统构建前期，注重水生种植物结构优化调整，增加生物多样性，构建复杂多样的食物网结构，确保水生生态系统健康稳定；

3）通过食物链的控制，无需动力运行，减轻后期维护的成本，实现生态系统的自行调控；

4）通过合理收割，基本不会造成二次污染；

5）通过合理搭配，不仅可以净化水质，而且可以改善环境；

6）滨湖公园湖泊局部水域内源污染（底泥）较重，按常规应进行局部清淤，但由于滨湖属城中湖，清淤工程实施难度很大。该工程通过沉水植物恢复改善泥水界面的好氧环境，有效削减沉积物污染含量，控制内源污染释放，从而实现在不进行清淤的情况下，达到湖泊的生态治理目标。

(2) 抗风浪立体生态浮岛技术

1）铰接式活动连接，使得相邻两个浮床单体之间可以上下翻折，在风浪较大的水面上植物浮床可随风浪起浮上下摆动或弯折，减小了作用于植物浮床平面上的作用力和力矩，大大提高了植物浮床的抗浪性能及结构强度，在使用寿命上有了大幅度提高。

2）通过将浮床与人工水草有机结合，优势互补，增强污染物去除能力。

4.3.5 运行维护要求

湖泊生态修复工程的管理主要是根据湖泊生态系统固有的生态规律与外部扰动的反应进行各种调控，从而达到系统总体最优的过程。滨湖的管理，应落实到公园管理处日常维护管理系统中，配备相应的管理人员，运用技术、经济、法律、行政等手段，控制或限制人为损害湖泊水质的活动。该工程长效管理系统建设主要包括以下内容。

4.3.5.1 严格控制外源污染

1）加强公园内现有公厕污水管理，加大清掏力度，及时清掏污染物。

2）维护管理好湖泊沿岸绿化工程，坚持绿化管理科学化，施肥喷药使用环境友好型化学品，如缓释肥料、生物有机肥、生物农药；根据绿化植物的生物学特性，实施精确施肥、平衡施肥，少施氮肥。

3）加强沿湖岸线各类固体废弃物，如纸塑制品垃圾、残剩食品（物）、枯枝落叶、植物残体、各类粪便的收集（消除）与处置管理。

4）加强湖面保洁工作，及时打捞落入湖面的树叶，严禁将湖岸上的落叶扫入湖泊内。及时清除水下的垃圾，清除水面油污。

4.3.5.2 做好水生生物种群结构与生物量的调控

以水生植物群落为主的水生生态系统重建后，湖泊水生生态系统的管理，尤其是水生植物群落的管理最为重要，只有管理好水生植物群落，才能使生态系统的结构更加合理，功能更有效发挥。除做好水生植物群落的管理外，同时应做好鱼类种群和大型底栖动物种群的管理。

1）根据水生植被发展状况和水体理化条件，采用收割、适度清除、引种培育等手段，适时调控水生植物的群落结构与生物量，使其适应和满足构建健康水生生态系统的要求。必须严格控制喜旱莲子草、水浮莲、各种浮萍及大型丝状藻（水网藻、水棉等）的入侵、蔓延。植物维护方案主要包含以下内容：①植株残体的清理。挺水植物易倒伏而腐烂于水中形成二次污染，因此如出现倒伏情况，应及时清理；沉水植物可郁闭整个水面，有效吸附、拦截悬浮物，但其脱落的枝节却容易随水流到其他水面，必要时要进行打捞；出水展示池内易滋生水绵。②植物补种。每年3~4月组织人员对人工湿地植株密度进行统计，发现死亡情况及时补种，补种一般选择在春节，不选用苗龄过小的植物。③植物病虫害防治。注意观察植物是否发生病虫害，不大规模使用杀虫剂进行病虫害防治。④杂草清除。湿地水热条件好且富含营养，杂草极易生长。控制杂草，让湿地水生植物生长占优，有助于改善整体景观；适当保持杂草有助于提高生物多样性，维系生态系统的平衡。杂草主要通过人工拔除方式来控制。

2）根据主要的水生动物的种群结构与数量状况，以及相关的食物链网关系，在技术人员指导下，主要通过捕捞和放养手段控制及维持水生动物的合理种群结构与数量。适量捕捞或投放螺、蚌、鱼。严禁无序地钓鱼及捕捞螺、蚌、鱼，同时对不能自然扩繁的种群应进行人工放养。

4.3.5.3 原位强化净化设施维护管理

本工程中主要涉及浮床、人工水草及曝气设备的日常维护管理。主要包含：①日常巡查。每周2~3次，巡查设备、设施有无损害及用电安全；②定期维护。设备、设施加固、维修，浮床植物收割，以及老化生物膜清理等。

4.3.5.4 应急处理系统建立

在生态系统建立初期，当湖泊因为暴雨或其他原因受纳大量污染物、湖泊水质急剧恶化时，应该立即进行应急处理，利用移动曝气设备投加水体快速净化剂（改性硅藻土），迅速提高水体透明度，避免湖泊水生生态系统受到毁灭性打击。

第5章　华南和西南

5.1　广州市双岗涌黑臭水体整治

5.1.1　双岗涌流域概况

黄埔区处于广州东南部珠江北岸（入海口），地处珠三角核心部位，辖区面积为484.17km^2，常住人口89.85万人。黄埔区北靠高山，南临珠江，东至东江，区内河网密布，地表水十分丰富，东江自北东向西南流过，具有南方水乡特色，区域内有河涌83条，总长约362.13km。由于邻近出海口，受潮水影响，具有感潮河段的水文特性。区内部分河涌污染严重，水环境质量差，同时，人水争地现象突出，河涌淤塞、萎缩严重，沿岸景观环境较差。

双岗涌位于广州市黄埔区红山街双岗社区沙浦自然村，全长2.29km，集水面积为4.6km^2。双岗涌流域范围示意图见图5-1。双岗涌分为主涌、支涌，主涌发源于黄埔区状元山，河涌在山体以下为1m左右宽的小山沟，河涌在广州航海学院—黄岗片区—黄埔东路段被覆盖成宽度为2～4m的暗涵，暗涵段长度为1.5km。支涌在白沙市汇入主涌，转向南汇入珠江。双岗涌黑臭段范围为福田围东至珠江前航道（图5-1），全长1.116km。在双岗涌周边的双沙社区内有3个“风水塘”，面积约13 800m^2，池塘水污染严重，由于“风水塘”与双岗涌连通，进一步加重了河涌污染程度。

2017年，双岗涌被列为广州市35条重点整治的黑臭水体之一，列入国家黑臭水体整治清单。同年，黄埔区开展双岗涌流域水环境综合治理，着力提升双岗涌水环境质量，改善区域人居环境。

5.1.2　主要问题分析

双岗涌整治前周边房屋密集，侵占河道问题严重。河涌周边截污管网覆盖不完全，存在污水管网空白区。另外，现有排水管网缺乏监管，管网错接、混接、

图 5-1　双岗涌流域范围示意

漏接情况较为普遍。河涌周边“散乱污”场所多，生活污水、工业污水未经处理直排河涌。经过污染源排查，河涌黑臭的主要原因有以下 4 方面。

（1）截污管网建设不完善

截污管网建设不完善主要体现在：①大沙东路以北存在约 2.75km^2 的区域未铺设截污干管，导致片区生活污水直排双岗涌右支涌上游暗渠。②富达路、富兴路及文冲船厂等片区工业园区由于历史原因未安装治污设施或设施不完备，大量污水直排河涌。③沙浦自然村、双岗自然村等城中村污水管网覆盖不完全，且排水系统属合流制排水体制，城中村内生活污水通过村内暗涵或雨季经过雨水管溢流排入河涌。

（2）缺乏日常监管

双岗村黄岗片区及文船生活区等区域前期虽已实施雨污分流改造工程，但缺乏日常维护和管理，污水管严重堵塞，导致污水溢流直排河涌。

（3）小微水体污染严重

双岗涌周边的小微水体（主要为 3 个池塘，总面积为 13 793m^2）没有进行截污，随着周边人口大幅增长，大量生活污水排入池塘，导致底泥严重发黑发臭，且底泥淤积情况较为严重，底泥中污染物质经过释放导致水体富营养化严重。池塘水通过外排口流入双岗涌，进一步加重了河涌污染程度。

（4）河道侵占严重

双岗涌两岸6m红线范围内侵占情况严重，两岸历史违法建筑物约15 000m^2，多数房屋建在堤岸上或骑压河道，导致部分堤岸存在垮塌现象，遭遇暴雨及洪水时过流不畅，造成周边区域内涝。

2017 年初水质监测数据显示，双岗涌氨氮指标高达 15. 5mg/L，对照《城市黑臭水体整治工作指南》中城市黑臭水体污染程度分级标准，双岗涌整治前属重度黑臭水体，对周边居民的生活环境造成了严重影响。

5. 1. 3 治理方案

5. 1. 3. 1 治理思路

自城市黑臭水体整治以来，广州市创新黑臭水体治理方式，坚持系统治理、源头治理的治理思路，提出“三源、四洗、五路线”的治水路线：即按照“源头减污、源头截污、源头雨污分流”的原则，持续推进“洗楼、洗管、洗井、洗河”的清源行动，坚持“控源、截污、清淤、补水、管理”的技术路线，全面推进黑臭水体治理。

双岗涌在贯彻“三源、四洗、五路线”治水路线的基础上，将河涌整治与“城中村”微改造、人居环境提升相结合，针对河涌污染源现状，按照“一涌一策”的工作原则编制了《黄埔区双岗涌黑臭水体总体方案》，通过集中开展截污、补水、生态修复、堤岸整治、景观升级和河涌保洁等措施，全面推进双岗涌黑臭河涌综合治理，综合整治工程项目总投资约 2. 8 亿元。

5. 1. 3. 2 开展的整治措施

（1）控源截污

1）双岗涌流域截污管网完善。实施双岗涌流域截污管网完善工程，在开展双岗涌流域建成区（生活小区、城中村、企事业单位等）管网情况全面摸查的基础上，对截污不完善、不彻底等区域通过截污管网完善工程进行治理。两岸新建截污管网约 10 380m，新建 DN300 ~ DN800 污水管网 7100m，新建雨水分流渠箱 750m。新建污水提升泵站 1 座，共改造 103 个直排口。经过截污管网完善工程改造，共截流直排河涌的污水约 13 700t/d，有效收集沿途污水至污水处理厂进行集中处理。此外，对现状合流箱涵进行清污分流改造，通过分流井将箱涵中的山水引入河涌，增加河涌生态流量。经过分流，旱天时每天可减少约1000m³ 山水进入污水干管，实现下游污水处理设施提质增效的目的。

2）城中村污水治理。开展双沙社区（农村）生活污水治理工程，充分利用社区现状水塘地处村落低洼和收集雨污水的有利条件，进行雨污分流排水设施改造。雨水根据地势就地散排，铺设DN500污水管网约2080m，新建检查井182座，将生活污水接入污水管网，确保河涌、鱼塘周边生活污水不直排造成水体污染。

3）推进河涌源头减污。通过拆除河涌沿岸违章建筑、散乱污场所整治等措施开展源头减污。清拆双岗涌水闸旁历史建筑物约6000m²，河岸6m以内的空间得到释放。同时对河涌两岸进行修复，彻底消除侵占河道的隐患。

（2）内源治理

根据双岗涌流域范围内的河涌、鱼塘和城中村的实际情况开展清淤疏浚，共清除淤泥33 276m³；双岗涌主涌清淤25 000m³；周边鱼塘清淤8276m³。清淤疏浚工程的开展保障了截污工程的效果，同时提高了防洪、调蓄和排涝等能力。

（3）生态修复

在截污和清淤的基础上，对双岗涌周边的3个鱼塘使用“食藻虫引导水生生态系统构建技术”，构建“食藻虫+沉水植物+微生物”共生系统进行水质净化，实现水体生态修复，解决水体污染和富营养化问题，加强抵御外源污染的能力，达到水体自净的效果以改善水质。该工程共种植四季常绿矮型苦草约6500m²，睡莲约100株，挺水植物及漂浮植物若干。生态修复工程实施后，鱼塘水质明显提升，鱼塘水生生态系统得到恢复。后续通过定期水质监测，根据水体水质变化情况，适时补充微生物并调控水生植物结构，保证鱼塘水质和生态系统稳定。此外，对双岗涌主涌及周边小微水体安装曝气设备及设置生态浮岛。

（4）管理机制

在黑臭河涌综合整治过程中，结合黄埔区河涌整治实际情况，先后出台了《广州市黄埔区湖长制实施方案》等文件，为河涌整治工作提供了有力的制度保障。加强河道管理，科学划分河道养护区域，根据实际情况调整河道管理的方式和方法，加大投入人力、财力、物力，组织和完善河涌养护队伍，发挥河长制作用，加强巡河督办力度，严控河涌两岸污水直排行为，彻底清理河道两岸卫生死角。

（5）其他措施

1）调水补水。根据双岗涌流域实际情况，对沙浦涌水闸进行改造并重建，新建补水泵站对双岗涌明涌段进行调水补水。通过水闸的合理调度，结合潮汐变化为河涌补齐生态需水量。

2）堤岸整治。先对双岗涌两岸违章建筑进行拆除，后对沿线 1700m 的堤岸开展整治。在河涌左岸砌筑约 300m 直立式挡墙，右岸砌筑约 250m 放缓坡型式挡墙，并分段增设二级亲水平台约 250m，将防洪排涝能力提升至 20 年一遇的排涝标准。

3）景观升级。遵循河涌生态自然规律，采用生态驳岸护坡，种植水杉、梭鱼草、水生芦竹等水生植物，一方面营造了多样性河道景观，另一方面起到了净化水质的作用；充分挖掘当地的水乡文化，结合河涌堤岸整治形式，修建青石栏杆，改建具有水乡特色的景观桥梁及栈道，修建亲水平台，恢复岭南水乡的河涌风貌。

5.1.4 典型技术

双岗涌治理通过利用“食藻虫引导水生生态系统构建技术”的方式实现周边三个鱼塘的生态修复。该技术构建“食藻虫+沉水植物+微生物”共生系统，通过虫控藻、鱼食虫、人捕鱼等食物链，恢复沉水植物，发挥沉水植物对营养物质的吸收净化作用，改善水体水质及景观，恢复水生生态系统，将其打造成为“水清气净”的生态景观水体。

5.1.4.1 技术原理

该技术原理是通过食藻虫摄食水体中的浮藻类植物、有机颗粒和悬浮物，降低水体中叶绿素 a 的含量，从而达到提升水体透明度的目的。同时将沉水植物覆盖于水体底部，固化底部淤泥，并吸收淤泥中的营养物质用于自身生长。固化后的淤泥不会由于风浪或者水流冲刷而引起水体浑浊。沉水植物吸收淤泥中的营养物质，会使水底淤泥的营养盐含量下降，逐步降低淤泥厚度并矿化。沉水植物在水中的叶片通过光合作用产生氧气，在叶片的表面形成弱电荷，会主动吸附水体中的悬浮物质，然后沉积，进入淤泥中固化吸收，达到提升水体透明度的目的。沉水植物在吸收水体中悬浮物质的同时，也会使大量的有益微生物附着在植物周围，分解水体中的营养物质。图 5-2 为食藻虫引导水下生态修复技术原理示意图。

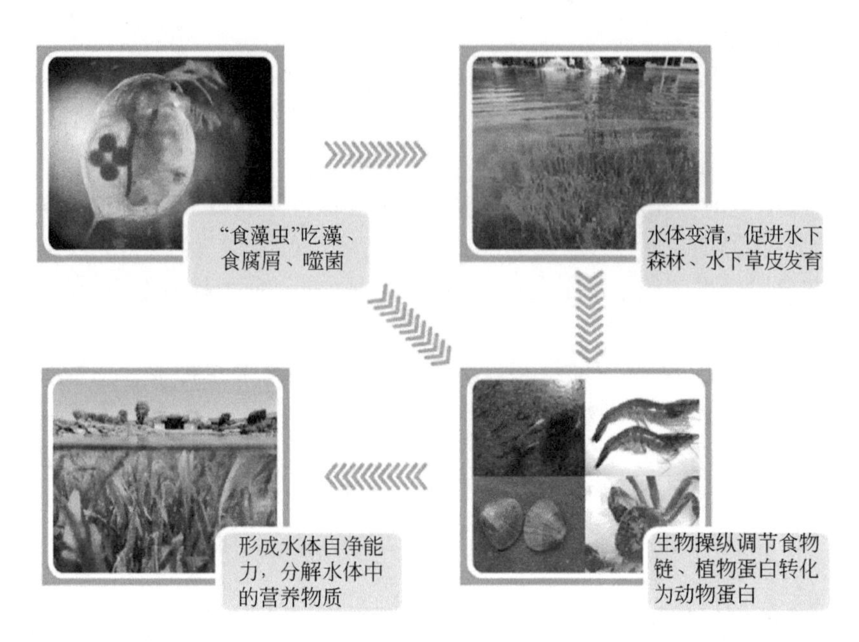

图 5-2　技术原理示意

5.1.4.2　性能特点

(1) 技术优势

该技术属于纯生态技术，不使用化学药剂，无二次污染；运行维护简便，运行成本低，日常使用中不需使用任何电力设备来维持，无须额外占地；无须清淤及排干水体，有固底封泥效果，可防止泥沙悬浮；施工期短，且水体修复后经过维护，效果能维持较长时间。

(2) 技术适用范围

该技术主要应用于城市人工湖、公园景观水体、城镇生活污水深度净化，污染水域、景观水及饮用水水源地等水环境的生态净化与水生生态系统构建。适合水体深度为 0.5 ~ 4m、含盐量不超过 5‰的淡咸水水体。

5.1.4.3　技术应用

(1) 技术路线

食藻虫引导水下生态修复的工程施工流程主要分为以下 5 部分，图 5-3 为技术路线图。

1）水生态前期工程设计：底质改良活化，软围隔设置，局部点源预处理；

2）沉水植物系统配置设计；

3）浮游动物——食藻虫投放，控藻及水体透明度提高工程设计；

4）景观系统配置设计：景观浮叶植物与景观喷泉增氧系统；

5）大型水生动物系统构建：包括大型底栖生物群落构建和食物网构建工程。

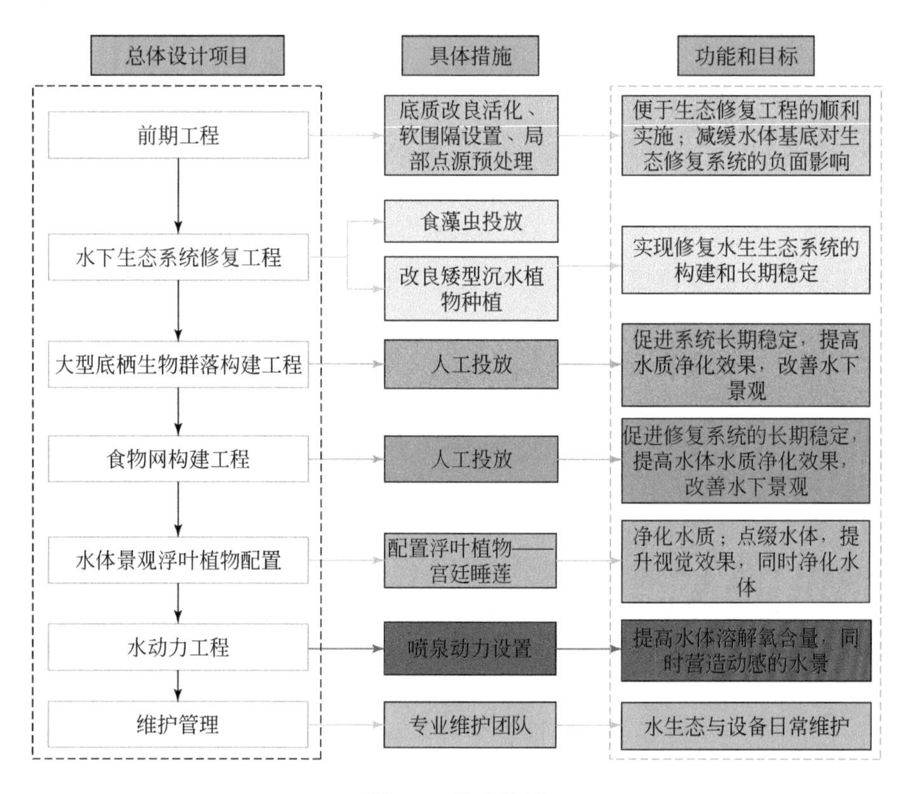

图5-3　技术路线

（2）施工过程

1）前期工程。前期工程包括：①底质改良活化。根据底泥现状及沉水植物所需环境特点，对底泥进行消毒及活化处理等预处理措施，其目的是杀灭底质中福寿螺及其他病原体、改善底质酸碱度、采用技术工程培育与调配的多种有益微生物菌种（只需前期、中期的用量）活化底质。根据施工实际进度逐步进行调控。②软围隔设置。双岗村南侧有溢流口与外部双岗涌相连接，为防止外来鱼类、漂浮物等对系统的影响及系统内水生动物流失，在溢流口处设置软围隔。漂浮软围隔网孔大小为40～60目，即0.3～0.4mm，合计总长为5m。③局部点源预处理。开展整治的鱼塘周边有雨污合流制溢流管接入，平时无雨污水排入，当有中雨及以上降水时，有雨污水溢流至鱼塘。为防止溢流对鱼塘造成污染，对鱼塘周边雨污溢流口作局部点源强化处理，在雨污溢流口附近用隔离网圈养 30m^2 的挺水植物（主要为菖蒲、再力花和美人蕉）和耐污种水生植物（主要为大薸），对中雨及以上降水造成的雨污溢流水进行预处理，将污染负荷控制在生态净化塘系统耐受范围之内。

通过实施以上措施，消除或者减缓底质对后期生态系统的负面影响，建立或者恢复底质有益微生物处理系统，促进沉水植物群落的生长及系统的恢复和稳定，提高水体水质净化效果。

2）水下生态系统修复工程。在生态系统建立初期，某一物种会因为环境的适宜性大量繁殖，使单个物种生长占优势，从而抑制其他物种的竞争力，使得其他物种数量减少甚至缺失，从而导致生态系统维持平衡的能力减弱。因此，在生态系统初步构建完成后，需通过全生态系统平衡调节方式以确保生态系统稳定。

水下生态系统修复工程主要包括：①食藻虫投放。食藻虫投放水域面积为 23 621m^2，投放密度为 150mL/m^2。②沉水植物配置。沉水植物配置涉及四季常绿植物和季节性水草。其中，四季常绿植物配置改良四季常绿矮型苦草 21 259m^2，占总配置水域面积的 90%，配置密度为 15 丛/m^2。季节性水草方面，冬季水下森林（小茨藻等）配置水域约 5%，面积为 1181m^2；夏季水下森林（红线草等）配置水域约 5%，面积为 1181m^2。

3）水生动植物群落配置。水生动物主要包括鱼类、底栖动物（主要是软体螺贝类）、虾类及滤食性动物等，用于延长食物链，完善水生生态系统，同时也提高了水体的自我净化能力和生态系统的稳定性。进行水生动物的配置设计时，经过充分考虑物种的配置结构（时空结构和营养结构）及放养模式（种类、数量、雌雄比、个体大小、食性、生活习性、放养季节、放养顺序等），选择 7 种水生动物进行投放（表 5-1）。

表 5-1　投放的水生动物种类及投放量

序号	名称	投放量	单位	特征
1	环陵螺	30	kg	约 300 只/kg
2	萝卜螺	30	kg	约 300 只/kg
3	河蚌	60	kg	5 ~ 8cm/个
4	黑鱼	100	尾	50 ~ 150g/尾
5	地图鱼	100	尾	50 ~ 150g/尾
6	鳜鱼	40	尾	50 ~ 150g/尾
7	青虾	36	kg	2 ~ 3cm/只，虾苗

4）景观系统配置。景观系统配置主要包括：①景观浮叶植物配置。景观植物以浮叶植物群落的宫廷睡莲为主，共配置100株，主要种植在水体的边缘地带。②增氧系统设计。曝气增氧是水体修复中增加水中溶解氧含量重要的一环，也是微生物生存、繁殖的基本条件。为使水体中含有足够的溶解氧，提高水体氧化还原电位，促进生态系统的恢复，兼顾水体景观动态效果，在各鱼塘中央设置1套提水式曝气机。

5.1.4.4 整治效果

鱼塘整治前水质为劣Ⅴ类。整治后，除暴雨等极端情况，鱼塘水质的主要富营养指标（COD_{Mn}、NH_3-N、TP、DO）一年中80%的时间达到Ⅳ类或以上水质标准，水体常年清澈见底。

5.1.5 整治成效

2017年开展城市黑臭水体综合整治以来，双岗涌综合整治区域的排水设施得到完善，水质由原来的重度黑臭提升至各项水质指标均优于《城市黑臭水体整治工作指南》中的轻度黑臭标准。2018年5月起，经过连续6个月跟踪整治，双岗涌3个监测点氨氮浓度为1.22～3.88mg/L；溶解氧含量为2.25～6mg/L；氧化还原电位监测值为56～116mV；水体透明度监测值为25～36cm，达到消除黑臭的效果。黑臭水体综合整治的同时提升了相关小微水体水质，恢复了河涌、“风水塘”等水体的生态和景观功能，对改善水体下游断面水质起到了积极作用。同时，对改善人居环境，重建岭南水乡文化，建设人水和谐的文明社区起到十分积极的作用。双岗涌作为黑臭水体整治典型案例在生态环境部官网进行了宣传。图5-4为双岗涌整治后实景图。

图5-4 双岗涌整治后面貌

5.2 深圳市福田区深圳河流域一级支流黑臭水体治理

5.2.1 水体概况

5.2.1.1 流域基本情况

福田河为深圳河的一级支流，发源于北部山区的梅林坳，中游流经笔架山公园、中心公园、田面村，下游沿福田南路在皇岗口岸东部汇入深圳河，流域面积为15.9km^2，干流长度为6.8km。北环皇岗立交桥以南至深圳河为明渠，暗涵段流域面积为4.4km^2。

5.2.1.2 排水系统概况

福田区共有两座污水处理厂，分别是福田污水处理厂和滨河污水处理厂。福田河流域属于福田污水处理厂的服务范围，流域内的污水主要是通过皇岗路和滨河路DN900～DN1800污水干管及黄木岗泵站、红荔污水泵站、田面污水泵站、福星污水泵站、福华污水泵站输送至福田污水处理厂进行处理后排放。

5.2.1.3 黑臭水体概况

随着深圳市经济高速持续发展，福田区水环境污染问题也日益突出。福田区是深圳市的中心城区，虽然近几年已经对区域内的小区排水管道进行了截污整治，但是并没有惠及福田区的所有小区，局部雨污混流情况仍然存在。根据《深圳市地表水环境功能区划》，深圳河的水质目标为V类，但根据《福田区黑臭水体治理方案》，深圳河福田段目前仍为轻度黑臭水体。福田河存在污水直接排入河道的情况，使得河道水体黑臭情况加剧。同时河道中存在淤积情况，淤泥中含有重金属等污染物，进一步加剧水体黑臭。

5.2.1.4 问题分析与评估

（1）河水污染严重，水质发黑发臭

1）管网系统不完善。污水通道未全部打通，污水收集支管待完善。同时存在混流、高水位溢流等问题。

2）处理能力不足。末端污水处理厂处理容量小于现状污水量，长期高水位运行，滨河污水处理厂出水水质有待进一步提高。

3）初雨污染较重。片区初期雨水产生大量面源污染，包括初期雨水和合流制溢流污染两类。

4）淤泥造成内源污染。河道中有淤积现象，根据淤泥检测，淤泥中存在重金属等污染物，且存在富营养化，有刺激性异味散出，造成河道内源污染，进一步加剧水体黑臭。

淤积原因方面，河道淤积的原因有河流动力所导致的泥沙相互转换，也有人为破坏所带来的影响。陆海间的泥沙相互转换是全球剥蚀系统的一个重要组成部分，而许多河道由于常年没有进行疏导和维护，其淤塞现象逐年严重。同时许多河道的闸门常年处于关闭状态，从而使河道的水流自然流动性受到了不同程度的破坏，削弱了河道自净能力。另外，大量的强降雨将地表中的土壤颗粒挟带到河流中，从而形成黏附力较强的淤泥，在不断的淤积下导致河道发生严重的堵塞，使其河道的正常功能受到较大的影响。

淤积影响方面，河道淤泥抬高河床，降低河道泄洪能力，河道周边地势较低处容易造成内涝，同时对河道的生态功能也造成一定的破坏。

（2）防洪能力不足

河道空间被侵占、河流防洪标准低，雨季时沿河社区水浸现象经常发生。

福田河于 1989 年进行了全面整治，设计防洪标准为 50 年一遇，按农田排涝标准考虑，采用六小时平均模数为 $8.24m^3/(s \cdot km^2)$ 计算洪水流量。随着城市的建设发展，河道流域面积有所增加，下垫面性质由原有的农田、坡地等逐渐演化成城市道路、建筑等用地，降雨产生汇流时间、下渗量等都发生了较大的变化，相应河道防洪能力有所降低，深南路箱涵段只满足 10 年一遇的过流能力。

（3）河道驳岸生硬，生态效果及亲水性不足，两岸景观效果差

河道位于高密度建成区，驳岸型式为混凝土或浆砌石梯形明渠，水面窄小、水景观少、滨水空间和亲水设施不足，河道生态效果差；绿化以荔枝树为主，品种单一，公园面积大，但利用率低，市民游览兴趣不大。

5.2.2 整治方案

5.2.2.1 污染源调查

首先要明确福田河汇水范围，开展汇水范围内排水管线和排水口调查，摸清福田河黑臭水体成因，为黑臭水体整治提供基础支撑。

(1) 管网调查

通过人工、物探设备、CCTV 检测等手段，对现状市政排水管网进行调查，为现状存在雨污混接、高位溢流、缺陷严重的管段改造提供依据。

(2) 正本清源调查

正本清源调查需摸清已建建筑与小区内排水管道及检查井的类别、排水种类、水量大小、管道破损、淤堵、混接及管道维护情况；摸清小区内建设海绵设施的基础条件和已建海绵设施的类别、规模、设计参数、运行现状及维护情况，为建筑与小区实现雨污分流、削减地表径流、控制面源污染提供基础资料。

(3) 排水口调查

开展入河排水口调查，查明排水口类型、坐标、尺寸、标高、水量、现场照片及排水口同上游排水管线的连接关系等内容，建档编号，登记造册，建立排水口台账。同时对旱季有污水流出的排水口向上游进行溯源，为纠正错接整改提供依据。

(4) 内源污染调查

开展河道断面测量，查明河道淤积情况，对河道底泥进行检测，为清淤疏浚、底泥处置提供依据。

5.2.2.2 黑臭成因分析

在上述调查分析的基础上，分析福田河黑臭水体形成的主要原因，循因施策，提出针对性的整治措施。

5.2.2.3 整治方案制定

通过污染源调查、环境条件调查，从控源截污、内源治理、水质净化、中水回补、生态修复、清污分离、河道整治等方面制定了福田河黑臭水体整治方案。

5.2.3 整治措施

为解决水体黑臭问题，福田区环境保护和水务局采取了一系列整治措施，主要如下。

5.2.3.1 控源截污

(1) 正本清源工程

根据建设条件的不同，将已建排水建筑与小区分为五类。

Ⅰ类：只有一套合流排水系统，有条件新建雨水立管且有条件新建一套小区排水管道的建筑与小区；

Ⅱ类：只有一套合流排水系统，无条件新建雨水立管但有条件新建一套小区排水管道的建筑与小区；

Ⅲ类：有雨污两套排水系统，有条件新建雨水立管的建筑与小区；

Ⅳ类：有雨污两套排水系统，无条件新建雨水立管的建筑与小区；

Ⅴ类：只有一套合流排水系统，内部无法新建一套排水管道的建筑与小区。

根据分类排水建筑与小区的特点，分别拟定清源方案（表5-2）。

表5-2　分类排水建筑与小区清源方案

类别	清源方案
Ⅰ类	将原有建筑合流系统改为污水系统，直接接入市政污水系统；新建建筑雨水立管及小区内部雨水系统，接入市政雨水系统
Ⅱ类	小区内新建雨水系统接入市政雨水系统，原有建筑合流立管末端设溢流设施，接入新建小区雨水系统内；原有小区合流系统作为污水系统
Ⅲ类	将原有合流立管接入小区现状污水系统，新建建筑雨水立管接入小区现状雨水系统
Ⅳ类	原有建筑合流立管接入小区现状污水系统，立管末端设溢流设施，接入小区现状雨水系统
Ⅴ类	在小区出户管接入市政管道前设置限流设施进行截污

福田河流域面积为15.9km^2，共有326个小区完成了正本清源改造，实现了正本清源的全覆盖。

（2）排污口治理

通过对河道排污口进行溯源排查，对流域内周边排水管网系统进行梳理，明确溯源排污口与周边管网系统的联系，采取不同的治理方式进行整改。

1）溯源至小区的排污口。对于溯源至小区的排污口，可结合小区正本清源工程的实施情况，将合流管/污水管进行改造，接入小区污水管网系统中，从源头进行截污。

2）溯源至市政道路的排污口。对于溯源至市政道路的排污口，或是暗渠附近的错接乱接管，可就近将排至雨水管或暗渠的污水管接入周边市政污水管道中。

3）溯源困难的排污口。对于难以溯源或近期实施困难，导致无法通过源头进行分流的排污口，暂时可进行截污处理，保证旱季污水不入暗涵。待以后条件成熟，再进行雨污分流改造。若末端混流水标高低于周边污水管网，也可设置一体化污水泵站，将旱季污水抽排至污水管进行收集。

5.2.3.2 内源治理

(1) 垃圾清理

全面整治城市水体蓝线范围内的非正规垃圾堆放点，严禁随意堆放垃圾。规范管理垃圾中转站，防止垃圾渗滤液直排入河，降低雨季污染物冲刷入河量。对水体内垃圾和漂浮物进行清捞，并妥善处理处置，严禁将清理的垃圾和漂浮物作为水体治理工程的回填材料。建立健全垃圾收集（打捞）转运体系，将河岸垃圾清理和水面垃圾打捞经费纳入财政预算，并配备打捞人员，及时清理转运垃圾，做好垃圾收集转运记录（垃圾收集转运时间、垃圾清运量等），确保实现无害化处理处置。

(2) 清淤疏浚

针对黑臭水体，尤其是重度黑臭水体淤泥进行清理，快速降低黑臭水体的内源污染负荷。

调查淤泥污染状况，结合排水口整治中截污管埋设深度，合理控制淤泥清理深度和清理范围；根据气候和降雨特征，合理选择淤泥清理时间，充分考虑淤泥堆放和运输风险，按规定采取安全处理处置方式。清淤方式首选“干河清淤”方式，清淤方法可采用机械清淤、水力清淤和人工清淤。清除的淤泥应转运至正规的处理厂站处置。

5.2.3.3 水质净化

福田污水处理厂服务范围：东起泥岗西路、华强北路、华强南路区域，西至深华路、侨城东路、深圳湾七路，北至二线关，南至深圳湾，总服务面积为65.73km^2。

福田污水处理厂于2016年建设，采用多段强化脱氮改良型A^2/O处理工艺，深度处理采用纤维转盘滤池+紫外消毒工艺，处理后出水水质执行国家《城镇污水处理厂污染物排放标准》一级A标准，排入小沙河后流入深圳湾海域。规划规模为60万m^3/d，先期处理规模达到40万m^3/d。

深圳福田污水处理厂建成后极大地改善了周围水体环境，对治理水污染、保护深圳河湾流域水质和生态平衡具有十分重要的作用。

5.2.3.4 中水回补

利用滨河污水处理厂的再生水回补河道，提高水体质量。通过铺设专线补水管道，滨河污水处理厂为福田河供给再生水规模为3.8万m^3/d的补水量，从河道上游北环箱涵段布置河道补水点，满足河道整体补水需求。

处理后的中水回补河道，降低河道中污染物浓度，促进水体交换，增强河道的自净能力，消除黑臭现象。

5.2.3.5 生态修复

利用滞洪库形成的景观湖面大幅提升沿河的中心公园、笔架山公园景观水平，结合防洪堤岸的建设形成的沿河绿道、亲水平台等提升了周边居民的生活质量，恢复了岸线和水体的自然进化功能，强化了水体的污染治理效果。

5.2.3.6 清污分离

对上游有基流的河道需实施清污分离工程，将污水剥离出来排入污水处理厂，清洁基流用来补充河道景观用水，福田河每天释放的清洁基流约 200m^3。

5.2.3.7 河道整治

在满足河流防洪功能的同时，改变原有线形单一的河道岸线，丰富河道断面，形成浅潭和深水，构造生物多样性的生境条件。采用石笼和生态工程袋等生态驳岸形式，同时对驳岸进行景观绿化，让两岸边坡再现松软的土壤和鲜艳的绿色。

5.2.4 治理成效

福田河整治后，中心公园段旱季（2017 年 11 月）局部达到地表水Ⅲ类水标准，平均时段旱季为Ⅳ类水，雨季为Ⅴ类水（图 5-5）。

图 5-5 福田河治理后现状

5.3 北滘镇绿道涌水生态修复工程

5.3.1 水体基本概况

5.3.1.1 水体名称与水体类型

绿道涌、北基涌区位如图5-6所示。水体类型为河涌。

图5-6 绿道涌、北基涌区位

5.3.1.2 水体所在流域概况

绿道涌、北基涌属于潭州水道流域。潭州水道位于广东省佛山市境内，西起佛山市禅城区南庄镇紫洞村，与东平水道相通，向东至沙口水利枢纽，左岸分出佛山水道（汾江），之后转东南流，至顺德区乐从镇平步村以北，澜石大桥以西，右岸有吉利涌汇入。潭州水道上接北江，可通行载重量在1000t以下的船只，是广州通行广西梧州等地的主要航道。

潭州水道继续向东至顺德区陈村镇登洲，左岸又分出平洲水道，之后转东南流，于陈村镇马基头左岸分出陈村涌，继续向东南至北滘镇西海口汇入顺德水道。潭州水道全长31.5km。

5.3.1.3 修复前水质特征

绿道涌、北基涌 2 条河涌组成环绕顺德区北滘镇桃村的环村涌，全长约 660m，宽度为 6 ~ 7m，流速为 0.1m/s，常水位为 0.3 ~ 1.4m，水域面积约 4410m^2。其中，绿道涌治理段长约450m，宽约7m，水域面积约3150m^2；北基涌治理段长约210m，宽约6m，水域面积约1260m^2。绿道涌、北基涌的岸带主要为浆砌石挡土墙，并种植有树木进行绿化。

绿道涌、北基涌两岸为密集的居民区，居民产生的生活污水全部直接排放到绿道涌、北基涌；部分居民养殖家禽，畜禽粪尿污水直接排入河涌；绿道涌西段尾段、北基涌北面有大量的农业用地，农业用化肥等通过地表渗透到河道；附近工业区的工业废水被偷排入绿道涌、北基涌。由于受到大量生活污水、农业污水和工业污水的长期污染，河涌内的动植物无法生存，生态平衡遭到破坏，水体恶化，河涌自身失去了自净能力，使污染物沉积，造成部分河段底泥淤积严重，影响到水体的流动性，造成水体发黑发臭，水质进一步恶化（图 5-7）。

图 5-7 修复前水体状况

绿道涌、北基涌由于受到生活污水、农业污水和工业污水的长期污染，水体严重黑臭，部分水质指标已经达到《城市黑臭水体整治工作指南》（2015 年 8 月 28 日发布）的重度黑臭标准，修复前水质指标数据见表 5-3。

表 5-3 修复前水质指标

采样位置	检测项目	检测结果	标准限值		单位	结果评价
			轻度黑臭	重度黑臭		
绿道涌东段	水体透明度	8	25 ~ 10	<10	cm	重度黑臭
	溶解氧	1.1	0.2 ~ 2.0	<0.2	mg/L	轻度黑臭

续表

采样位置	检测项目	检测结果	标准限值		单位	结果评价
			轻度黑臭	重度黑臭		
绿道涌东段	氧化还原电位	-35	-200 ~ 50	<-200	mV	轻度黑臭
	氨氮	12	8.0 ~ 15	>15	mg/L	轻度黑臭
绿道涌西段	水体透明度	8	25 ~ 10	<10	cm	重度黑臭
	溶解氧	0.9	0.2 ~ 2.0	<0.2	mg/L	轻度黑臭
	氧化还原电位	-46	-200 ~ 50	<-200	mV	轻度黑臭
	氨氮	14	8.0 ~ 15	>15	mg/L	轻度黑臭
北基涌	水体透明度	9	25 ~ 10	<10	cm	重度黑臭
	溶解氧	0.7	0.2 ~ 2.0	<0.2	mg/L	轻度黑臭
	氧化还原电位	-68	-200 ~ 50	<-200	mV	轻度黑臭
	氨氮	17	8.0 ~ 15	>15	mg/L	重度黑臭

5.3.1.4 水体污染来源

在生态修复前，绿道涌、北基涌长期有各种类型的污水进入。

1）点源污染方面，绿道涌、北基涌两岸居民产生的生活污水都直接通过小排污口排放到绿道涌、北基涌，这些小排污口达到数十个，每天污水排放量大约2000m^3，造成氨氮、总磷等指标超标。同时河道岸边开设有工业区，主要是模具厂、五金机械厂等，每天有几十立方米的工业废水通过排污口被偷排入绿道涌、北基涌，造成悬浮物、重金属指标偏高。

2）面源污染方面，河道两岸部分居民养殖家禽，畜禽粪尿污水直接流入河涌，导致河涌氨氮指标偏高。而绿道涌西段尾段、北基涌北面有大量的农业用地，农业用化肥等通过地表径流流失渗透到河道内，使河道水体水质受到污染。参考《第一次全国污染源普查-农业污染源肥料流失系数手册》，该农业用地区域的总氮流失量为1.331kg/(亩·a)，总磷流失量为0.107kg/(亩·a)，该农业用地面积大约有300亩，即农业面源的污染负荷为总氮0.3993t/a，总磷0.0321t/a。

因此，绿道涌、北基涌主要的污染来源是生活污水、农业污水和工业污水，其造成河涌内的动植物无法生存，生态平衡遭到破坏，水体进一步恶化。

5.3.2 修复目标及技术路线

5.3.2.1 修复目标

在没有增加新的污染源情况下，项目河涌治理质量标准如下：

1）项目实施 30 天内工程范围的河涌水体不黑不臭，水质指标需达到表 5-4 的验收标准。

表 5-4 第一阶段水质指标验收标准

序号	特征指标	验收标准
1	水体透明度/cm	>25
2	溶解氧/(mg/L)	>2.0
3	氧化还原电位/mV	>50
4	氨氮/(mg/L)	<8.0

注：①水深不足 25cm 时，水体透明度指标按水深的 40% 取值；②以上指标参照中华人民共和国住房和城乡建设部、中华人民共和国环境保护部 2015 年 8 月 28 日发布的《城市黑臭水体整治工作指南》中的城市黑臭水体分级标准

建设单位向整治河涌附近村民和当地村民委员会成员随机发出 100 份调查问卷，认为大部分时间不黑不臭的答卷应达 60% 以上。

2）项目实施 90 天内及后续 1 年的维护期中水质指标除达到第一阶段验收标准外，还需达到或优于表 5-5 的验收标准。

表 5-5 第二阶段水质指标验收标准

名称	pH	COD_{Cr}/(mg/L)	BOD_5/(mg/L)	氨氮/(mg/L)	总磷/(mg/L)	DO/(mg/L)	水体透明度/cm
各河涌	6~9	≤50	≤20	≤6.0	≤0.8	≥2	60

注：以上指标部分参照或接近《地表水环境质量标准》(GB 3838—88) 中的 V 类水质标准

建设单位向整治河涌附近村民和当地村民委员会成员随机发出 100 份调查问卷，认为大部分时间不黑不臭的答卷应达 60% 以上。

3）后续 1 年的维护期中水质指标除达到第二阶段验收标准外，由甲方多次不定期向整治河涌附近村民和当地村民委员会成员每次随机发出 100 份调查问卷，认为大部分时间维持不黑不臭的答卷应达 70% 以上。

5.3.2.2 修复技术路线

通过对现场的勘查及根据本项目河道实际情况，最终采用多元生态平衡生物

修复方法进行治理。多元生态平衡生物修复方法是特别针对污染河道、湖泊治理而研发的创新技术，其核心技术是在引进、消化和吸收国际上领先的日本、德国相关技术的基础上研发而成的微生物修复专利技术，该技术主要包括高效增氧技术（微管纳米曝气系统、微纳米射流曝气系统）、微生物修复技术、生物载体技术、微生物活化技术、高效生态系统修复技术等。该项目具体的生态修复工艺流程如图 5-8 所示。

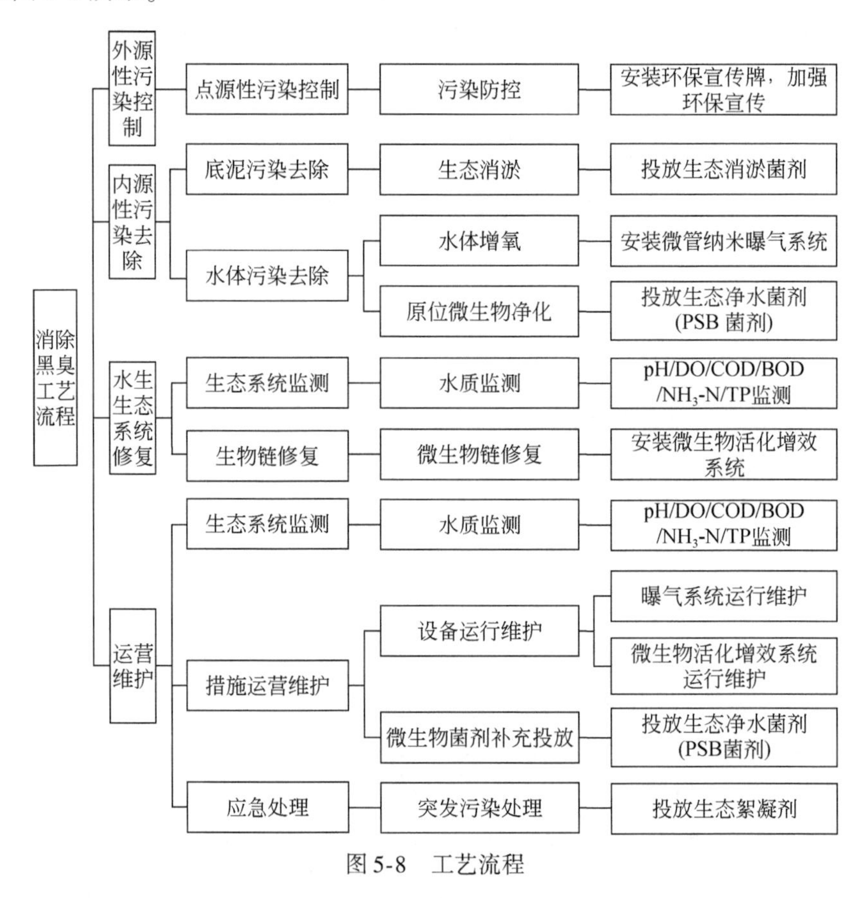

图 5-8　工艺流程

（1）外源性污染控制

该项目完全没有截污，没有采用截污纳管、面源控制等控源截污措施，两岸居民的生活废水、农业污水、工厂的工业废水直接排入该项目河道中。针对严重的外源性污染，主要通过安装环保宣传牌，宣传爱护环境、保护河道，减少、避免外来垃圾进入河道，污染河道的水体。

（2）内源性污染去除

内源性污染物主要是多年来沉降于河道底层的垃圾，受污染的淤泥及受污染的水体，通过投放生态消淤菌剂和生态净水菌剂，安装微管纳米曝气系统等措施去除河道内源性污染，净化水体及底泥。

(3) 水生生态系统修复

通过安装微生物活化增效系统、监测水质变化情况，掌握水生生态系统的变动，调整应对措施，以恢复河道生物的多样性，恢复及增强河道的自净功能，初步修复河道水生生态系统。

(4) 运营维护

通过对项目河道水质检测及对河道内的措施项目的运营维护，随时监控水质变化情况及补充投放微生物菌剂，维持水质达标的状态。

当遇到突发污染事件时通过投放生态絮凝剂快速改善污染情况，快速净化河道水体，维持不黑不臭。

5.3.3 修复方案及效果

5.3.3.1 控源截污措施

该项目完全没有截污，没有采用截污纳管、面源控制等控源截污措施，两岸居民的生活废水、农业污水、工厂的工业废水直接排入该项目河道中。针对此严重的外源性污染，主要通过安装环保宣传牌，宣传爱护环境、保护河道，减少、避免外来垃圾进入河道，污染河道的水体。

5.3.3.2 内源控制措施

(1) 控制措施

1) 投放生态消淤菌剂。生态消淤菌剂是采用特种矿石等做成微生物培养基的环境净化剂。该菌剂经济实用，只需要投放在被污染的地方，即便是很深的港湾、水坝、湖沼，微生物都会沉淀到底部，分解、去除淤泥和藻类，消除恶臭等。

生态消淤菌剂是一种用优选的矿物（加工成沙状）做成的特效生物载体，这种生物载体除了能够有效分解恶臭物，快速将水体从厌氧状态变为好氧状态之外，其架状结构内部充满了微孔和通道，$1\mu m^3$ 就有 100 多万个，能为水中微生物群落提供巨大的生物附着表面积，内部的孔结构还具有筛选分子的作用，可以帮助选择优势微生物种群和帮助它们繁衍。

投放生态消淤菌剂后，在生物载体上生长和繁殖的微生物量巨大，因为氧的存在，微生物可以进行好氧代谢，从而实现水中有机污染物的高效降解，净化水质。

与此同时，水体中的微生物是营造水生食物链的基础（被称为“初级生产者”），由于生物量大，因而能快速修复水中的食物链。利用食物链中的微生物、原生动物、后生动物及其他微型和小型动物来分解、捕食以减少污泥。与其他污泥减量技术相比，生态消淤菌剂对有机物的降解比较充分，因而能较大幅度地减少污泥。

生态消淤菌剂是一种充分利用自然界生物降解原理，并将其数百倍放大的技术与产品，是一种帮助水体恢复自净能力，并重建其生态平衡的技术与产品。

生态消淤菌剂的投加周期为施工期 1 次，此后在维护期内，每年根据底泥情况安排补充投放 1 ~4 次。

生态消淤菌剂的最佳适用条件：最适合的 pH 为 7 ~8.5，在 pH 为 4 ~10 时也可以使用；显示需氧、厌氧通用的两用性；在淡水、海水中均可以使用。

生态消淤菌剂的投放参数包括：①投放位置为全河段范围；②投放密度为 0.01kg/m^2；③投放面积为 4410m^2；④投放量为 44.1kg。

2）投放生态净水菌剂（PSB 菌剂）。受污染的水体中缺乏微生物，通过复合配伍得到生态净水菌剂（PSB 菌剂），生态净水菌剂（PSB 菌）投入河道后，微生物快速得到激活并寻找寄生的载体生长，大量微生物快速地进行繁殖，微生物的生命活动直接消纳水体中的污染物质，使水体得到净化。

其优势特点是有效分解水中的有机物，保持水质清澈，降低水中氨氮、亚硝酸盐氮等污染物，保持水质良好。

生态净水菌剂（PSB 菌剂）的投加周期为施工期 1 次，此后在维护期内，每年根据水质变化情况补充投放 1 ~4 次。

生态净水菌剂（PSB 菌剂）的投放参数包括：①投放位置为全河段范围；②投放密度为 0.04kg/m^2；③投放面积为 4410m^2；④投放量为 176.4kg。

3）安装微管纳米曝气系统。通过在该项目全河道区域安装微管纳米曝气系统进行增氧，在出现缺氧时快速逆转河道的缺氧环境，快速提升水体溶解氧含量，提升氧化还原电位，改善水质。微管纳米曝气系统的关键设备为沉水式曝气机，安装量为 2 套，每套功率为 5.5kW。沉水式曝气机的曝气头类型为纳米微曝气盘，数量为 100 个/套，布局为每隔 4m 安装一个纳米微曝气盘，在全河道内均匀分布；曝气量为 5.87m^3/(min·套)。

本案例河道水体长期溶解氧含量较低，影响到水生动植物在河道的生存，导致案例河道的水生态失衡。为了解决水体溶解氧含量偏低的问题，现在河涌安装微管纳米曝气系统，增加水体溶解氧含量。

在河道安装的曝气机为立式布置，结构设计合理，适于水下工况运行等特点，达到了降噪、吸振、冷却、减小安装面积、节省费用等目的。该曝气机覆盖范围广。

(2) 主要工艺运行及控制参数

主要工艺运行及控制参数包括：①投放生态消淤菌剂，投放量为44.1kg；②投放生态净水菌剂（PSB菌剂），投放量为176.4kg；③安装微管纳米曝气系统，运行及控制时间参数设置为4～12h。

(3) 二次污染及控制

多元生态平衡生物修复方法所用的菌剂无毒无害，不会对人体造成伤害；培养的菌种是从大自然中获得，不会形成二次污染或导致污染物的转移。

5.3.3.3 生态修复措施

(1) 控制措施

1）水质监测。监测断面有3个；监测指标包括pH、溶解氧、化学需氧量、五日化学需氧量、氨氮、总磷、透明度；水体治理前、后各监测1次，施工阶段监测2次，总共监测4次。

2）安装微生物活化增效系统。在本项目河道安装一套微生物活化增效系统，使项目河道内的微生物保持活性，有益微生物得到大量繁衍，保持其河道的微生物净水功能，使河道水体保持达标状态。微生物活化增效系统关键设备为微生物活化一体机，功率为1kW。

(2) 主要工艺运行及控制参数

微生物活化增效系统的运行及控制时间为4～24h。

(3) 二次污染及控制

多元生态平衡生物修复方法所用的菌剂无毒无害，不会对人体造成伤害；培养的菌种是从大自然中获得，不会形成二次污染或导致污染物的转移。

5.3.3.4 修复后的效果

通过采用多元生态平衡生物修复方法，水体由原来的重度黑臭变为不黑不臭，部分水质指标达到《地表水环境质量标准》（GB 3838—2002）的Ⅴ类水标准（图5-9），具体水体主要指标监测结果见表5-6。

表5-6 修复后水质指标

阶段	采样位置	检测项目	检测结果	标准限值	单位	结果评价
第一阶段	绿道涌东段	水体透明度	28	>25	cm	达标
		溶解氧含量	3.0	>2.0	mg/L	达标
		氧化还原电位	65	>50	mV	达标
		氨氮	6.44	<8.0	mg/L	达标

续表

阶段	采样位置	检测项目	检测结果	标准限值	单位	结果评价
第一阶段	绿道涌西段	水体透明度	27	>25	cm	达标
		溶解氧含量	2. 5	>2. 0	mg/L	达标
		氧化还原电位	61	>50	mV	达标
		氨氮	6. 35	<8. 0	mg/L	达标
	北基涌	水体透明度	29	>25	cm	达标
		溶解氧含量	2. 6	>2. 0	mg/L	达标
		氧化还原电位	72	>50	mV	达标
		氨氮	6. 86	<8. 0	mg/L	达标
第二阶段	绿道涌东段	pH	7. 1	6 ~ 9	无量纲	达标
		化学需氧量	36. 6	≤50	mg/L	达标
		五日生化需氧量	13. 5	≤20	mg/L	达标
		氨氮	3. 4	≤6. 0	mg/L	达标
		总磷	0. 33	≤0. 8	mg/L	达标
		溶解氧含量	5. 8	≥2. 0	mg/L	达标
		水体透明度	61	≥60	cm	达标
	绿道涌西段	pH	6. 9	6 ~ 9	无量纲	达标
		化学需氧量	35. 1	≤50	mg/L	达标
		五日生化需氧量	16. 1	≤20	mg/L	达标
		氨氮	3. 3	≤6. 0	mg/L	达标
		总磷	0. 63	≤0. 8	mg/L	达标
		溶解氧含量	5. 6	≥2. 0	mg/L	达标
		水体透明度	62	≥60	cm	达标
	北基涌	pH	6. 9	6 ~ 9	无量纲	达标
		化学需氧量	26. 6	≤50	mg/L	达标
		五日生化需氧量	15. 2	≤20	mg/L	达标
		氨氮	3. 6	≤6. 0	mg/L	达标
		总磷	0. 55	≤0. 8	mg/L	达标
		溶解氧含量	5. 8	≥2. 0	mg/L	达标
		水体透明度	62	≥60	cm	达标

(a) 绿道涌

(b) 北基涌

图 5-9　修复后绿道涌、北基涌水体状况

5.3.4　修复核心技术

5.3.4.1　技术名称

该技术方法为多元生态平衡生物修复方法。

5.3.4.2　技术原理

多元生态平衡生物修复方法是特别针对污染河道、湖泊治理而研发的创新技术，其核心技术是在引进、消化和吸收国际上领先的日本、德国相关技术的基础上研发而成的微生物修复专利技术。该技术主要包括高效增氧技术（微管纳米曝气系统、微纳米射流曝气系统）、微生物修复技术、生物载体技术、高效生物基技术、微生物活化技术、高效生态系统修复技术等。

通过使用高效增氧技术（微管纳米曝气系统、微纳米射流曝气系统）、微生物修复技术、生物载体技术、高效生物基技术等技术去除内源性污染，最后通过微生物活化技术、高效生态系统修复技术快速修复生态系统，强化生态系统自净能力，使受污染河道得到净化并长期保持。

以上措施可使河道建立起人工生态，通过人工生态向自然生态演替，恢复水体生物多样性，并充分利用水生生态系统的循环再生、自我修复等特点，实现水生生态系统的良性循环和修复。

微生物在一定的环境下分解水体中的有机物，降低氨氮、亚硝酸盐等有害物质，提高水体溶解氧含量，促进有益藻类和有益微生物的繁殖，抑制有害藻类的生长，消除水体臭味与异味，平衡藻相与菌相。

5.3.4.3 技术适用范围

多元生态平衡生物修复方法适用于多种重度黑臭污染水体的治理，如静止水体、缓流水体、流动水体及无固定流速、流向的水体等。同时该技术有一定的边界条件：①水流速度为0～1.0m/s；②水体瞬时最大流速为4.0m/s；③水深为0.2～10.0m，其中0.5～5.0m为最优；④水体pH为4～10，其中6～8为最优；⑤经常进行人工调水的治理河段水力停留时间最佳值为72h以上；⑥未完成截污工程的治理河段每次最大纳污量边界值为治理水域水体总量的30%；⑦未完成截污工程的治理河段排污频率（两次排污间隔）边界值为3d。

5.3.4.4 技术特点及创新点

（1）技术特点

多元生态平衡生物修复方法的技术特点有以下6个方面：

1）该技术是针对污染河道、湖泊的特点而特别研发的，适用于静止水体、缓流水体、流动水体及无固定流速、流向的水体。对于河涌的流速不均（对河床的冲击力变化大）、水流方向不确定、受潮汐影响大、截污不到位等情况进行了具有针对性的技术研发，在相关项目的应用中取得了良好效果。

2）该技术使用复合生物技术，能够有效削减底泥特别是浮泥中的有机污染物，快速修复并重建河涌污染水体的生态系统，提高水体自净能力，改善污染水体水质，对底泥和水体中有机污染物的降解效果明显。

3）该技术可以与原有河涌综合治理任务对接，与其他技术手段相辅相成，是一种可以降低治理难度、提高治理效果并无二次污染的创新技术。

4）该技术使用的生态消淤菌剂及生态净水菌剂（PSB菌剂）系自行研发、生产，采用了生物增效技术，在好氧、兼氧、厌氧条件下都可以使用。

5）在投放生态消淤菌剂及实施相应辅助技术措施后，可以做到不用清淤机械、不需清运污泥、不必解决污泥出路、不必采取清淤措施即可达到消淤目的。根据以往的应用实例，3个月可使河道的底泥明显减少，解决了传统清淤方法存在的问题（如疏浚底泥的消纳、减量化、无害化、稳定化处置等问题）。

6）在施放生态消淤菌剂、生态净水菌剂（PSB菌剂）并安装特制的高效生物基之后，系统吸附固着的微生物生物量巨大，可以吸收分解水体和底泥里含有的氨氮、硝酸盐、亚硝酸盐、硫化氢、硫化物及其他营养成分，极大地提高了河涌污染水生生态系统修复、重建的速度和水质改善的速度。

该公司采用生态手段修复环境的技术是一种低投资、高效益、见效快、可持续性强且应用发展潜力巨大的河涌生态修复创新技术。该技术利用复合生物技术受控或自发地消除河道底泥（特别是浮泥）中的有机污染物，同时快速修复污染水体生态功能，是一种可以有效改善并保持水体自净能力的生态治理技术。

(2) 创新点

多元生态平衡生物修复方法主要是针对污染河道、湖泊治理而研发的创新技术，该技术主要包括高效增氧技术、微生物修复技术、生物载体技术、高效生物基技术及其他辅助技术等。本技术的创新点包括：①快速见效。10 天左右水质明显改善，3 个月达到验收标准。②经济简便。施工容易、后期维护简单、费用低。③安全稳定。可抵抗一定污水冲击，效果持久。④广泛适用。适用于静止水体、缓流水体、流动水体。

5.3.5 运行维护要求

5.3.5.1 日常监测和监督

1）日常监测的主体为：佛山市玉凰生态环境科技有限公司。

2）日常监督的主体为：佛山市顺德区北滘镇土地储备发展中心。

3）日常监测断面的数量和位置为：绿道涌设立 2 个水质监测断面，北基涌设立 1 个水质监测断面，总共 3 个监测断面。

4）日常监测项目包括：pH、化学需氧量、五日化学需氧量、氨氮、总磷、溶解氧、水体透明度。

5）日常监测频次为：运营期中监测频次为 2 次/月，1 年运营期共监测 24 次。

5.3.5.2 维护巡检

针对本项目后期的运营维护，成立专门的项目运营维护小组，运营维护小组由 2 人组成，配置 1 辆小车。运营维护小组维护巡检频率为 2 次/月，每个运营年共巡检 24 次。

主要工作内容包括：①保证设备正常运行。②其他措施巡检维护（环保宣传牌、曝气系统、微生物活化系统等）。③微管纳米曝气系统运行维护。运行时间方面，每天运行时间为 4h；用电量方面，年用电量为 8030kW · h，即 4h/d×365d×5.5kW＝8030kW · h。④微生物活化增效系统运行维护。运行时间方面，每天运行时间为 4h；用电量方面，年用电量为 1460kW · h，即 4h/d×365d×1kW＝1460kW · h；药剂添加方面，每月向系统内添加微生物活化剂 10kg，每年投放微生物活化剂 120kg。⑤微生物菌剂补投根据水质指标变化情况，补投适当数量的高效微生物菌剂（生态净水菌剂），使河道水质保持稳定达标状态。投放频率为 4 次/年，投放密度为 12. 5L/次，年投放量为 50L。⑥应急处理项目运营维护期间，项目河道内的水体自净能力得到逐步恢复。如遇突发性外源性污染，使项目河道水质变黑变臭，通过采取投放生态絮凝剂、仿生抑藻剂等应急处理措施，项目河道水质可以在短时间内得到改善，并保持稳定状态。根据运营维护期间水质监测结果及现场情况，判断投放相应量的生态絮凝剂、仿生抑藻剂。

5. 4　南宁市竹排江 e 段黑臭水体整治

5. 4. 1　竹排江 e 段河流概况

竹排江位于南宁市城区东北部，是南宁市 18 条内河之一，发源于南宁市东北郊的高峰岭，流域面积为 117km²，主河道长 35. 9km，于南宁茅桥中心医院附近分左右两条支流，右支流为那考河，左支流为沙江河。竹排江担负着排洪、景观等多种功能，是南宁市“中国水城”建设的重要组成部分。竹排江 e 段为竹排江上游植物园段（那考河）全流域（图 5-10）。现场调研表明，那考河河道淤积严重，平均水深为 0. 2 ~ 0. 3m，最浅水深仅为 0. 1m。在路东养猪场下游 200 ~ 300m 处的河段，由于泥沙淤积，水面宽度不足 1m。在植物园内支流汇合处下游 150m 处，河床淤积的泥沙深达 1m。在河流穿过昆仑大道处，以及金桥客运站段

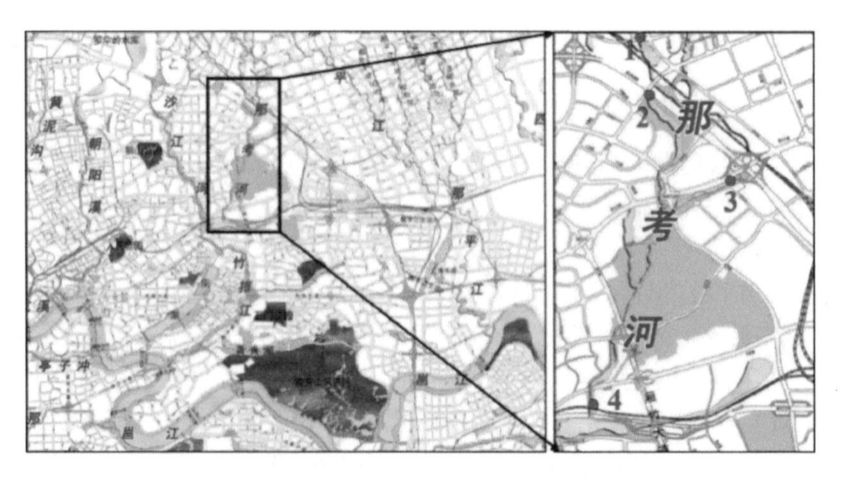

图 5-10　竹排江 e 段（那考河）水系位置

多处河面，都形成了沙洲。整个流域水环境质量较差，河道水质为劣Ⅴ类，与地表水Ⅴ类水质标准相比，部分点位氨氮超标 22 倍，面源污染问题突出，河道自然植被衰退，水生生物多样性锐减。

5.4.2 主要问题分析

5.4.2.1 水质现状

自 20 世纪 90 年代起，随着那考河上游养殖业的兴起，那考河的水质被污染，在河流整治前，那考河水质污染严重，河道水质为劣Ⅴ类，基本上为纳污河流。根据 2014 年 5 月的采样分析，对比城市黑臭水体分级评价指标限值，采样点 1（金桥支流）、采样点 4（长堽路铁路桥）两个监测点水质均属于重度黑臭，检测结果见表 5-7。

表 5-7 水质检测结果与重度黑臭水质指标对比

特征指标	采样点 1	采样点 4	重度黑臭
水体透明度/cm	6	8	<10
溶解氧/(mg/L)	0.1	0.2	<0.2
氧化还原电位/mV	-246	-288	<-200
NH_3-N/(mg/L)	20	18	>15

5.4.2.2 污染来源分析

根据对流域状况的综合分析可知，那考河的主要污染来源为畜禽养殖污水，其次是生活污染和农业面源污染及工业污染源。另外，片区建筑与小区、道路、公园绿地等地块外排雨水，造成雨水径流污染。同时，常年的污水和雨水直排入河，建筑垃圾随意倾倒、私搭乱建等挤占了河床，使得河道断面过流能力差。

（1）上游畜禽养殖污染

上游汇水区域存在大约 100 个畜禽养殖场，多年来养殖废水直排入河，导致片区上游来水水质严重污染。采样点 2（二塘高速入口）处，COD_{Cr} 和 NH_3-N 分别高达 503mg/L 和 49.8mg/L；采样点 3（金桥支流入口）处，COD_{Cr} 和 NH_3-N 分别高达 498mg/L 和 109mg/L。与重度黑臭水质指标相比，NH_3-N 分别超标 2.3 倍和 6.3 倍。

（2）污水直排河道

通过现场调查和相关资料分析，那考河共有 44 个排水口，其中 10 个为分流制污水直排排水口，27 个为合流制直排排水口，7 个为分流制雨污混接雨水直排排水口。合流制直排排水口因未建设截流溢流设施，旱季实为污水直排口，雨季则为混合污水排水口；分流制雨污混接雨水直排排水口因存在源头雨污水管网混接问题，雨水口也有污水排出。

(3) 雨水径流污染

在河道两岸片区内初期雨水中的 TN、NH_3-N、TP 和 COD_{Cr} 浓度均较高，平均分别为 4.60mg/L、3.16mg/L、0.47mg/L 和 64.93mg/L。传统开发建设模式未考虑对初期雨水弃流和雨水径流的净化处理，导致大量地面污染物随雨水直接进入雨水管网和合流制管网中，最终被冲刷入河，成为那考河的又一污染源。

(4) 内源污染

由于多年的外源污染、垃圾倾倒和颗粒物沉积，那考河河道淤积严重，平均淤泥深度为 0.8 ~ 1.0m。淤泥成分复杂，包括泥沙、生物废屑、生活垃圾和建筑垃圾等，导致底泥污染严重。

5.4.3 治理方案和措施

5.4.3.1 总体治理方案

针对那考河全流域，坚持系统化、专业化、整体化和地域特色化原则，创新地采用政府和社会资本合作（PPP）+按效付费的建设模式，对那考河治理项目实施全流域综合整治，把地块内的“源头减排”和“过程控制”及河道“系统治理”有机联系起来统筹考虑，以实现在河道水质方面主要指标达到地表水Ⅳ类水质标准、在河道防洪方面满足 50 年一遇防洪标准、在岸线修复方面生态驳岸达到 90% 以上的目标。从根本上恢复自然生态，还城市以“山水林田湖草”应有的空间和质量。

5.4.3.2 整治措施

(1) 控源截污

1) 截污纳管。那考河沿岸截污管服务范围主要包括金桥组团和东沟岭组团部分居住区域，面积为 76 万 m^2，截流管道截流倍数采用 2.0。对河道两岸现存排水口和初期雨水进行全面截污，截流的污水通过截污管一并输送至污水处理厂进行处理，达标后排入河道，对河道进行补水，最大限度地保障水体修复后的水质。为避免污水管全线重力流铺设时管道覆土深、施工难度大且进度慢、费用过高的情况，工程实施时采用重力流与压力流相结合的方式铺设管道。污水管道设计以昆仑大道为界，截流管道工程具体分为两部分：那考河（昆仑大道以北段）污水管根据污水处理厂位置，由两端往污水处理厂汇集处理；那考河（昆仑大道以南段）污水管由两端往中间汇集，再通过一体化预制埋地泵站提升至污水压力管，最终进入上游拟建污水处理厂处理。污水重力管管径为 DN300 ~ DN1200mm，管长约 8.0km；污水压力管管径为 DN630mm，管长约 2.6km。设计范围外上游河道尚未整治，为尽量减少对下游已整治河段的影响，污水通过临时截流管进入上游拟建污水处理厂处理。

2）溢流口出水净化。那考河两岸沿线分布着 44 个排水口，截流原则为“现况排水口尺寸≤500mm 时全部截流，排水口尺寸>500mm 时部分截流”，超出截污管转输能力的部分溢流污水，再因地制宜地设置各类海绵设施，蓄、滞、净化溢流污水。综合考虑排水口类型、排水口与河道常水位间的高差、排水口周边用地条件等多方面因素，将红线范围内的排水口分为 5 种类型，采取“一口一策”，因地制宜地设置不同的排水口调蓄净化设施，尽量减少排水口溢流污染负荷。

3）污水处理厂建设。在那考河上游新建了一座处理量为 50 000m^3/d 的 MBR 污水处理厂（南宁北排水环境发展有限公司那考河再生水厂）。通过截污管道，收集处理河道两岸及周边片区污水，出水优于《城镇污水处理厂污染物排放标准》(GB 18918—2002）一级 A 标准，再经生态净化后，排入河道作为补水水源，主要污染物指标可达到《地表水环境质量标准》(GB 3838—2002）Ⅳ类水标准。

4）尾水湿地净化。以河道水质达到《地表水环境质量标准》(GB 3838—2002）Ⅳ类水标准的考核目标为导向，设计和构建了那考河再生水厂尾水净化湿地，对污水处理厂出水水质进行进一步提升。综合考虑那考河水体保护要求及那考河河道沿线用地情况，尾水净化湿地选用垂直流潜流湿地工艺。尾水净化湿地位于污水处理厂西北侧，占地面积为 50 000m^2，分为 36 个潜流湿地单元，包括 18 个下行流潜流湿地单元和 18 个上行流潜流湿地单元，每个单元面积为 1400 ~ 1500m^2。潜流湿地内种植的水生植物主要根据水深及待去除污染物的特性，选择芦苇、美人蕉等挺水植物。潜流湿地主要设计参数为：占地面积为 50 000m^2；处理水量为 50 000m^3/d；表面水力负荷为 1m^3/(m^2 · d)；水力停留时间为 10h。

(2) 内源清理

采用正、反铲挖掘机开挖清淤，在现场勘测的基础上，清理淤积污泥共计 24 万 m^3，保留部分生态底泥，保障清淤后的河道生态系统快速恢复。施工导流后，河道施工前晾晒，减少带水作业。为防止挖出的淤泥污染环境，及时对其外运处理处置。对于不具备放坡开挖条件的区域，根据现场实际情况进行临时支护以确保施工安全，清淤完成后，按照河道填方要求进行分层碾压回填。

(3) 活水保质

那考河流域内降水分布不均，枯水期降水量少，流量小。通过水量平衡分析计算，竹排江主河道及支流河道在丰水年、平水年及枯水年基本都无法单独通过运行提升式闸坝下泄蓄水来保证河道生态需水量。因此，需对河道进行补水，统筹满足河道生态流量和河道景观需水。结合天雹水库设计径流，采用水文比拟法计算那考河径流，并进行水量平衡分析。那考河主河道生态需水量以河道平水年（保证率50%）的平均径流量约为0.67m^3/s，加上蒸发和渗漏损失（各按5%考虑），则多年平均径流量的60%的补水量约为3.85万m^3/d；如按照截留污水量的80%计算，加上河道蒸发和渗漏（各按5%考虑），则补水量约为4.4万m^3/d。采用污水处理厂处理后的5万m^3/d尾水作为补水水源，尾水进入潜流湿地进行进一步处理后，排入主河道内。

那考河生态需水量为河道平水年（保证率50%）的平均径流量，约为0.356m^3/s，加上蒸发和渗漏损失（各按5%考虑），则多年平均径流量的60%的补水量约为2.0295万m^3/d；故支流交汇处将2万m^3/d河道内的水经提升后补水至支流河道起点处，流经支流后最终汇入主河道。

（4）河道拓宽

为了巩固和优化河势，改善水流，增加植被生长面积，根据那考河两岸的地形地貌特征，因势利导地拓宽河道。通过水文资料计算最小过水断面，主河道最小行洪断面为25m，支线最小行洪断面为10m；对原有河道进行展宽，部分河段拓宽至79m。河道设计常水位根据河道设计纵坡、下游茅桥湖规划常水位及该常水位回水至河道上游保持0.5m水深处、河道水面景观效果等因素确定并设置壅水构筑物，以实现河道景观壅水及防洪排涝功能。

（5）生态修复

在那考河沿线开展生态修复，对河道护岸堤防进行生态改造，构建河道型湿地、湿地公园，重点从生物多样性、自然景观等方面出发，配置栽种适合不同水深的多种植物，在达到对那考河主河道和支流入境断面水质水量的监测要求的同时，实现“水清岸绿、循环畅通、生态健康、人水和谐”的河道生态环境。

1）驳岸改造。主河道及支流设计发生洪水时河段流速为0.4～4.4m/s，流速变化较大，因此，根据不同流速并结合流域地形条件，采用多种护坡形式组合达到岸坡防冲刷的目的。

岸边湿地：对于平缓边坡采用自然土质岸坡，进行植物防护，构建岸边湿地。

石笼式挡墙：在急流陡坡处，采用钢丝网石笼防护，由于石笼式挡墙属于柔性防洪墙，地基适应性较好，表面空隙填充泥土后为生长植物提供生长条件，通常在转弯河道临水面采用钢丝网石笼防护、背水面采用木桩防护，保证堤防的安全和岸线的稳定性。

三维植被网护坡：结合景观长廊或亲水平台，游步道至洪水位以上 0.5m 采用三维植被网护坡。三维植被网的应用，不仅能满足工程使用要求，还能营造出各种不同的亲水景观效果，具有良好的景观价值。

2）植被恢复。依据那考河河水的生态水文及水质特征，从生态植物多样性的角度出发，对不同区域的绿化空间进行经济合理、自然美观、符合生态规律的设计布置，恢复和重建河岸水生植被群落，在净化水体的同时，营造一个具有多层次的温馨、典雅的水生植物景观。河道断面各水位植物配置见表 5-8。

表 5-8 河道断面各水位植物配置

种植区域	植物类别	代表品种
常水位至河底（水深 20 ~ 100cm）	挺水植物	伞莎草、芦苇、芦竹、香蒲、黄花鸢尾、千屈菜等
5 年一遇水位至常水位	湿生植物	斑茅、芒草、美人蕉、蜘蛛兰、春羽、海芋、夹竹桃、水杉等
50 年一遇水位至 5 年一遇水位	中生植物	小叶榕、垂叶榕、柳树、花叶良姜、软枝黄蝉、三角梅、葱兰、韭兰等
50 年一遇水位以上	旱生植物	常绿阔叶乔木、观果观花乔灌木

（6）按效付费管理模式

通过招投标引入优势公司，与政府代表单位组成项目公司。建设期，项目公司完成建设任务。运营期，采用按效付费管理模式，即政府根据流域考核断面的水质、水量、防洪三大指标体系达标情况，按若干考核细则条款打分，根据打分的高低对项目公司支付河道运营服务费。100 分 ≥ 总分 ≥90 分，支付比例为 100%；90 分>总分≥80 分，支付比例为 90%；80 分>总分≥70 分，支付比例为 80%；70 分>总分≥60 分，支付比例为 70%；总分<60 分的，当期可以不予支付，待下一期考评总分≥60 分后一并支付，上期未支付部分的支付比例为 65%。

考核断面：在那考河干流及支流共设 4 个监控断面，分别用于考核河道治理效果及污水处理厂运行状况，以 4 个监控断面取样的水质指标作为按效付费的依据。监测断面设置情况为，3#：位于前端污水处理厂下游约 100m 的那考河主河道内，用于监控那考河植物园段上游的水质情况；4#：位于那考河支流末端，用于监控那考河支流水质；6#：位于那考河主河道植物园湖附近河段，用于监控那考河植物园段中游水质状况；8#：位于那考河主河道工程区下游出口附近，用于监控工程区出口水质。监测点设置情况为，1#、2#实时监测河道主线、支线进入本项目水质；5#、7#分别监测污水处理厂出水及项目下游出水水质状况，监测结果作为考核时监测断面水质处理效果或遇突发事件时免责（部分免责）的佐证材料。

主要指标考核标准：监控断面 1 ~4 的 COD_{Cr}、BOD_5、TP、NH_3-N、DO 等指标需达到《地表水环境质量标准》(GB 3838—2002) Ⅳ类水标准；SS 指标需达到《城市污水再生利用景观环境用水水质》(GB/T 18921—2002) 水景类要求；水体透明度（SD）达到 0. 5m；TN≤10mg/L。为保障河道生态基流量，监控断面 2 ~ 4 最小流量不得低于同点位、同水文期多年平均径流量的 60%。政府方和项目公司共同委托具有资质的第三方每月抽检 2 次，以 2 次各项指标的平均值作为水质考核结果。

5. 4. 4 典型治理技术

5. 4. 4. 1 技术简介

净水梯田生态护岸技术体系，可对溢流或径流雨水进行多级净化，从而起到保护岸坡、防止冲刷的作用，同时也丰富了河道景观。

该技术基于用地狭长、岸坡陡的城市内河典型特征，发扬广西龙胜龙脊传统农耕文明自然智慧，提出了净水梯田的概念，在高边坡上分级砌筑片石挡墙，基底从下往上依次铺设 35 ~45cm 砾石层、防渗滤材料层（防渗土工布结构，铺设量为 150 ~200g/m^2）及 30 ~50cm 砂壤土层（沙和土的质量比为 6 ∶ 4）。在砂壤层进水口处铺设 60 ~80mm 粒径大小的卵石，以防止沙壤土被冲走。在砂壤土层上栽植耐涝植物。引广场及道路部分雨水（含初期雨水）进入梯田，利用填料过滤截留水中杂质，利用植物根系和填料中的微生物降解截流的有机物，达到净化初期雨水的目的，同时实现了雨水存蓄、边坡加稳、水土保持、景观美化的目的。建设面积为 3. 6 万 m^2，梯田水慢慢地通过旱溪沟，进入收集井，排入湿塘，主要种植翠芦莉、亮叶朱蕉等耐涝植物。

5. 4. 4. 2 技术适用范围

净水梯田生态护岸技术体系适用于有一定坡度的污水排口处，可用于初期雨水的净化，对于雨污合流的排口可在布水渠道内将旱时污水截流，雨时可在一定程度上减少污染物的排放。

5. 4. 4. 3 技术特点及创新点

该技术体系有效利用了边坡高差，解决了高边坡排水口截流困难的难题，净化了初期雨水，一定程度上减少了雨季雨污合流污水对水体的污染，丰富了景观效果。其特点主要有：①多层渗滤，有效去污。净水梯田结合了多层渗滤技术，能有效地去除污水中的悬浮物、总磷、总氮和氨氮。②根据地形，灵活安置。净水梯田可以根据地形、地势、面积将不同湿地单元在不同地块上分级建设。③工艺简单，管护容易。净水梯田工艺简单，构建成本低廉，管护容易，能耗低。④结构安全，有利于水土保持。由于采用梯级的形式，块石挡墙能够有效地起到边坡防护的作用，并且减缓了雨水冲刷，使得水土得以保持。⑤生态建设，美化环境。净水梯田在处理生活污水的同时，将城镇建设和生态建设相结合。

该技术创新点在于突破了高边坡处理设施结构安全、高边坡防止绿植水土流失技术难题，解决了那考河项目边坡高、红线窄的问题。

5.4.4.4 技术工艺流程及运行

通常，在入河排口处优先充分利用现有污水处理设施收集处理污水和初期雨水，为最大限度地减少污水对河道水环境的冲击污染，溢流出水首先进入一级梯田，在滤料拦截、吸附等物理作用，植物吸收作用，以及滤料植物根系等载体上的微生物的净化等一系列作用下，大部分污染物被去除，出水再逐级进入下一级梯田净化处理，完成净化的污水最终排入水体补充水源。该设施主要依靠生物自然生长削减污染物，梯田内水流受滤料和植物生长情况影响，不需人工干预。降水量超过净水梯田容蓄能力时，溢流进入水体。

5.4.5 整治成效

那考河黑臭水体治理项目从整体设计到组织实施（2015 ~ 2017 年）都充分体现了海绵城市建设和全流域治理的系统性理念，可综合解决水安全、水生态和水污染防治等问题。这是国内首个实施并投入商业运营的城市水环境流域综合治理 PPP 项目，被财政部评为全国水务行业 PPP 示范项目，也是住房和城乡建设部全国海绵城市试点示范项目，并荣获 2017 年度中国人居环境范例奖。近年来多次受到党和国家领导的高度肯定，成为南宁市开展“红色教育”，践行“绿色发展”的教育基地及群众休闲游玩的热门场所。据不完全统计，那考河湿地公园向公众开放以来，已接待各省地市和外国参观考察团 850 多批次 28 500 余人，接待游客量已突破 211 万人，最高日接待量达到 4.2 万人，成为国内外知名的生态文明建设示范样板。

5.4.5.1 生态效益

坚持“立足生态、体现自然，兼顾功能、突出主题”的原则，在流域治理过程中，共栽植了乔木、灌木、挺水植物 165 种，初步打造了“万米桂花溪谷，千株朱瑾水岸”景观，提供了其他物种生长繁殖的基本环境，整个生态系统不断发展和平衡。其中，水生动物新增了水蛭、蛙类（青蛙、牛蛙）、螺类（石螺、田螺）、河蟹、鱼类（鲤鱼、草鱼、罗非鱼、青竹鱼、塘角鱼、金鱼、黄鳝、花鱼、青鱼、鲮鱼）、河虾6类16种；飞禽等鸟类新增了白鹭、水鸭、翠鸟、红毛鸡、鹧鸪、鹌鹑6种；植物新增了金钱草、野慈姑、香茅草、蒲公英、野菊花、绞股蓝、白花菜、苍耳子、泥头草、穿心莲、青蒿11种。

5.4.5.2 环境效益

通过整治，原来河道狭窄、环境脏乱、水体黑臭的河段，实现了清水绿岸、鱼翔浅底的景象，为周边百姓休闲提供了鸟语花香的场所，显著地提高了沿线的生态环境质量，构筑起了“山水相依、城水相融、人水相亲”的美好生态环境。同时也促进了下游水质断面的改善，提高了行洪能力，防洪等级达到50年一遇标准，有效解决了流域洪涝问题。那考河经过综合整治后，河道水质达到地表水类Ⅳ水标准，大大削减了入河污染物，有效地提高了水体的水环境容量。河道整治前后对比如图5-11所示。

(a) 主河道上游治理前

(b) 主河道上游治理后

(c) 主河道周边治理前

(d) 主河道周边治理后

图5-11　河道整治前后对比

5.4.5.3 经济效益

污水处理厂尾水经湿地净化后，进行河道生态补水，补水量达1100万 m^3 以上，补水率、回用率超污水处理量的 85%，保证了河道生态基流量；再生水回用量达 150 万 m^3 以上，实现了节能减排。那考河流域水环境与水景观的改善，带动了周边“水经济”的快速发展，成为市民休闲健身、游客旅游观光和发展绿色经济之道，每年吸引几十万人次的市民游人前往游玩，借助“水经济”，带旺“水生意”，有效地带动了周边服务业的快速发展。那考河流域治理后，“那考河湿地公园”与“广西药用植物园”已成为周边中海国际、恒大华府、盛天东郡等高中档楼盘的“后花园”，带动了周边房产增值、土地升值。以紧临那考河的中海国际小区为例，2015 年 5 月启动建设时月度销售均价为 6115 元/m^2，借助那考河流域治理项目的媒体宣传效应和项目治理成效，2016 年 9 月该楼盘月度销售均价为 7178 元/m^2，升值比例为 17.4%，而南宁市同期房价增长比例为 11%。随着那考河湿地公园知名度的不断提高，2019 年 12 月，该楼盘月度销售均价为 12 916 元/m^2，升值比例为 111.2%，高于同期南宁市 83.9% 的房价涨幅。那考河黑臭水体治理项目按照“治水、建城、为民”的工作主线，以“治水”为先，营造良好的生态宜居环境；同时，同步开展流域周边土地收储和开发利用，统筹推进水生态城镇建设发展，实现了土地增值和商业开发增收，探索建立了治水投入与产出的良性互动机制与“以水养水”的长效投入机制。

5.4.5.4 社会效益

通过开展流域海绵城市建设，不断完善道路及排水设施；通过灰绿结合措施，解决城市内涝问题，保障市民出行安全。那考河湿地公园的建设，提升了生态景观环境，现已成为南宁市民出行的好去处，成为南宁的一张新名片。作为治水典型，其为国内外水环境综合治理提供了宝贵的经验借鉴。

5.5 海口市美舍河黑臭水体整治

5.5.1 美舍河流域概况

美舍河流域包含美舍河、河口溪、山内溪、板桥溪共 4 条水体。其中，河口溪位于琼山区，全长 1.8km，汇水面积为 53hm^2；山内溪位于美兰区，全长 1.2km，汇水面积为 80hm^2；板桥溪位于美兰区，全长 0.7km，汇水面积为 102hm^2。流域内最长的河流美舍河干流发源于海口市南部秀英区与琼山区交界的羊山地区，全长 23.86km，流域面积为 50.16km^2，水域面积为 0.74km^2，旱天常水位状态下，上游沙坡水库下泄流量为 0.3m^3/s，可基本保障凤翔闸以南河段的生态基流；河道中游自南渡江司马坡岛补水 3.0m^3/s，用以保障下游河段的生态补水需求；下游入海口段受潮水涨落影响较大，水体含盐度较高，多年平均潮位为 1.0m，多年平均高潮位为 1.3m。美舍河流经龙华、琼山、美兰三个区，沿线居民 33 万人，是海口地区的母亲河。但随着经济的发展及人类活动的干扰，流域生态问题凸显。美舍河约有 16km 长的河段出现水环境质量退化、水生态功能退化、水环境健康弱化等问题，最终成为黑臭水体，黑臭河段起点为沙坡水库，终点为长堤路入海口。如图 5-12 所示，A 段（沙坡水库至丁村桥，3.2km）、B 段（丁村桥—国兴大道，8.7km）、C 段（国兴大道—长堤路，4.1km）均被住房和城乡建设部、生态环境部列入城市黑臭水体整治范围。

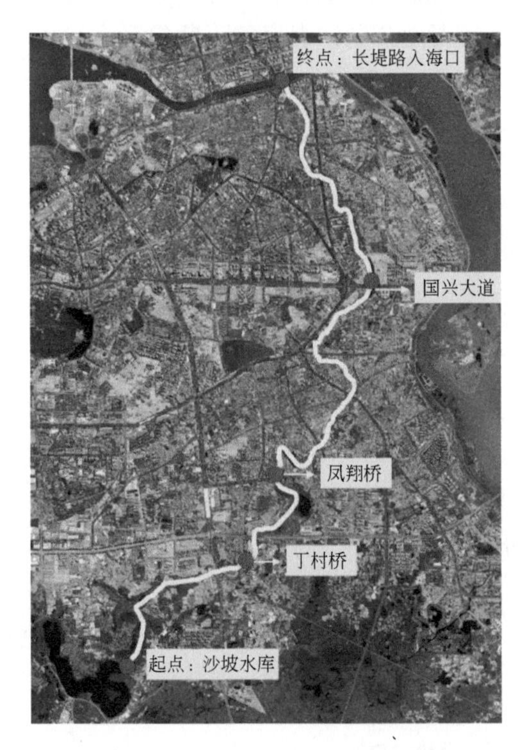

图 5-12　海口市美舍河流域分布

5.5.2　主要问题分析

过去 30 多年来，美舍河长期存在沿线生活污水直排、雨污错接混接、合流溢流污染等问题，使得水环境质量退化，水体发黑发臭，严重影响周边居民的正常生活，特别是夏季，水体环境更为恶劣，其污染问题始终得不到彻底解决。

5.5.2.1 污水直排

美舍河在治理前存在大量的点源和面源污染，排污口污水直排现象严重。截至2017年6月15日，美舍河沿线（沙坡水库—长堤路）共有407个排水口，污水直排口有125个，其他排放口有282个。污水直排现象严重，总排污量约4.3万 m^3/d。COD污染负荷量为7.6t/d，氨氮污染负荷量为1.26t/d，总磷污染负荷量为0.21t/d。

5.5.2.2 雨污水管网混接、错接

美舍河上游由于未铺设市政污水管道，周边村庄的生活污水均排入美舍河沿线的雨水管道，造成旱季污水直排入河。美舍河下游凤翔桥至国兴大道存在部分管道破损、堵塞等问题，导致污水排放不畅而造成部分生活污水排入市政雨水管道，同时存在当地市民家居阳台放置洗衣机、阳台改厕所或厨房的行为，导致大量生活污水随雨水排入美舍河。

5.5.2.3 合流制溢流污染

美舍河沿线在治理前共有89个合流制溢流排放口，总汇水面积为2242.41 hm^2。典型年溢流次数为34～50次，溢流污水596万 m^3，溢流污水全年平均污染物浓度COD计为150mg/L，氨氮计为15mg/L，则年污染物排放量COD为894t，氨氮为89.4t。

5.5.2.4 面源污染严重

1）城市面源：美舍河沿线共计199个雨水口，雨水口汇水面积约为1121.21 hm^2。全年污染物排放量COD为144.7t，总磷为8.04t。

2）农业面源：美舍河上游段两岸有少量农田，农田的排水渠终点即为美舍河。因此，大量的农田退水及下雨时雨水冲刷农田挟带大量营养盐及农药的地表径流进入排水渠，最终汇入河道，增加河道污染负荷。

5.5.2.5 存在内源污染

美舍河上游位于海口市郊区域，下游位于市区（上下游以凤翔桥为界），上游和下游区域人口密度和周边环境差距较大。上游河道大部分河段河底淤泥较少，河底为软底，局部底泥黑臭。美舍河下游底泥黑臭，淤积严重，淤泥深为

0.3～1m。

5.5.2.6 生态失衡

美舍河上游，部分河段两岸存在驳岸土体裸露、水生植被逐渐变少并枯萎死亡的现象。美舍河下游两岸为硬质垂直驳岸，基本没有水生植被存在。河岸硬化、植被缺失、河床裸露，水土流失现象严重，且丰水期时河水带走大量泥沙，影响下游水体的水质。河流丰水期与枯水期水量差别大，枯水期水量小，水体相对静止，河道滨河生态景观效果差。

5.5.3 治理措施

5.5.3.1 控源截污

美舍河两岸小区居民较多，雨污混流较为严重，市政管网和污水处理厂缺乏。美舍河上游的污水，需要25km以上的污水管道输送，经多级提升，最终接入位于美舍河下游的白沙门污水处理厂。管道建设年代较久，渗漏、破损等问题严重，造成大量地下水、海水、河水倒灌入污水管道，严重影响了污水处理系统的正常运行。在美舍河控源截污的治理中，通过对水体中污染物的来源及混流管道的流向、出处等问题的调查发现，管线总长度为216.8km，总住户超过10万户，沿岸排水口有339个。

针对上述问题，在美舍河开展了控源截污工程，主要包括：①新建临时污水处理站。新建石塔村一体化污水处理站、雨水方涵一体化污水处理站、高铁站污水处理站3个临时一体化污水处理设施。该临时污水处理设施工程总规模为7500m^3/d，污水处理采用以A^3/O+MBBR工艺为主的一体化设备（内含紫外线消毒）。②新建污水处理厂。在海口市南部美舍河上游段规划拟建处理规模为3.0万m^3/d的丁村污水处理厂，在下游段规划拟建处理规模为3.0万m^3/d的长堤路污水处理厂，以缩减海口市北部白沙门污水处理厂的收水范围。③新建截污管道。布设合流制排放管及截污管道共计6.5km，截留两岸排口污水及渗漏出来的黑臭水。④加设限流阀和拍门。对美舍河沿岸合流管、合流沟出水口进行截流，并在污水截流管道加设限流阀，控制截流污水量，截流污水接入河岸已建污水方沟或已建污水主管内，并在合流方沟出口加设拍门，防止河水倒灌。⑤封堵排污口。封堵美舍河沿线125个污水直排口，并将排污管接入已有的污水主管内。⑥污水主管清淤。对凤翔桥至国兴大道约11km污泥淤积的污水主管进行清淤，确保污水主管排水通畅。美舍河控源截污主要工程内容见表 5-9。

表 5-9 美舍河控源截污主要工程

序号	工程名称	工程内容	备注
1	龙昆南路至凤翔桥截污工程	河道两岸布设截污管道 5km，过河管道 200m	排入处理规模为 3.0 万 m^3/d 的南部丁村污水处理厂
2	凤翔桥一体化污水提升泵站	设置中途提升泵站 1 座，布设管道共 533m，收集两岸排口污水	排入面积为 1.4 万 m^2 的人工潜流湿地处理
3	万人海鲜广场渗漏污水截污工程	设置提升泵井 1 座，布设管道共 510m，截留多处渗漏点约 $800m^3/d$ 的污水	排入处理规模为 $6000m^3/d$ 的龙昆南一体化污水处理站
4	丁村排污口截污工程	新建合流制排放管 240m，截污管道 15m，截留约 $1000m^3/d$ 的合流污水	截流污水排入污水处理厂，溢流管道接入河道岸边现状排放口
5	临时一体化污水处理设施工程	新建 3 个总规模为 $7500m^3/d$ 的临时污水处理设施，主要工艺为 A^3/O+MBBR（内含紫外线消毒）	污水经污水处理设施处理后排入美舍河
6	巴伦桥头排污口截污工程	新建截污井 1 座，截污管道 25m，截留约 $100m^3/d$ 的污水	将截流污水收集后接入污水干管，排入白沙门污水处理厂
7	无线电宿舍附近排污口截污工程	对现状截污管道清淤，迁移管道内的电信管线，拆除之前封堵的排放口，新增不锈钢拍门 1 座	疏通堵塞的截污管道后，截流污水被收集接入污水干管，排入白沙门污水处理厂处理
8	国兴大道附近排污口截污工程	新建截污井 1 座，截污管道 16m	将截流污水收集后接入附近的已建污水暗渠，最终排入白沙门污水处理厂
9	凤翔桥至国兴大道污水管道工程	凤翔桥至国兴大道桥段两侧 11km 的污水主管进行淤泥清除	该段污水主管已建成多年，年久失修，下游出路不畅，截流效果不佳，污水溢流、淤泥大量淤积
10	水电桥附近排污口截污工程	新建小型污水提升泵站 1 座，布设管道 230m，截流 3 个排污口约 $4000m^3/d$ 的污水	将截流污水收集后接入污水干管，最终排入白沙门污水处理厂
11	中山南桥附近排污口截污工程	设置截污井 4 座，污水检查井 6 座，布设管道 79m，截流 4 个较大的排污口污水	将截流污水收集后接入污水干管，最终排入白沙门污水处理厂

5.5.3.2 内源治理

美舍河的底泥污染主要通过原位修复和机械清淤两种方式进行底泥修复与治理。通过退堤还河、改硬质的直立断面为草坡入水的复式断面的方式，对美舍河进行原位修复，沿线增加了 4 万 m^2 的浅滩湿地，就地消纳了 5 万 m^3 的河道底泥。通过机械清淤的方式累计清淤38.4万m^3，平均淤泥深度为0.5m。其中，机械清淤采取的工艺为绞吸船泵送淤泥、垃圾砂石分拣、淤泥调理、泥浆浓缩、淤泥脱水等。经检测，处置后的底泥含水率平均在45%以下，有机质含量较高，且重金属含量较低，适宜梯级潜流人工湿地及资源化利用。

在清淤工程中，针对美舍河上游河段旱季河道水深较浅、河道内沉积泥沙淤积严重、河床内水草较多的特点，采用挖掘机+人工清淤的方法进行机械清淤；同时，为避免在淤泥脱水时对脱水设备造成影响，在清淤前，对现状河床内的水草进行清理，水草清理后就地粉碎，送至海口市垃圾焚烧处理厂处理。清淤工程中，用块石对可能存在的超挖及上游河段存在的非法采砂河床进行回填、理平。针对美舍河下游段河道两岸排口较多，生活污水、垃圾进入河道等导致水体黑臭的现象，并结合美舍河下游水位较深，覆盖在底泥上部的污泥比重较轻的特点，采用绞吸船泵送淤泥的清淤方式。

5.5.3.3 生态修复

1）底质改良工程。美舍河上游机械清淤后，河道底质环境遭到严重扰动，底泥中的污染物容易释放到河道水体中，增加河道水体富营养化程度。因此在美舍河上游采用底质改良型环境修复剂对底质进行改良，一方面继续分解剩余底泥中的污染物，控制内源污染的释放，另一方面，改善底泥的环境要素，快速恢复底泥中的有益微生物系统，稳定底泥环境，减少内源污染的释放，促进底泥中底栖生物系统的自我恢复和沉水植物系统的人工恢复。

2）沉水植物系统构建工程。沉水植物系统是“水下森林”的生产者，是水生生态系统中重要的组成部分，根系和整个叶面直接吸收水体与淤泥中的营养物质，所需碳源直接从水体中吸收，对从下而上整个水体产生巨大的净化作用。在美舍河构建沉水植物系统，选择适合热带海洋季风气候的沉水植物，如轮叶黑藻、苦草、狐尾藻、龙须眼子菜、微齿眼子菜等，种植总面积为36万m^2，沉水植物种植密度为36丛/m^2。

3）水生动物系统构建工程。水生动物系统是指往水体中投加滤食性鱼类及螺贝等，完善水生生态系统中的消费者链条。因为水系中仅有“水下森林”（生产者）、微生物（分解者），还不能达到生态平衡，还需要有一定的鱼、蟹、贝（螺蚌）类等消费者和捕食者。因此，根据水体生态要求与鱼类生态学的特点，选用具有可操纵性的滤食性鱼、蟹、螺、贝类投放到水体中，帮助清扫水草表面的悬浮物，转移水体中的氮、磷营养物质。美舍河上游河道全水域（0.43km^2）进行水生动物系统构建，水域主要投放种类有乌鳢、萝卜螺、螺类、环棱螺、河蚌、水草及附着藻“清洁工”等。

4）微生物系统构建工程。在水生态中，作为分解者的微生物，能将水中的污染物加以分解、吸收，变成能够为其他生物所利用的物质，创造有利于水生动植物生长的水体环境，还能改良土壤，改善土壤的团粒结构和物理性状，提高水体的环境容量，增强水体的自净能力，同时也减少了水土流失，抑制了植物病原菌的生长。水生态修复剂均提取本地有益微生物进行扩培，适应能力强，净化效果好，美舍河横穿市区，周边环境复杂，零散排污较多，突发排污事件难免频繁发生，适时适量地投加专有的水生态修复剂可以迅速地改善水体内的微生物环境，进行水质生态优化，更有利于水生生态系统的健康稳定。美舍河全水域投放水生态修复剂，根据现场污染情况，调控水生态修复剂的用量，工程建设期间水生态修复剂的投加，很大程度上提升了水质净化效果。

5）水域生态构建辅助工程——橡胶坝工程。为保障美舍河水位，将美舍河原有的2个水闸改建为橡胶坝，用于控制上游滨河生态景观水位，确保水生生态系统工程构建所需水位要求，同时又能满足其行洪要求。经改造的2座橡胶坝，坝体高1.0m，坝宽约22m。

6）岸线改造。整体河道断面形式采用复式断面，河床高程保持不变，降低原两岸直立挡墙高程，并外扩挡墙形成浅水区域，在浅水区域上设人行栈道，新增左、右岸浅水、栈道不占用原河道断面，同时增加行洪断面，力图还原河岸生态功能，修复河岸生境，扩大河道水面面积，降低原有驳岸，增加花田台地，既满足了河道的雨洪适应性又坚固美观。另外，种植耐盐碱的乡土水生植物及水质指示性植物红树林，形成滨水湿地，增设了贴近水面的景观栈道，使游人可以在湿地中穿梭，增强滨水景观体验，在紧邻城市界面增加自行车路和活动广场，为周围邻里提供了自然舒适的休闲健身活动空间。

5.5.4 典型治理技术

充分考虑美舍河的场地现状（具有场地较大，且具有自然高差，同时对景观需求高的地方）、水质参数（湿地进水SS要小于0.5mg/L，COD、氨氮等指标为正常生活污水水质指标）等条件，在美舍河凤翔湿地公园，创新性地建造了梯级潜流人工湿地，即在梯级潜流人工湿地处理生活污水的基础上，利用自然的高差，采用梯级台地的形式，使污水先自下而上再自上而下地反复与湿地填料进行接触，提高处理效率，保证出水效果。

凤翔湿地公园梯级潜流人工湿地共有8级，每一级均含有由粗石子、细石子和生物填料颗粒填充的过滤层，并采用梯级台地的形式配合各种植物，营造出良好的景观。与此同时，为了减少污水中的悬浮物含量，降低湿地堵塞的概率，减少运营期间填料更换的次数，在梯级潜流人工湿地进水前端增加沉淀设备。凤翔湿地公园污水处理流程如图5-13所示。

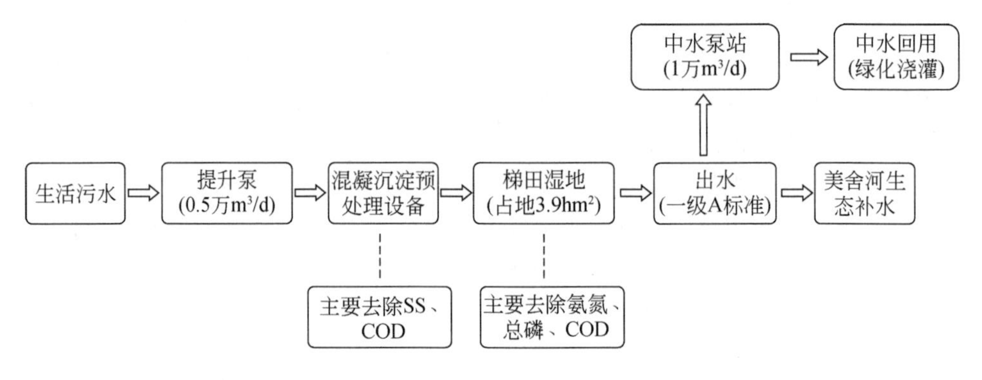

图5-13　凤翔湿地公园污水处理流程

5.5.5　整治成效

整治之前，美舍河沿线污水直排现象严重，水体发黑发臭，水质多为劣V类。通过系统的治理后，美舍河的水质由原来的黑臭水体提升到主要水质指标达到地表水V类水质标准。经分析调查，美舍河现在河里鱼类的种类和数量明显增多，多种鸟类回归筑巢。沿线景观得到了极大的提升（图5-14），新建了亲水栈道、凤翔公园等，前来游览、散步的人络绎不绝。同时，水体周边的房价有显著的提升，如凤翔公园附近的房价由治理前的8000元/m^2增长至15 000元/m^2。

图5-14　美舍河治理后现状

5.6 海口市龙华区大同沟黑臭水体整治

5.6.1 水体概况

5.6.1.1 基本情况

大同沟源自东西湖，全长约 1.7km，平均宽度约 18m，平均深度约 1.8m，流经大同路、龙华路，在龙昆北路汇入龙昆沟最终排入大海，沿途有繁华的商业闹市区及龙华区政府等党政办公机关。大同沟属于龙华区水系，由 11 个水体组成，为城中心水系，是海口市水系的重要部分。大同沟是片区内重要的排洪排涝通道，因两侧土地利用空间十分有限，为提升排洪排涝能力，现为“三面光”水体，两侧为浆砌石挡墙，河底为混凝土河床。

5.6.1.2 问题分析与评估

经过现场调研摸排，大同沟存在的主要问题包括：地表径流带入的面源污染；底泥释放的内源污染；降雨时超截留倍数溢流至水体内的混合污水；因污水排放口低于常水位，地表水倒灌污水截流管道，造成满管溢流出的混合污水污染；潮位影响造成的污水外溢；部分错接乱接的点源污染等（图 5-15）。治理前大同沟水质情况见表 5-10。

图 5-15 治理前现场状况

表 5-10　大同沟 2016 年水体水质情况

水体名称	地点	水体透明度/m	DO/(mg/L)	COD/(mg/L)	氨氮/(mg/L)	TP/(mg/L)
大同沟	八灶闸门处	0.38	3.4	40	20	3.5

(1) 治理前排污口分布

大同沟排查出排污口共 22 个，咖啡厂新桥前用沙包阻断河道，上游水流在八灶闸门处通过暗涵排入海湾。大同桥有两个污水排放口，龙华菜市场前的 2.2m 宽排污口为大同沟沿线较大的排污口（图 5-16）。大同沟污水排放情况见表 5-11。

图 5-16　典型排污口状况

表 5-11　大同沟污水排放情况统计表

水体名称	排水口/个	污水直排口/个	日均排污量/t	日均污染负荷量/kg		
				COD_{Cr}	氨氮	TP
大同沟	22	22	5400	351	108	32.4

(2) 治理前管网排查

大同沟水体治理前污水直排口为 22 个，污水排入河道约为 33 000m^3/d，混合污水防倒灌口 15 处，详见表 5-12。污水截流完成后，目前沿线仍有污水溢流进入水体，经管网摸排调查，晴天现大同沟沿线污水溢流量每天为 1946.18 ~ 5419.5m^3，全日潮时为 1946.18m^3，半日潮时为 5419.5m^3，且大同沟沿线 DN1200 污水主干管满管甚至带压运行，初步推测：大同沟 DN1200 污水主干管与下游主箱涵交汇处存在管网瓶颈，导致小石桥上游污水从大同二横路现状 DN1200 污水管排水困难，大部分污水只能从新建的 DN1000 分流管排往长堤路，又因长堤路受潮位影响严重，高潮位时长堤路受满流顶托影响，从而使目前小石桥处上游箱涵排水存在瓶颈。另外，龙昆沟污水主箱涵上游琼山片区截污纳管提高了龙昆沟污水主箱涵运行水位；大同沟受下游污水主箱涵满管及潮位造成的地表水倒灌和地下水入渗影响而出现污水溢流现象。

表 5-12　治理前大同沟流域排水管网情况统计表

水体名称	混流区域面积/km^2	混接、错接点个数/个	渗漏点个数/个	受损管道长度/m
大同沟	3.015	86	15	—

（3）治理前污染源

1）随着流域范围内人口密度的不断增大，大同沟沿途早期建成使用的污水管道的断面已远远不能满足排放需求，造成污水管道长期处于满流状态，导致出现污水溢流现象（表 5-13）而污染水体。下雨天时，由于排水管道连接混乱，污水与雨水混合入湖，带入大量污染负荷。

2）龙华菜市场生鲜废水直排进入大同沟。

3）周边居民环保意识淡薄，乱倒乱丢垃圾等不文明行为较普遍。

表 5-13　大同沟污水溢流量统计表　（单位：m^3/d）

序号	位置	半日潮溢流量	全日潮溢流量
1	小石桥右岸（H12）	1228.5	251.4
2	小石桥下游 30m 处右岸（H10）	660	54.24
3	大同路上游处右岸（H9）	48	0
4	小石桥下游 30m 处左岸	138	50.4
5	大同桥下左岸	860	568.94
6	大同路下游 50m 处左岸	648	0
7	泰龙桥下游 30m 处左岸	480	522.2
8	龙华路下游 50m 处右岸鸭嘴阀	240	172.8
9	滨河路及银河路交叉口六中闸处	420	100
10	老桥下游 10m 处左岸	200	86.4
11	龙华区政府上游 50m 左岸拍门	324	77.76
12	龙华区政府前	30	5.04
13	玉河天桥下左岸	143	57
总计		5419.5	1946.18

（4）治理前河道底泥污染

大同沟因大量污染物进入，且水体自净能力丧失，多年来沉积了大量淤泥，因底泥溶解释放进入水体内的污染物也是导致水质恶化、水体黑臭的重要因素。大同沟为典型的“三面光”结构，底泥沉积在硬质混凝土河床上极为松散，性状十分不稳定，水流冲刷或厌氧反应均会带起块状浮泥造成水体黑臭。

经底泥检测（表 5-14），大同沟底泥厚度为 52.8cm，TP 为 489.08mg/kg，TN 为 1588.23mg/kg，总量约 27 000m^3。

表 5-14　大同沟治理前水体底质指标

名称	地点	底泥厚度/cm	TP/(mg/kg)	TN/(mg/kg)	有机物含量/%
大同沟	八灶闸门处	52.8	489.08	1588.23	3.52

（5）各种污染物贡献率占比

经分析，本项目主要污染来源包括 4 部分，即周边居民生活污水、地表径流（含初期雨水）、水体底泥内源污染释放及外来水（图 5-17）。通过统计估算，本标范围内，生活污水和初期雨水是重要的污染来源，其次是底泥释放的内源污染，详见表 5-15 ~ 表 5-18，外来水带来的污染对本标总体贡献较小。

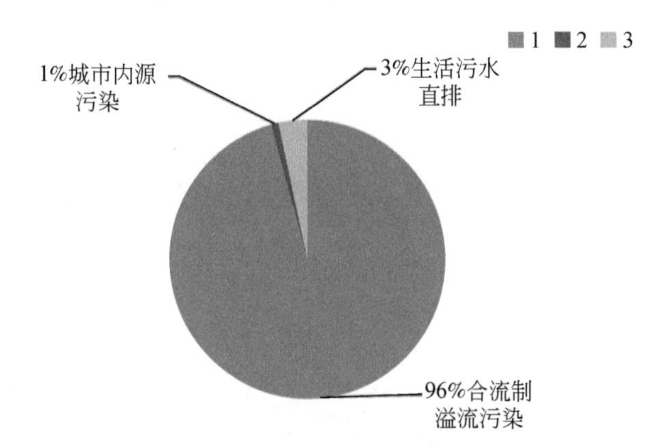

图 5-17　不同污染物占比（以 COD 计）

1 代表美舍河引水，2 代表道客沟来水，3 代表涨潮时挟带的污染物

表 5-15　治理前大同沟内源污染情况统计

水体名称	底泥总量/m^3	底泥深度/cm	COD 年排放量/t	生活垃圾堆放点
大同沟	270 000	70	27.4	—

表 5-16　治理前大同沟合流制溢流污染情况统计

水体名称	合流制溢流口个数/个	典型年溢流次数/次	典型年溢流污水量/万 m^3	全年污染物排放量/t	
				氨氮	COD
大同沟	22	240	17 006	2 551	9 354

表 5-17 治理前大同沟排水管网病害情况统计

水体名称	混流区域面积/hm^2	混接、错接点个数/个	渗漏点个数/个	受损管道长度/m
大同沟	7.5	15	14	80

表 5-18 治理前大同沟城镇生活污水直排口统计

水体名称	排水口/个	污水直排口/个	日均排污量/t	日均污染负荷量/kg		
				COD	氨氮	TP
大同沟	22	22	5400	351	108	32.4

5.6.2 整治目标

大同沟治理前水质为劣Ⅴ类，水体黑臭现象明显。分阶段整治目标如下：

1）2016 年 11 月底前基本消除黑臭。

2）2017 年 11 月底前水体的主要水质指标（COD、BOD、NH_3-N、pH、DO）达到《地表水环境质量标准》（GB 3838—2002）的Ⅴ类水标准。

3）2018 年 11 月底前水体指标达到或优于《地表水环境质量标准》（GB 3838—2002）的Ⅴ类水标准。

5.6.3 整治方案

大同沟按照“截污纳管、内源治理、生态修复、活水保质、景观提升”的水体治理整体思路和步骤要求，以截污控源为核心，以提升水体自净能力为目标，从污染控源和水生态修复两方面着手，融入海绵城市建设理念，结合水动力改善和长效运营机制建立，打造良性生态健康水体，改善人居环境。

5.6.4 整治措施

5.6.4.1 控源截污

大同沟控源截污实施了污水截流、雨污分流、溢流口防倒灌等一系列截污纳管工程。针对下游管网受潮水位顶托造成的污水溢流问题，又对大同沟实施了二次污水截流，即针对沿线日常污水溢流口再次进行截污纳管，并新建污水管道，将溢流污水收集后统一输送至下游长堤路污水主干管，进入污水处理厂。经过两次截污纳管工作，解决了污水直排和溢流问题。

本工程从末端进行污水截流，对现状截流井进行改造，加设限流阀，将合流管中截流的污水就近排入污水系统中；同时对破损的拍门进行更换，根据现场实际情况更换为鸭嘴阀、闸门及下开式堰门，未设置防倒灌装置的雨污合流排放口加设鸭嘴阀，避免大量水体倒灌进入污水管网。

新建 DN300 污水截流管 55m，DN400 污水截流管 67m，DN600 污水截流管 44m，DN600 污水截流管 109m，污水检查井 9 座，鸭嘴阀及检查井（DN600 ~ DN1000）11 座；设置 CBZ 型闸框手电一体闸门 3 座，设置下开式堰门 3 座。

为了解决初步截污纳管后大同沟污水溢流问题，通过新建污水管道，对沿线溢流污水进行集中收集，通过新建污水提升泵站（$0.5m^3/s$）排入下游污水管网系统，进入白沙门污水处理厂。

5.6.4.2 内源治理

本次河道主要采用污泥硬化、泥浆泵、高压水枪、管道输送、挖机和人工等多种方法进行清淤。由于大同沟为硬化河底，河道自净能力弱，故淤泥全部被清理至硬化河底，清淤量共计 27 000m^3，所清理污泥被送至资源回收厂进行资源再利用。

5.6.4.3 生态修复

在大同沟下游河段进行生态驳岸改造，长度约 400m，即将原硬质驳岸通过生态驳岸改造、水生植物种植和自然石搭配等多种措施，改造为“近自然”河道，且日常进行低水位运行，以增强水体自净能力。

同时，在河道中部建设一体化水质净化设备，通过水质净化设备-循环泵站-水生生态系统，达到大同沟水体自循环和净化目的。

5.6.4.4 管理措施

政府绩效考核：海口市政府制定出对海口市生态环境局水质考核、第三方水质监测分数、设施运营维护状况、公众满意度测评、投诉与媒体曝光五大块进行综合评分的考核制度。绩效考核和运营费用、可用性服务费用直接挂钩，使绩效考核切实可行，从制度上保证了水质长清。

治水企业运维：铁汉（汉清）公司在运营现场设立了水体巡查组、设备运行组、水质监测组、设备检修安全组及应急组等小组。完善的运维管理体系和雄厚的专业技术力量可以使水体运营高效有序，保证了水体水质的稳定达标、治理效果的巩固提升，从运维上保证了水质长清。

政府与企业联动机制：政府与治水企业形成了良性的联动机制，在运营过程当中可以快速高效地解决突发性事件及实际问题，实现政府与企业的最大合力，共同努力推进水生态环境的持续改善。

5.6.5 关键技术

5.6.5.1 技术名称

水生态修复：水体自循环+水质净化=活水保质。由于大同沟是水泥硬质驳岸，水体自净能力极弱，上游又无有效量的生态补水，故需通过大同沟水体自循环以进一步实现水质净化效果，即以椰子岛为中心建设污水提升泵站和循环泵站，以便降雨后及时降低大同沟水位，并实现自身水体循环。大同沟循环水或溢流污水经泵提升直接进入初沉池处理后再自流进入强化混凝过滤一体化装备去除总磷和部分有机物，最后出水自流进入大同沟，作为大同沟的景观补水。大同沟经过进一步的生态修复和活水保质措施，通过低水位运行，实现了水体自循环和自净化，并缓解了城市内涝情况。

5.6.5.2 技术原理

(1) 河道内部水循环构建

大同沟现状主要依靠美舍河补水（4万 m^3/d）及东西湖补水（3000m^3/d）至小石桥，自上游向下游依靠重力流动，经八灶闸及中航闸，分别排入大同沟分洪沟及龙昆沟，实现大同沟内部的水动力改善及水体交换。

大同沟清淤完成及溢流污水截流管建设完成后，底泥内源污染及雨污混流管外源污染基本解决，大同沟按低水位方式运行（日常水深0.4m），美舍河河水由于是咸淡水，不再补至大同沟，大同沟水体需实现自身内部循环，以改善水动力条件，故需新建循环泵站及配套输水管道。为满足河道低水位流动性，河道流速按不小于0.15m/s控制。

水力学明渠均匀流计算公式为

$$Q=AC\sqrt{Ri}=K\sqrt{i}$$

式中，Q 为流量（m^3/s）；A 为过水断面面积（m^2）；C 为谢才系数；R 为水力半径（m）；i 为河道纵坡；K 为流量模数。

主河槽宽度为8m，水深为0.4m，纵坡坡降为0.14‰，流量 Q 为0.62m^3/s，流速为0.15m/s。

循环向两个方向进行，一个是椰子岛至中航闸循环（一期）流量为0.62m^3/s，一个是椰子岛至小石桥循环（二期）流量为 0.62m^3/s。

大同沟中航闸至椰子岛段河底标高基本介于-0.3～-0.2m，中航闸至市政府桥之间有一个深约 40cm 的坑，拟进行回填处理。为满足河道低水位运行时 0.15m/s 的流速，需将大同沟河底标高按 0.14‰进行调整。

（2）固定化微生物–高效生物滤池（G-BAF 池）

主要作用是通过好氧微生物降低废水中的 NH_3-N 和难降解有机物，通过缺氧微生物去除总氮。池内装填高效悬浮专用载体，投加高效微生物。底部设置排泥管定期排泥，排至污泥池。

5.6.5.3 技术适用范围

该技术适应于城市内河湖治理，尤其是无活水来源且存在雨污合流现象的城市内河湖治理。

5.6.5.4 技术特点及创新点

根据大同沟实际情况，首先按照生态理念对河道断面进行改造，使断面型式为主河槽+河漫滩型式，同时构建河道内部水循环系统，实现大同沟内部的水动力改善及水体交换；其次建立水质净化系统，处理大同沟循环水和溢流污水；最后实现水体自循环和水体自净化加人工再强化，达到活水保质的效果。

5.6.5.5 技术工艺流程

内循环工艺流程及 G-BAF 水质提升系统工艺流程如图 5-18 与图 5-19 所示。

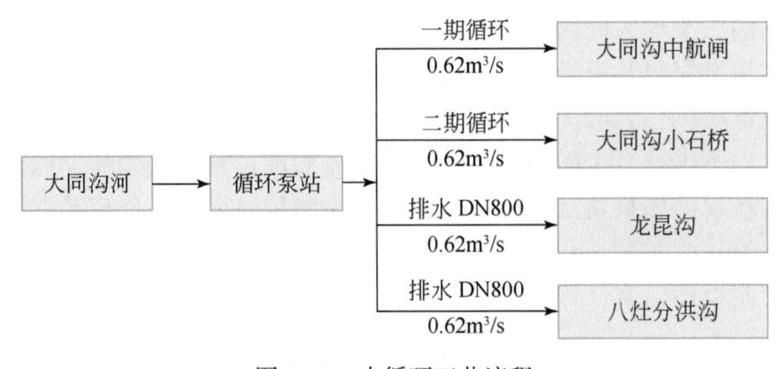

图 5-18 内循环工艺流程

5.6.5.6 该技术实现的水体整治效果

该技术实现了从黑臭水体到地表水Ⅴ类标准甚至Ⅳ类标准的跃升，水质明显改观。

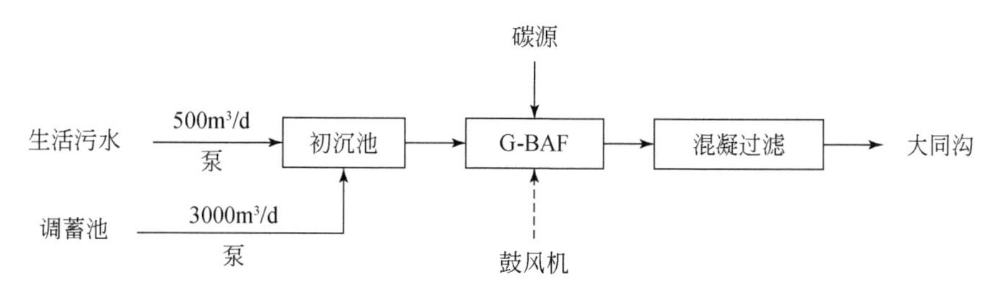

图 5-19 G-BAF 水质提升系统工艺流程

5.6.6 创新举措

活水保质：由于大同沟无有效量的生态补水，故需通过大同沟水体自循环以进一步实现水质净化效果，即以椰子岛为中心建设污水提升泵站和循环泵站，以便降雨后及时降低大同沟水位，并实现自身水体循环。加强大同沟内部的水动力改善及水体交换，并建立水质净化系统，处理大同沟循环水和溢流污水。最终实现水体自循环和水体自净化加人工再强化，达到活水保质的效果。

5.6.7 整治成效

5.6.7.1 治理效果

治理后的大同沟实现了从黑臭水体到地表水Ⅴ类标准甚至Ⅳ类标准的跃升，水质明显改观，极大地提升了大同沟周边的人居环境质量，并以城市品质提升为引领，最大限度地体现市井文化，修复城市记忆，让居民从中获得幸福感和满足感。

5.6.7.2 效益分析

（1）经济效益

水生态环境的治理，是落实和服务于依托海南热带海岛风光资源和良好的生态环境，积极发展休闲度假、健康疗养、体育健身等热带滨海旅游业的经济发展。

（2）生态效益

经过治理后，曾经的“龙须沟”变化较大。当人们漫步在大同沟河边，映入眼帘的是碧水、绿草、花海、鱼鸟，与以前相比，环境得到明显改善。黑臭水体整治极大地提升了大同沟周边的人居环境质量，得到了市民的一致认可。

(3) 环境效益

经过治理，大同沟已经消除黑臭，实现了从黑臭水体到地表水Ⅴ类标准甚至Ⅳ类标准的跃升，水质明显改观，同时也为下游龙昆沟水体水质达到地表水Ⅴ类标准提供了强有力的保障（图5-20）。

图5-20　治理后大同沟效果

5.7　贵州省贵阳市南明河二期水环境综合治理

5.7.1　水体基本概况

5.7.1.1　水体名称

南明河城区段（三江口至新庄二期污水处理厂），主干线约27km（图5-21）。

5.7.1.2　水体所在流域概况

修复水体位于贵阳市南明河流域，南明河属长江水系乌江支流，被贵阳人民誉为“母亲河”（图5-22）。南明河发源于安顺市平坝县白泥田，从贵阳市西南入境，向东北蜿蜒流经花溪区、南明区、云岩区、乌当区和开阳县，在开阳县高寨乡与独木河汇合注入清水河后，向北于开阳县米坪乡清水口处注入乌江；南明河干流全长215km，流域面积为6600km^2。南明河在贵阳境内河长118km，接纳

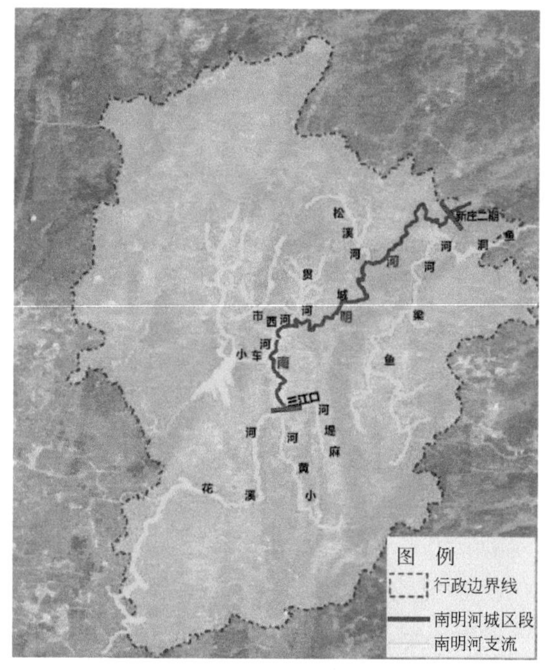

图 5-21　贵阳市南明河城区段示意

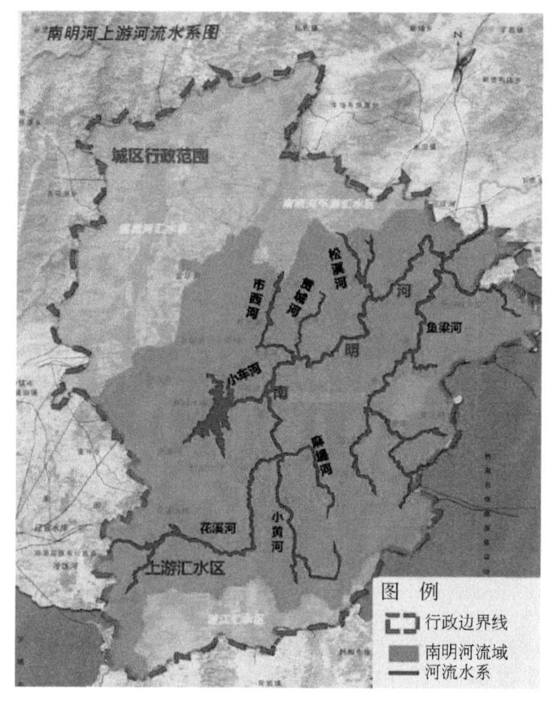

图 5-22　贵阳市南明河城流域示意

一级支流 15 条，流域面积为 1621. 3km^2，多年平均径流量为 29. 7m^3/s，多年平均流量为 9. 37m^3/s。

南明河城区段河道为复合式矩形断面；河道宽度变化较大，介于 25 ~ 50m。南明河城区段主要支流从上游至下游，依次为小黄河、麻堤河、小车河、市西河、贯城河、松溪河和鱼梁河。

小黄河是南明河的一级支流，是南明河右岸首条较大支流，流域面积为 67km^2，河长 20. 5km。流域地势平坦，河流非常平缓，主河道平均比降为 1. 82‰。

麻堤河是南明河的一级支流，发源于南明区二戈寨牛郎关，流经八公里、二戈寨、小河，于三江口处汇入南明河。河道全长 12. 4km，流域面积为 28. 9km^2，多年平均径流量为 0. 16×10^8 m^3，多年平均流量为 0. 51m^3/s，主河道平均比降为 6. 35‰。

小车河流域面积为 203km^2，河长 27. 5km，建有阿哈水库。

市西河是南明河的一级支流，发源于黔灵乡万鸡山，流域面积为 43km^2，河长 16. 7km。流经主城区，建有小关水库及黔灵湖水库。

贯城河纵贯城区繁华地带，流域面积为 21km^2，河长 10. 8km，在大营坡以下市区河段长约 4. 8km，城区面积约占全流域面积的 40. 0%。

松溪河发源于乌当奶牛场，流域面积为 30km^2，河长 11km，主河道平均比降为 19. 3‰。

鱼梁河属南明河最大支流，发源于龙里县谷脚镇西北面的鸡场坝，流域面积为 409km^2，河长 49. 4km，主河道平均比降为 5. 63‰。

5. 7. 1. 3　水体类型

南明河是乌江右岸的一级支流，是贵阳市的“母亲河”。南明河涵盖了贵阳市中心城区 80% 的区域，汇集了小湾河、白岩河、小车河、小黄河、麻堤河、市西河、贯城河、松溪河、鱼梁河等众多支流及阿哈、花溪、松柏山、小关等水库，是中心城区水系网络中水源最足、水量最大、水面最宽、径流长度最长的干流，也是中心城区最重要的城市防洪、排泄通道，还是中心城区调节城市小气候最重要的城市水体。

5. 7. 1. 4　修复前水质特征

南明河水环境综合整治一期项目通过截污完善、清淤疏浚等措施，基本消除了南明河干流的黑臭现象（图 5-23）。南明河水系水质得到有效改善，劣Ⅴ类水体比例由原来的 51% 下降到 17. 4%，准Ⅴ类水体比例由原来的 10. 1% 提高至 24. 3%，准Ⅳ类水体比例由原来的 8. 8% 提高至 28. 2%。

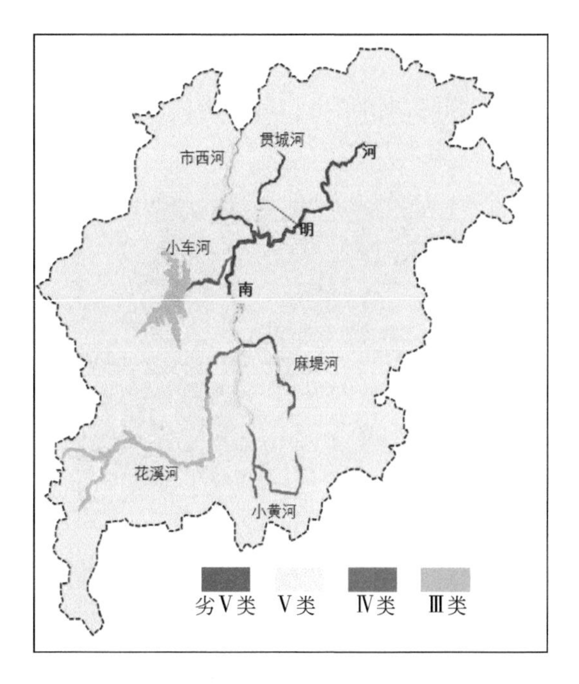

图5-23 一期项目治理后的南明河水质状况

南明河干流的生态调研结果如下：浮游植物6门58属，优势藻类主要是硅藻门的小环藻、舟形藻和蓝藻门的颤藻等；底栖藻类5门26属，优势藻类主要是硅藻门的小环藻、舟形藻、卵形藻和蓝藻门的颤藻等；高等水生植物主要有篦齿眼子菜、马来眼子菜、苦草、金鱼藻、黄丝草、菹草、粉绿狐尾藻和满江红等。

5.7.1.5 水体污染来源

南明河干流水环境污染源，主要包括污水处理厂尾水、支流汇水、截污沟溢流、内源污染及沿河垃圾等。

污水处理厂尾水：南明河流域的污水处理厂有10座，总处理规模为$94\times10^4m^3/d$，其中7座污水处理厂执行《城镇污水处理厂污染物排放标准》(GB 18918—2002) 的一级A排水标准，其处理规模为$82\times10^4 m^3/d$。但按《地表水环境质量标准》(GB 3838—2002) 评价，一级A排水标准仍然属于劣V类水。按污水处理厂满负荷运转计算：所有污水处理厂（一级A排水标准）的尾水量为$2.99\times10^8m^3/a$，占南明河新庄污水处理厂二期河道处天然径流量（$4.46\times10^8m^3/a$）的67.0%。

支流汇水：小黄河、麻堤河、市西河和贯城河水质极差，常年水质监测结果均属劣V类水，估算上述四条支流年均来水量约占南明河贵阳水文站控制断面年均天然径流量的37.3%。四条支流大量的污水汇入南明河干流，必然导致干流水体丧失自净能力。

截污沟溢流：部分河段虽然沿河道修建有排污沟，但存在跑漏情况，污水仍可直接进入河流；尤其在强降雨情形下，截污沟内雨污混合水直接溢流进入河道的情况更严重（图 5-24 与图 5-25）。

图 5-24　南明河截污沟溢流（雨季）

图 5-25　南明河截污沟跑漏（旱季）

内源污染：南明河干流和支流部分河段淤积严重，积累在河道内底泥表层的氮、磷等营养物质一方面可被微生物直接摄入，进入食物链后参与水生生态系统的循环；另一方面可在一定的环境条件下从底泥中释放后重新进入水体，从而导致南明河水环境恶化（图 5-26）。

图 5-26 南明河干流底泥淤积

沿河垃圾入河：一些市民及游人环境意识薄弱，生活垃圾随意堆弃在河岸边缘，被雨水冲刷入河后造成严重的水环境污染（图 5-27）。

图 5-27 生活垃圾入河

5.7.2 修复目标及技术路线

5.7.2.1 修复目标

针对南明河流域存在的问题，从城市发展和流域治理的全局出发，结合“一河百山千园”的建设目标，对南明河流域进行顶层规划和设计，近远结合，提出分步实施方案，通过科学系统、合理有效的手段实现南明河“标本兼治，长治久清”的目标。

5.7.2.2 修复技术路线

通过对南明河城区的污染源进行现场勘查，系统分析了污染源、污染强度、污染总量和污染贡献。基于南明河生态水力格局区划，为改善河道生命活力、自净能力和景观效果，形成截污治污、生态体系建设、面源污染治理、内源污染治理、海绵城市建设、水环境安全建设、清水补给系统和智慧水务体系八大核心技术体系，构建可持续的健康河道生态体系，建设长效的运行监控管理机制，形成水清岸绿、内涵丰富、经济繁荣的南明河水环境带（图 5-28）。

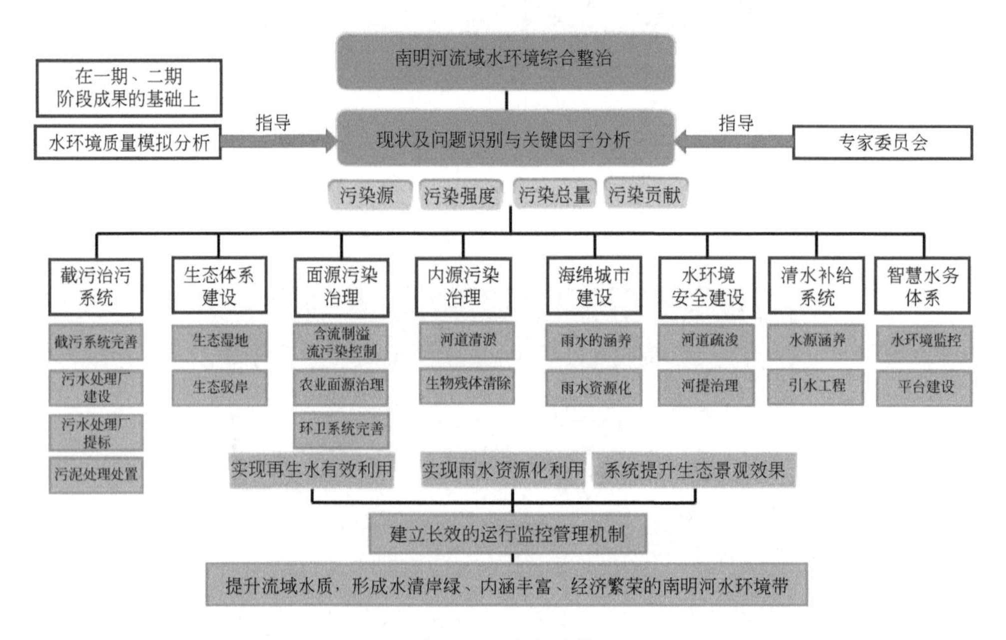

图 5-28 技术路线

(1) 截污治污

1）截污工程：主要包括干、支流沿线的截污工程，“跑、冒、滴、漏”的整改，全线大沟、支沟出入口改造，最终实现沿线污水不直排河道。

2）治污工程：按照“适度集中、就地处理、就近回用”的原则多点新建污水处理厂，有效治理南明河干流及各支流的污水问题，对沿线已建污水处理厂进行提标改造（由一级 B 标准提高至一级 A 标准）；新建污泥处置中心，解决新老污水处理厂的污泥处置问题。

(2) 生态体系建设

通过生态驳岸、生态浮床、人工湿地及湿地公园建设，恢复和增强南明河的生态自净能力，重塑河道生物链，从根本上改善南明河水环境质量。

(3) 面源污染治理

逐步完善雨污分流系统，减少合流制溢流污染；并对产业结构进行调整，控制南明河流域内的农业面源污染，进而从根本上解决面源污染对河道水环境的冲击。

(4) 内源污染治理

通过河道清淤、翻板坝改造、拦渣坝及沉沙坝建设、河底检修通道建设、常态清淤、冲淤及维护等工程措施，大幅减少河道内源污染的产生和累积。

(5) 海绵城市建设

运用源头削减、中途转输和末端调蓄的系统性雨洪管控理念，因地制宜地采用“渗、滞、蓄、净、用、排”等多种工程技术措施，系统解决城市水环境污染严重、内涝风险高和水资源短缺等问题，提高雨水涵养能力和雨水资源利用率。

(6) 水环境安全建设

通过闸坝控制和堤岸整治工程，确保南明河水环境安全，实现综合治理的可持续性。

(7) 清水补给系统

水体发臭发黑的主要原因之一是生态基流（好水）大大减少，因此适当提高南明河沿线污水处理厂的出水标准（主要出水水质指标，如COD、氨氮和总磷达到地表水Ⅳ类水标准，其余指标按一级A标准执行），并结合生态湿地进一步提升水质，为河道提供高品质的生态补水。

(8) 智慧水务体系

基于环境物联网技术，实现流域水文、水质及生态指标的自动监测、传输和分析，通过管理平台进行防汛调度管理和污染预警、监控、模拟、预案处置和信息共享，保持和发挥综合治理的长期效果，实现流域水环境综合治理的长治久清。

5.7.3 修复方案及效果

5.7.3.1 生态修复措施

基于南明河生态水力格局区划，构建适宜的水生生态系统生存环境，修复浮游生物-水生植物-水生动物生态体系。南明河流域生态修复措施主要包括两类工程措施，即生境构建工程和生态修复工程。

(1) 生境构建工程

生态治河的目的之一在于逐步修复河流生态系统，并使其健康运行，生态修复应以自然恢复为主，人工强化为辅，才能使生态修复的效果更持久，形成的生态系统更稳定。水生植物逐步恢复，需对水生植物的生存环境进行优化，即构建适宜的水生植物生长环境。

1）高品质生态补水——生态型高品质地下式再生水系统。南明河河道水生植物难以存活的原因包括水质差、溶解氧低、水体透明度低、光照不足及生态基流不足、水位浅，其中河道生态基流不足是水生植物难以存活的主要原因。而生态型高品质地下式再生水系统的出水标准可达到地表水准Ⅳ类，是将污水就近收集处理、就近用于河道生态补水的科学有效的解决办法，也是水生植物生境构建的核心技术之一。

南明河水环境综合治理项目按照“适度集中、就地处理、就近回用”的原则，新建、在建和设计污水处理厂 13 座，总处理规模为 $72.5\times10^4 m^3/d$；其中，高品质地下式再生水厂有 7 座，主要出水水质指标（COD、氨氮和总磷）达到地表水Ⅳ类水标准，可为河道提供高品质的生态补水量为 $34\times10^4 m^3/d$。目前已稳定运行的地下式再生水厂有 2 座，分别为贵阳市青山地下式再生水厂（设计规模为 $5\times10^4 m^3/d$）和贵阳市麻堤河地下式再生水厂（设计规模为 $3\times10^4 m^3/d$），总共为河道提供 $8\times10^4 m^3/d$ 的生态补水量。

2）水位调节工程。除了依靠截污治污工程、生态清淤工程和生态补水获得合适的水质、底质、水体透明度等关键生境条件外，还要通过水位调节工程、水动力调节工程对水生生态系统生活环境进行优化。

该项目在南明河电厂坝段实施多级水位调控工程，设置透水坝 3 座；市西河口段也设置透水坝 1 座。

(2) 生态修复工程

水生植物生境构建成功之后，在河道有限的空间实施多样生态措施，通过生态的方式降解污染物的含量，提高河道的自净能力。采取的生态修复工程包括河滩型人工湿地、生态砾石床、表面流湿地和水生植物等，工程量具体为：①三江口河滩湿地工程。生态砾石床面积为 $1200m^2$；表面流湿地面积为 $12\ 500m^2$。②五眼桥河滩湿地工程。生态砾石床面积为 $1200m^2$；表面流湿地面积为 $12\ 500m^2$。③电厂坝段生态蓄水河道工程。水生植物面积为 $2500m^2$。④一中桥河滩湿地工程。生态砾石床面积为 $2600m^2$；河滩湿地面积为 $15\ 000m^2$。⑤市西河二桥污水处理厂生态砾石床工程。二桥污水处理厂出水口至下游 1000m 范围内建设生态砾石床，生态砾石床面积为 $20\ 000m^2$。⑥小黄河生态湿地工程。陈亮村下游，设置人工湿地面积为 $20\ 000m^2$。⑦小车河生态湿地工程。中国铁建国际城下游 500m

（人工湿地面积为5000m^2）。

5.7.3.2 截污治污措施

“黑臭在水里，根源在岸上”，因此南明河水环境综合治理项目以控制污染物进入水体为根本出发点，加大污水收集力度，提高污水和污泥处理率；强化污水截流措施，最大限度地将污水输送至污水处理厂进行达标处理。截污治污措施主要包括两类工程措施。

（1）截污系统完善

贵阳市中心城区的排水管网大部分是雨污合流制系统，已建和在建的沿河截污沟都采用了一定的截流倍数，截污沟能将污染较重的初期雨水和生活污水收集起来排入污水处理厂进行处理。南明河城区段及其支流两侧基本都建有截污沟，部分截污沟因建设年代久远而出现破损，“跑、冒、滴、漏”问题严重。为减少截污沟内污水直排，截污系统完善方面主要包括以下工程。

1）南明河截污沟小河厂至五眼桥段改造工程。南明河电厂坝段，截污沟改造长度共计5549m，改造后断面尺寸（宽度×高度）为1.2m×1.0m～1.2m×1.2m。

为保护南明河水环境，避免五眼桥过河管发生大面积渗漏或爆管现象，改造总长度为100m，采用外径为1020mm、壁厚为10mm的钢管进行敷设。

2）南明河新庄至沙鱼沟截污沟工程。新庄至沙鱼沟截污沟长度共计13.05km，依据小河厂上游段污水量预测和小河厂—新庄污水厂段污水量预测，主截污沟断面 $B×H$=2.0×2.0m～2.5×2.0m；次截污沟断面为DN500～DN600。

3）4条支流截污沟改造工程。市西河：金阳污水处理厂尾水分流段、杨柳冲大沟下游段、市西河截污管主干段（新建截污管7745m，断面尺寸DN800～DN1000）；

贯城河：截污管疏通2850m^3；污水收集支管800m，断面尺寸DN400；

麻堤河：新村至母猪井段、新村段、麻堤河上游新村至牛郎关隧道截污管破损处（新建截污管1600m，断面尺寸DN400～DN800；更换破损管道500m，断面尺寸DN600）；

小黄河：陈亮村段截污明渠、陈亮村—花溪污水处理厂段左侧截污管、花溪污水处理厂—课米田段截污管和沟口截污改造（新建截污管3370m，断面尺寸DN800；排出口改造35个）。

（2）污水和污泥处理设施建设

南明河流域城区段包括小黄河、麻堤河、小车河、市西河、贯城河、松溪河及花溪、小河片区和中心城区，服务面积为229.47km^2，至2020年，服务人口预计达到399.29万人。根据贵阳市最近几年的用水量分析及《城市给水工程规划规范》(GB 50282—98)，确定人均综合生活用水量指标（2020 年为 260L/d），至 2020 年南明河流域的生活污水量估算为 $101.48\times10^4 m^3/d$；贵阳市排水系统较为复杂，中心城区大多为雨污混合的合流制系统，因此，南明河流域实际排污量（含混合污水）将高于预测值。即使不考虑混合污水，现状污水量也远远超过污水处理厂的处理能力，同时污水处理厂主要集中在城市下游，造成截污沟负荷过大，污水外溢南明河。因此，在南明河水环境综合治理项目中按照“适度集中、就地处理、就近回用”的原则，新建、在建和设计污水处理厂 13 座，总处理规模为 $72.5\times10^4 m^3/d$，对南明河沿岸的污水进行收集处理，并将污水处理厂的出水作为河道生态补水。其中，青山地下式再生水厂、麻堤河地下式再生水厂、新庄污水处理厂二期工程和花溪污水处理厂二期工程这 4 座污水处理厂已稳定运行，污水处理量达到 $36\times10^4 m^3/d$。

为解决污水处理厂剩余污泥堆放造成的臭气扰民和余水二次污染等问题，新建污泥处置及资源化中心。该中心位于新庄污水处理厂二期厂区内，处理规模为 500t/d（按 80% 含水率计），污泥深度处理采用低温风冷干化工艺。

5.7.3.3 内源控制措施

内源控制措施主要包括河道清淤工程和河道翻板坝改造工程。

(1) 河道清淤工程

南明河水环境综合治理项目河道清淤遵循的原则主要包括：①了解污染底泥的沉积特征、分布规律和理化性质；②在比较精确的测量数据的基础上，确定合理的清淤范围和清淤深度，完成清淤总量的测算，并对清淤作业区的划分、清淤方式及机械配置、工作制度及工期等做出科学合理的安排；③为满足今后防洪需求，可对河道内的孤独岩石进行爆破清除，若有景观需求的，应该保留；④对底泥堆放场地及处置工艺等都要有明确的技术方案，尤其要提出底泥的综合利用方案。结合市西河和贯城河的实际情况，采用“干河清淤”的方案，即清淤在河道枯水期实施，在上游河道截流后，清淤河段内排除明水，修建施工围堰，使河道内的上游来水从围堰外侧排走；人工将淤泥装进土工管袋后，拉到河岸边，由岸上的吊车将装满淤泥的土工管袋吊运至卡车，然后运送至污泥处理中心。该项目河道清淤河段位于市中心，白天、夜晚均可通行，因此可根据淤泥量和施工工期合理安排施工进度；在清运淤泥后，立即将道路上洒落的土方清理干净，为周边居民营造良好的生活环境。河道清淤工程量具体包括：①市西河。主体河道起点二桥黔春路至终点南明河入口处全长 3.86km，河道淤泥长期累积，沿线存在生活垃圾，因此应对河道进行全面清淤。对市西河改茶、杨柳大沟汇口至雪涯桥段主体河道进行清淤（约 4.5km），并对上游沿线汇入沟渠杨柳大沟进行清渣，

清淤量共计 $5.41\times10^4 m^3$。②贯城河。对盐务桥至六洞桥主体河道进行清淤（3.2km），对贯城河分洪隧洞进行清淤，并对贯城河上游沿线汇入沟渠（盐务、茶点大沟）进行清渣清淤量共计 $3.64\times10^4 m^3$。

（2）河道翻板坝改造工程

20 世纪 90 年代贵阳市政府先后在南明河市区河段建造了电厂坝、通用坝、解放坝、河滨坝、一中坝、甲秀坝、南明坝 7 座低（固定）堰加闸的钢筋砼水力自控翻板坝。这些翻板闸门投入使用时间较长（最长已有 21 年），闸门已经不能按照原设计要求实现水力自控翻转。因此，该项目遵照“平时蓄水组织水面，汛期行洪下泄淤沙”的原则对翻板坝进行改造，即不提高河道内原有水面高程，但要降低原坝线处的固定堰顶高程，以不超过此处的河床高程 0.2m 为限，以利于河底泥沙下泄，经技术经济比选，最终决定采用新型钢制液控水力自动翻板坝。

新型钢制液控水力自动翻板坝包含固定坝、钢结构翻板闸门、支承转动装置、液压启闭辅助控制系统和管理控制房等部分。固定坝按照砼重力坝的方式设计，坝高 2～3m，大部分嵌在河床基岩内，坝顶高程比整治河底线高约 0.2m，满足河底过洪拉沙的要求；固定坝上游 30m 河段内设置 C20 砼铺盖，坝下游 20m 河段内设置 C20 砼护坦，以降低翻板坝附近的河床糙率，使上游河道内枯水期沉积的泥沙在开闸门放水时能被及时带走。

钢结构自控液控双作用翻板闸门具有结构简单、受力分布合理、材料用量节省、运行管理费用低等特点，在实现放水冲沙、减少底泥淤积、控制内源污染的同时，可调节河道水位，为河道水生植物提供合适的生存环境。该项目已完成南明河城区段 5 座翻板坝（通用翻板坝、一中翻板坝、甲秀翻板坝、解放翻板坝和南明堂翻板坝）的改造工程，翻板坝改造工程实现了既可组织水体又不阻碍行洪，并能按调度要求开闸冲沙清淤、改善河道景观的预期效果。

5.7.3.4 治理效果

南明河干、支流沿线的截污沟改造工程，缓解了截污沟“跑、冒、滴、漏”问题，实现了沿线污水不直排河道；污水处理厂有效处理了南明河干流及各支流的污水，污水处理厂出水可达到地表水Ⅳ类水标准，其出水经生态砾石床进一步净化，可为河道提供较为丰富的生态补水；新建的污泥处置中心，可解决新老污水处理厂的污泥处置问题。

南明河支流、干流核心段的清淤工程有效减少了南明河水体内源污染，消除了南明河水面浮泥、浮渣现象；通过翻板坝改造，将现有的水力自动翻板坝置换为新型钢制液控水力自动翻板坝，提高水坝的自控程度，实现河道的水力清淤功能。

南明河水环境综合治理 PPP 项目，通过实施截污系统完善、新建污水处理厂、河道清淤疏浚和生态修复等系统性治理工程，从根本上解决了黑臭问题，有效提升了水体水质。南明河水系干流段主要污染物指标中，COD 已稳定达到地表水Ⅲ类水标准，大部分河段氨氮达到地表水Ⅳ类水标准；劣Ⅴ类水质水体比例由 51% 下降到 7%，河底水生植物覆盖率从 15% 恢复到 70%。

生态调研结果表明，南明河干流治理段水生动植物种群类型丰富，生物多样性指数、水生植物覆盖度、系统完整性显著提高。水生植物种类得到显著提高，种类数量突破 10 种；沉水植物覆盖率增长显著，由 2014 年 12 月的 35% 增长至 2016 年 10 月的 73%；南明河浮游植物有 6 门 58 属（种），以绿藻、硅藻等良性藻类为主，其中绿藻门藻类 25 属（种），硅藻门藻类 18 属（种）。底栖动物种类得到恢复，南明河现有底栖动物 34 属（种），其中环节动物 13 属（种），软体动物 13 属（种），节肢动物 8 属（种）。浮游动物与鱼类种群数量逐步增加、多样性逐步恢复，以鲢、鳙、鲤、鲫、鳌、麦穗鱼、子陵吻鰕虎鱼、黄颡鱼、泥鳅等为代表的优势鱼类种类数多达 9 科 29 种（其中鲤科 20 种），较历史上污染程度高时增加 10 余种（图 5-29）。

图 5-29　治理后现状

5.7.4　修复核心技术

5.7.4.1　技术名称

生态型高品质地下式再生水系统

5.7.4.2　技术原理

水体发臭发黑的主要原因之一是生态基流（好水）大大减少，生态型高品质地下式再生水系统的出水可达到地表水Ⅳ类水标准，是将污水就近收集处理、就近用于生态补水的科学有效的解决办法，也是解决黑臭水体问题的核心技术之一。该技术的污水生化处理采用改良 A^2/O 工艺、二沉池采用矩形周进周出沉淀池、污水深度处理采用高效沉淀池+生物滤池工艺、污泥处理采用带式浓缩脱水一体机、消毒采用紫外线消毒+次氯酸钠接触消毒（部分尾水）工艺，主要出水水质指标（COD、氨氮和总磷）达到地表水Ⅳ类水标准。污水处理厂尾水经生态措施进一步净化后，可用作河道的生态补水。

生态型高品质地下式再生水系统地面空间建设生态景观公园，与公共服务有机结合，可提升周边土地的综合价值，带动区域水生生态系统的构建，改善周边生态环境质量。

5.7.4.3 技术适用范围

生态型高品质地下式再生水系统适用于污水截留处理量大，但因土地资源紧张和周边环境限制而无法建设地上式污水处理厂的情况；也适用于河道水环境恶劣，急需就近提供高品质生态补水的情况。

5.7.4.4 技术特点及创新点

生态型高品质地下式再生水系统的技术特点和创新点，具体表现为：①环境友好。生态型高品质地下式再生水系统的出水主要指标可以稳定达到地表水Ⅳ类水标准，可以改善周边区域的水生态环境，全面提升区域整体环境质量；高效生物除臭工艺可消除臭气对地面空间的影响；整体建设于地面以下，消除了视觉和噪声等对地面与周边区域的影响。②土地集约。采用高效生物处理工艺和矩形周进周出沉淀池等节地型工艺，大幅降低占地面积和投资；特有的组团式构筑物布置形式和竖向空间分层利用，能够显著提升空间利用率；不需设置安全防护距离，地面空间可以进行综合利用，提升土地资源的综合价值。③资源利用。能够为地上空间及周边水体提供稳定的高品质生态补水，实现水资源的循环利用；能量回收技术可以降低能耗，为周边区域供暖或制冷。

5.7.5 运行维护要求

5.7.5.1 日常运行维护

南明河水环境综合治理 PPP 项目运营服务范围主要是市级管理范围（贵阳市河道管理处所负责的范围），具体范围根据与政府约定的具体情况而开展。南明河水环境综合治理 PPP 项目，日常运行维护内容主要包括：①接手贵阳市河道管理处目前承担的河面漂浮物打捞保洁，滨河道清扫保洁及垃圾清运，沿河各排水沟口、溢流口的清掏，沿河花池绿地保洁及绿化植物管养，沿河免费公厕维护管理，设施设备维护管理，河道日常清淤，河道巡查等服务性工作。②对南明河水环境综合整治项目实施后新增的截污沟防渗墙、沿河排水沟口及溢流口拍门、铺装、栏杆、座椅等的日常维护管理；以及灯光亮丽系统、综合监控平台系统、新型钢制液控水力自动翻板坝、防淤冲淤系统、除臭系统、市西河生物强化系统、生态驳岸绿色植被管护及保洁工作等新增设施设备的运行及日常维护管理。③按照防汛部门的要求做好职责范围内的各项防汛工作。④河道运营服务中的安全管理工作。

根据贵阳市创建国家卫生城市、创建国家环境保护模范城市及《园林绿化施工与养护手册》的要求，结合南明河管理工作实际情况制定各个服务标准，由贵阳市河道管理处负责监督及考核。河道水草生长过于茂盛，可能会导致大量白色垃圾漂浮于水面，影响河道景观的同时也会造成水体内部的阳光不足，间接影响水生生态系统的群落分布。因此，每年春季会根据河道水草生长的茂盛程度进行收割。雨季时期，为解决大量雨水进入截污系统而导致的截污沟暴沟问题，合理调小截污沟过河管道及超越管阀门的流量；旱季时期，为避免污水溢流直接入河，合理调大截污沟过河管道及超越管阀门的流量。

5.7.5.2 日常监测和监督

南明河河道的日常监测主要是利用自动化监测站点实现对河道的 24 小时实时监测；同时，会根据对河道的巡视情况，采取不定期、不定点的方式人工采集河道水样进行常规指标（COD、氨氮、硝氮、总氮和总磷等）监测。自动化监测站点的监测指标包括降雨、流量、水位和水质指标，其中，水质指标包括溶解氧、pH、水温、浊度、电导率、蓝绿藻及叶绿素 a。自动化监测站点分布在南明河三江口—红岩桥河段（共 13 个），自上游至下游分别位于花溪河-南明河交汇处、小黄河-南明河交汇处、麻堤河-南明河交汇处、平桥等 13 处。

地方环保部门也会对南明河进行取样监测，监测项目有 COD、氨氮和 SS 等。南明河河道的监督主体是地方环保部门、水务局、贵阳市河道管理处。